园林工程施工与管理丛书

园林绿化

施工与养护

邹原东 主编

U0231161

化学工业出版社

·北京·

本书共分9章，内容包括：园林绿化工程概述、园林绿化植物、园林苗圃育苗、园林树木种植、园林草坪种植、园林花卉栽植、园林立体绿化工程、园林绿化植物养护管理、园林绿化植物病虫害防治。

本书内容丰富，图文并茂，通俗易懂，具有很强的针对性和可操作性，可供从事园林绿化工程施工、养护及管理工作的相关技术人员使用，也可供高职高专院校园林工程相关专业师生教学参考。

图书在版编目（CIP）数据

园林绿化施工与养护/邹原东主编. —北京：化学工业出版社，2013.3（2024.2 重印）
（园林工程施工与管理丛书）
ISBN 978-7-122-16444-5

Ⅰ．①园… Ⅱ．①邹… Ⅲ．①园林-绿化-工程施工②园林-绿化种植-养护 Ⅳ．①TU986.3②S731

中国版本图书馆 CIP 数据核字（2013）第 020273 号

责任编辑：徐　娟　　　　　　　　　　　文字编辑：汲永臻
责任校对：宋　玮　　　　　　　　　　　装帧设计：张　辉

出版发行：化学工业出版社
　　　　　（北京市东城区青年湖南街 13 号　邮政编码 100011）
印　　装：北京虎彩文化传播有限公司
850mm×1168mm　1/32　印张 9　字数 242 千字
2024 年 2 月北京第 1 版第 17 次印刷

购书咨询：010-64518888
售后服务：010-64518899
网　　址：http://www.cip.com.cn

定　　价：28.00 元

编写人员名单

主　　编：　邹原东

编写人员：

张　健	黄　晋	潘　岩
姜　媛	毛　爽	吕文静
张　超	王　静	黄慧锦
林　毅	张　茜	许　刚
王　慧	陶红梅	何　影
孙丽娜	张黎黎	远程飞
马　悦	陈　露	高美玲
李　靖	陈　威	宋亚男
白雅君		

FOREWORD 前言

　　近年来，随着我国国民经济持续稳定的增长与和谐有效的发展，园林工程建设不管是从数量上还是从规模上都得到了前所未有的快速发展。在城市面貌日新月异的今天，园林作为城市建设的重要组成部分，在改善城市人居环境、提高城市生态质量、促进城市可持续发展等方面具有不可替代的重要作用。

　　现在园林工程建设是集建筑科学、生物科学、社会科学于一体的综合性科学，已发展成为多学科边缘交叉的一门前沿科学体系，这就要求其建设者必须具备多学科知识。我国从事这一工作的人员，有的是土建施工人员，缺乏植物养护与管理知识；有的是园林专业管理人员，缺乏施工技能和建筑知识。这就严重制约了我国园林工程建设的精品质量和综合效益的提高，进而影响园林工程建设的市场化、规范化、全球化的发展步伐。基于以上原因，我们在总结多年实践经验的基础上，组织一批从事园林工程建设实践经验丰富的人员编写了《园林绿化施工与养护》一书，目的在于使广大从事园林工程建设的技术人员能够全方位地掌握园林工程建设中的施工、养护和管理等方面的知识，使其在工作过程中随用随查，游刃有余。

　　本书在编写过程中，以最新的标准、规范为依据，将新技术、新工艺、新设备、新材料与传统技术经验相结合，具有很强的针对性和适用性；图文并茂，将理论与实践相结合，更注重实际经验的运用；在结构体系上，本书不仅突出了知识的整合性，而且注意了知识间的融贯性，使全书内容重点突出，详略得当，力求满足从事园林工程施工、养护和管理的技术人员的实际工作需要。

本书在编写过程中，得到了有关技术人员和学者的热情帮助，在此表示感谢。由于时间和编者水平有限，尽管编者尽心尽力，反复推敲核实，但疏漏或不妥之处在所难免，恳请有关专家和读者提出宝贵意见，予以批评指正，以便做进一步修改和完善。

编者
2013 年 3 月

CONTENTS 目录

1 园林绿化工程概述

 1.1 园林绿化的概念与意义

1.1.1 园林绿化的概念

（1）绿地 凡是生长绿色植物的土地统称为绿地，它包括天然植被和人工植被，也包括观赏游憩绿地和农林牧业生产绿地。

绿地的含义比较广泛，并非指全部用地皆为绿化，一般是指绿化栽植占大部分的用地。绿地的大小往往相差悬殊，大者如风景名胜区，小者如宅旁的绿地；其设施质量高低相差也比较大，精美者例如古典园林，粗放者例如防护林带。还有各种公园、花园、街道及滨河的种植带，防风、防尘绿化带，卫生防护林带，墓园及机关单位的附属绿地，以及郊区的苗圃、果园、菜园等都均可称为"绿地"。从城市规划的角度看，绿地其实是指绿化用地，也就是说，在城市规划区内用于栽植绿色植物的用地，其中包括规划绿地和建成绿地。

（2）园林 园林是指在一定的地域范围内，根据其功能的要求、经济技术条件和艺术布局规律，利用并改造天然山水地貌或是人工创造山水地貌，结合植物的栽植和建筑、道路的布置，从而构成一个可以供人们观赏、游憩的环境。各类公园、风景名胜区、自然保护区和休息疗养胜地等都以园林作为主要内容。

园林的基本要素包括山水地貌、道路广场、建筑小品、植物群落和景观设施。

园林与绿地属于同一范畴，具有共同的基本内容，从范围上看，"绿地"比"园林"要为广泛，园林可供游憩而且必是绿地，而"绿地"却不一定称为"园林"，也不一定可以提供游憩。"绿地"强调的是作为栽植绿色植物、发挥植物的生态作用、改善城市环境的用地，是城市建设用地一种重要类型；而"园林"强调的则是为主体服务，功能、艺术与生态相结合的立体空间综合体。

把城市规划绿地按照较高的艺术水平、较多的设施和较完善的功能而将其建设成为环境优美的景境便是"园林"了，所以，园林是绿地的一种特殊形式。有着一定的人工设施，并具有观赏、游憩功能的绿地被称为"园林绿地"。

（3）绿化　绿化是指栽植绿色植物的工艺过程，是通过运用植物材料把规划用地建成绿地的手段，它包括城市园林绿化、荒山绿化、"四旁"和农田林网绿化这四个部分。从更广的角度上来看，人类的一切为了工、农、林业生产，减少自然灾害，改善卫生条件，美化、香化环境而去栽植植物的行为都可以被称为"绿化"。

（4）造园　造园就是指营建园林的工艺过程。广义的造园包括园地选择（相地）、立意构思、方案规划、设计施工、工程建设、养护管理等过程。狭义的造园是指运用多种素材建成园林的工程技术的建设过程。堆山理水、植物配置、建筑营造和景观设施建设是园林建设的四项主要内容。

因此，广义上的园林绿化是指以绿色植物为主体的园林景观建设，而狭义上的园林绿化则是指园林景观建设中植物配置设计、栽植和养护管理等内容。

1.1.2　园林绿化的意义

（1）城市园林绿化的意义　由于工业的不断发展，科学技术的飞速提高，现代工业化产生了大量废物，城市化进程的过快导致了自然环境的严重破坏，从而引发环境和生态失衡，使大自然饱受蹂躏，并造成空气和水土污染、动植物灭绝、森林消失、水土流失、沙漠化、温室效应等一系列的自然环境问题，严重威胁人类的生存环境。所以，人们根据生态学的原理，通过园林绿化的措施，将原来破坏了的自然环境进行改造和恢复过来，使城市的环境能够满足人们在工作、生活和精神方面的需要。

在现代化城市环境的条件不断变化的情况下，园林绿化显得越来越重要。园林绿化能够把被破坏了的自然环境改造和恢复过来，并同时能创造更适合人们工作、生活的宁静优美的自然环境，使城乡形成生态系统的良性循环。园林绿化通过对环境的"绿化、美化、香化、彩化"来改造我们的环境，同时还保证了具有中国特色的社会主义现代化建设顺利进行。

城市园林绿化是城市现代化建设的重要项目之一，它不仅能够美化环境，还给市民创造了舒适的游览休憩场所，还能够创造人与自然和谐共生的生态环境。只有加强城市园林的绿化建设，才能够美化城市景观，改善投资环境，同时生物多样性才能得到充分发挥，生态城市的持续发展才能够得到保证。因此，一个城市的园林绿化水平已成为衡量城市现代化水平的一个质量指标，城市园林绿化建设水平是城市形象的代表，更是一个城市文明的象征。

园林绿化工作是现代化城市建设的一项重要内容，它不仅关系到物质文明建设，也关系到精神文明建设。园林绿化创造并同时维护了适合人民生产劳动和生活休息的环境质量，因此，应当要有计划、有步骤地去进行园林绿化建设，搞好经营管理，充分发挥园林绿化的作用。

（2）一般园林绿化的意义

① 园林是一种社会物质财富。园林和其他的建设一样，也是不同地域、不同历史时期的社会建设产物，更是当时当地社会生产力水平的反映。古典园林是人类宝贵的物质财富和遗产，园林的兴衰与社会的发展息息相关，园林也与社会的生活同步前进。

② 园林是一种社会精神财富。园林的建设反映了人们对美好景物的追求，当人们在设计园林时，这里面融入了作者的文化修养、人生态度、情感和品格，可以说园林作品是造园者精神思想的反映。

③ 园林是一种人造艺术品。其风格必然与文化传统、历史条件、地理环境有着相当密切的关系，同时也带有一定的阶级烙印，从而能够在世界上形成了不同形式和艺术风格的流派和体系。造园是把山水、植物和建筑组合成有机的一个整体，创造出丰富多彩的园林景观，给人以赏心悦目的美的享受过程，这就是一种艺术创作活动。

1.2 园林绿化的生态效益与社会效益

1.2.1 园林绿化的生态效益

（1）调节气候，改善环境

① 园林绿化能够调节温度，减少辐射。能够影响城市小气候最突出的有物体表面温度、气温和太阳辐射，其中气温对人体的影响是最为主要的。

城市本身就如同一个大热源，不断地散射热能，利用砖、石、水泥所建造的房屋、道路、广场以及各种金属结构和工业设施在阳光照射下也会散发大量的热能，因此，市区的气温在一年四季都要比郊区要高。在夏季炎热的季节，市区与郊区的气温要相差1～2℃。

绿化环境能够具有调节气温的作用，那是因为植物的蒸腾作用可以降低植物体及叶面的温度。一般情况下1g的水（在20℃）蒸发时需要吸收584cal（1cal＝4.18J）的能量（即太阳能），所以叶的蒸腾作用对于热能的消散起着一定的作用。其次，植物的树冠能够阻隔阳光照射，并为地表遮阳，使水泥或柏油路及部分墙垣、屋面，降低辐射热和辐射温度，从而能够改善小气候。

在夏季时，树荫下的温度相较无树荫处温度要低3～5℃，而较有建筑物的地区要低得更多。即使是在没有树木遮阳的草地上其温度也比要无草皮空地的温度低些。绿地的蔽阳表面的温度要低于气温，而道路、建筑物及裸土上的表面温度则要高于气温。经过测定，当夏季城市气温为27.5℃时，草坪表面温度为22～24.5℃，要比裸露地面低6～7℃，比柏油路面低8～20.5℃。这使人在绿地上和在非绿地上的温度感觉差异很大。

依据观测夏季绿地的温度比非绿地温度低3℃左右，而相对湿度就提高4%；而在冬季时，绿地散热又较空旷地少0.1～0.5℃，故而绿化了的地区有冬暖夏凉的效果。

除了局部绿化所产生的不同表面温度和辐射温度的差别之外，大面积的绿地覆盖对气温的调节则有着更加明显的效果。

② 调节湿度。凡是在没有绿化的空旷地区，一般情况下只有地表蒸发水蒸气，而经过了绿化的地区，地表蒸发量明显降低了，但会有树冠、枝叶的物理蒸发作用，又有植物生理过程中的蒸腾作用。根据研究得知，树木在生长的过程中，所蒸发的水分要比它本身的质量大三四百倍。经过测定，$1hm^2$ 阔叶林一个夏季能蒸腾2500t水，这要比同面积的裸露土地蒸发量高出20倍，相当于一个同面积的水库蒸发量。而树木在生长过程中，每形成1kg的干物质，大约就需要蒸腾300～400kg的水。正因为植物具有这样强大的蒸腾作用，所以城市绿地的相对湿度比建筑区高10%～22%。而适宜的空气湿度（30%～60%）有益于人们的身体健康。

③ 影响气流。绿地与建筑地区的温度还能够形成城市上空的空气对流。城市建筑地区污浊空气会因温度的升高而上升，随之城市绿地系统中温度较低的新鲜空气就移动过来，而高空冷空气则又下降到绿地上空，这样就形成了一个空气循环的系统。在静风时，由绿地向建筑区移动的新鲜空气速度可以达1m/s，从而能够形成微风。如果城市的郊区还有大片绿色森林，则郊区的新鲜冷空气就会源源不断地向城市建筑区流动。这样一来既调节了气温，又改善了城市的通气条件。

④ 通风防风。城市带状绿化例如城市道路与滨水绿地，是城市气流的绿色通道。特别是在带状绿地的方向与该地夏季主导风向相一致的情况下，可以将城市郊区的新鲜气流趋风势引入城市的中

心地区，在炎热的夏季时，便为城市的通风降温创造了良好的条件，而在寒冷的冬季时，大片树林可以降低风速，发挥出防风作用。因此，在垂直冬季寒风的方向种植防风林带，可以起到防风固沙、改善生态环境的效果。

（2）净化空气，保护环境

① 吸收二氧化碳，释放氧气。树木花草在利用阳光进行光合作用，制造养分的过程中会吸收掉空气中的二氧化碳，并放出大量氧气。由于工业的发展，并且工业生产大都是集中在较大的城市中，因此大城市在工业生产的过程中，燃料的燃烧和人的呼吸会排出大量二氧化碳并消耗大量氧气。绿色植物的光合作用恰恰可以有效地解决城市中氧气与二氧化碳的平衡问题。在植物的光合作用中所吸收的二氧化碳要比呼吸作用排出的二氧化碳多 20 倍，因此，绿色植物不仅消耗了空气中的二氧化碳，同时还增加了空气中的氧气含量。

② 吸收有毒气体。在工厂或居民区排放的废气中，通常都含有各种有毒物质，其中较为普遍的是二氧化硫、氯气和氟化物等，这些有毒物质对人的健康都有很大的危害，当空气中二氧化硫浓度大于 $6\mu L/L$ 时，人便会感到不适；如果浓度达到 $10\mu L/L$，人就难以长时间的进行工作；达到 $400\mu L/L$ 时，人就会立即死亡。绿地具有减轻污染物危害的作用，因为一般的污染气体在经过绿地后，即有 25％可以被阻留下来，其危害程度也就大大地降低。

依据研究发现，空气中的二氧化硫主要是被各种植物表面所吸收，而植物叶片的表面吸收二氧化硫的能力最强，为其所占土地面积吸收能力的 8～10 倍。当二氧化硫被植物吸收以后，便会形成亚硫酸盐，然后会被氧化成硫酸盐。所以只要植物吸收二氧化硫的速率不超过亚硫酸盐转化为硫酸盐的速率，那么植物叶片便能够不断吸收大气中的二氧化硫而不受害或是受害较轻。随着叶片的衰老凋落，它所吸收的硫会一同落到地面，或者流失或者渗入土中。因为植物年年长叶、年年落叶，所以它可以不断地净化空气，成为大气的"天然净化器"。

依据研究，许多树种如小叶榕、鸡蛋花、罗汉松、美人蕉、羊蹄甲、大红花、茶花、乌桕等能吸收二氧化硫，而且能够呈现出较强的抗性。氟化氢是一种无色无味的毒气，许多植物如石榴、蒲葵、葱兰、萤皮等对氟化氢都具有较强的吸收能力。因此，在产生有害气体的污染源附近，应当选择与其相应的具有吸收能力和抗性强的树种来进行绿化，对于防止污染、净化空气是十分有益的。

③ 吸滞粉尘和烟尘。粉尘和烟尘是造成环境污染的主要原因之一。工业城市每年每平方千米降尘量平均为 500～1000t。而这些粉尘和烟尘一方面降低了太阳的照明度和辐射强度，削弱了紫外线，对人体的健康会产生不利影响；另一方面，当人呼吸时，飘尘会进入肺部，容易使人得气管炎、支气管炎、尘肺、硅沉着病等疾病。在我国一些城市空气中的飘尘量大大超过了卫生标准，同时也降低了人们生活的环境质量。

要防治粉尘和烟尘的飘散，一般以植物尤其是树木的吸滞作用为最佳。当带有粉尘的气流经过树林时，由于流速的降低，大粒灰尘就会降下，其余灰尘及飘尘则会附着在树叶的表面、树枝部分和树皮的凹陷处，当经过雨水的冲洗后，树木又能恢复其吸尘的能力。由于绿色植物的叶面面积要远远大于其树冠的占地面积，例如，森林叶面积的总和是其占地面积的 60～70 倍，而生长茂盛的草皮叶面积总和是其占地面积的 20～30 倍，因此它们的吸滞烟尘的能力是很强的。所以说，绿地和森林就像是一个巨大的"大自然过滤器"，使空气能够得到净化。

④ 杀菌作用。空气中含有千万种的细菌，其中有很多是病原菌。很多树木分泌的挥发性物质都具有杀菌能力。例如，樟树、桉树的挥发物可以杀死肺炎球菌、痢疾杆菌、结核菌和流感病毒；而圆柏和松的挥发物可以杀死白喉杆菌、结核杆菌、伤寒杆菌等多种病菌，而且 $1hm^2$ 松柏林一昼夜就能分泌 30kg 的杀菌素。根据测定，森林内空气含菌量为 300～400 个/m^3，林外则是达 3 万～4 万个/m^3。

⑤ 防噪作用。城市噪声随着工业的发展而日趋严重，对居民的身心健康危害很大。一般噪声在超过 70dB 时，人体便会感到不适，如果

高达 90dB，就会引起血管硬化，在国际标准组织（ISO）规定中标明住宅室外环境噪声的容许量为 35～45dB。而园林绿化是减少噪声的有效方法之一。因为树木对声波有着散射的作用，当声波通过时，树叶就会摆动，同时就使声波减弱消失。依据测试，40m 宽的林带可以使噪声降低 10～15dB，而在公路两旁各 15m 宽的乔灌木林带可以使噪声降低一半。街道、公路两侧种植树木不仅有着减少噪声的作用，而且对于净化汽车废气及光化学烟雾污染也有着很大的作用。

⑥ 净化水体与土壤。在城市和郊区的水体常会受到工厂废水及居民生活污水的污染，进而会影响到环境卫生和人们的身体健康，而植物则有着一定的净化污水的能力。根据研究证明，树木可以吸收掉水中的溶解质，从而减少了水中的细菌数量。例如，在通过 30～40m 宽的林带后，1L 水中所含的细菌数量比不经过林带的水中含菌量要减少 1/2。

⑦ 保持水土。树木和草地对保持水土有着非常显著的功能。树木的枝叶能够防止暴雨直接冲击土壤，并会减弱雨水对地表的冲击，同时还能够截留一部分的雨水，植物的根系能够紧固土壤，这些都能防止水土的流失。当自然降雨时，会有 15%～40% 的水被树林树冠截留和蒸发，会有 5%～10% 的数量被地表蒸发，地表的径流量仅是占总体的 0.5%～1%，大多数的水，即占 50%～80% 的水会被林地上一层厚而松的枯枝落叶所吸收，然后逐步地渗入到土壤中，变成地下江流。这种水要经过土壤、岩层的不断过滤，才流向下坡和泉池溪涧。

⑧ 安全防护。城市常常会有风害、火灾和地震等灾害。大片绿地有着隔断并使火灾自行停息的作用，因为树木枝叶含有大量水分，亦可以阻止火势的蔓延，树冠浓密，可以降低风速，同时减少台风带来的损失。

1.2.2 园林绿化的社会效益

（1）美化环境

① 美化市容。城市街道、广场四周的绿化对市容市貌的影响

很大。街道绿化做得好，人们虽然置身于闹市中，却犹如生活在绿色的走廊里。街道两边的绿化，既可以供行人短暂休息、观赏街景、满足在闹中取静的需要，同时又可以达到装饰空间、美化环境的效果。

② 增加建筑的艺术效果。用绿化来衬托建筑，能使得建筑效果升级，并可用不同的绿化形式来衬托不同用途的建筑，使建筑更加充分地体现其艺术的效果。例如，纪念性建筑以及体现庄重、严肃的建筑前大多会采用对称式布局，并较多的采用常绿树；居住性建筑四周的绿化布局及树种大多体现亲切宜人的环境氛围。

园林的绿化还可以遮挡不美观的物体或是建筑物、构筑物，使城市面貌变得更加整洁、生动、活泼，同时利用植物布局的统一性和多样性可使城市具有统一感、整体感，丰富城市的多样性，增强城市的艺术效果。

③ 提供良好的游憩条件。在人们生活环境的周围，选栽各种美丽多姿的园林植物，能够使环境呈现出千变万化的色彩、绮丽芳香的花朵和丰硕诱人的果实，为人们在工作之余小憩或在周末假日调节生活提供了良好的条件，利于人们的身心健康。

（2）保健与陶冶功能　多层次的园林植物可以形成优美的风景，参天的木本花卉可以构成立体的空中花园，花的香芬能够唤起人们美好的回忆和联想。森林中释放的气体对人体健康也大有好处。

绿色能吸收强光中对眼睛和神经系统所产生不良刺激的紫外线，而且绿色的光波长短适中，对眼睛的视网膜组织具有调节作用，从而能够消除视力疲劳。

绿叶中的叶绿体及其中的酶能够利用太阳能，吸收二氧化碳，然后合成葡萄糖，把二氧化碳储存在碳水化合物中，并放出氧气，使空气清新。清新空气能使人精力充沛。

绿色营造的环境中含有比非绿化地带大得多的空气负离子，对人的生理、心理等多方面都有很大的益处。

园林植物能够寄物抒情，园林雕塑能够启迪心灵，园林文学因素能够表达情感。当人们在优美的园林环境中放松和享受时，可以消除疲劳，陶冶情操，彼此间也可以增进友谊，对生活质量和工作、学习效率的提高都大有裨益，还有利于构建文明、和谐的社会，这都是不可估量的社会效益。

（3）使用功能　园林绿地中的日常游憩活动一般包括钓鱼、音乐、棋牌、绘画、摄影、品茶等静态的游憩活动，游泳、划船、球类、田径、登山、滑冰、狩猎和健身等体育活动，以及射箭、碰碰车、碰碰船、游戏、攀岩、蹦极等动态的游憩活动。当人们在游览园林时，可以普及各种科学文化教育，并寓教于乐，了解动植物知识，还能够开展丰富多彩的艺术活动，展示地方的人文特色，并展览书法、绘画、摄影等，提高人们的艺术素养，陶冶情操。

园林绿化工程施工前的准备工作

1.3.1　园林绿化工程技术准备

1.3.1.1　绿化工程前期管理工作

承担绿化工程施工的单位，在工程的开工之前，应当做好施工的一切相关准备工作。

（1）了解工程概况

① 工程范围和工程量。包括全部工程以及单项工程的范围（例如植树、草坪、花坛等范围）、数量、规格和质量要求，以及相应的园林设施及附属的工程任务（如土方、给水排水、园路、园灯、园椅、山石以及其他园林小品的位置、数量及质量要求）。

② 工程的施工期限。包括全部工程总的进度期限，以及各个单项工程的开工日期、竣工日期和各种苗木栽植完成的日期。应当特别注意的是，植树工程进度的安排应以不同树种的最适栽植日期作为前提，其他工程项目应当围绕着植树工程来进行，并应尽量给植树工程的施工现场创造条件。

③ 要掌握工程投资及设计概算（预算），包括主管部门批准的投资额度和设计预算的定额，以便于编制施工的预算计划。

④ 设计意图。施工单位拿到设计单位的全部设计资料（包括图面材料、文字材料及相应的图表）后应当仔细阅读，要看懂图纸上的所有内容，并听取设计技术的交底和主管部门对此项工程的绿化效果的要求。同时在熟悉图纸的基础上，会同设计和业主单位要进行图纸的会审，解决图纸上的缺陷和合理的调整。

⑤ 了解施工现场地上与地下情况。要向有关部门了解地上物的处理要求、地下管线分布现状、设计单位与管线管理部门的配合、协调情况。

⑥ 定点放线的依据。首先，要请业主提供施工现场及附近的水准点，以及测量平面位置的导线点，以便作为定点放线的依据。如果不具备上述的条件，则需要和设计单位进行协商，以确定一些永久性的参照物，来作为定点放线的依据。

⑦ 工程材料的来源。要了解各项工程材料来源渠道，其中主要是苗木的出圃地点、时间及数量和质量。

⑧ 机械和车辆。要了解施工所需要的机械和车辆，以便做好准备工作。

（2）现场踏勘　在了解了工程的概况之后，要组织有关人员到现场进行细致的勘察，了解施工现场的位置、现状、施工条件，以及影响施工进展的各种因素等。同时还要进行核对设计施工图纸。现场踏勘时，对于正确地编制施工计划，恰当地组织指挥施工，以及保证满意的施工效果都有十分重要的作用。现场踏勘的内容，一般都有如下几项。

① 土质情况。要了解当地土壤性质，以确定是否需要换土，并同时估算换土量，了解好土的来源和渣土的处理去向，还要确定土壤改良方案。

② 交通状况。要了解现场内外能否通行机械车辆，如果交通不便则需要确定开通道路的具体方案。

③ 水源情况。要了解水源、水质、供水压力等，确定灌水方法。

④ 电源。检查接电地点、电压及负荷能力。

⑤ 各种地上物的情况。例如房屋、树木、农田、市政设施等，明确地上物要如何处理，办理好原有树木的移伐手续。

⑥ 安排施工期间的生产、生活设施。例如办公、宿舍、食堂、厕所、料场、囤苗地点等位置。并将生产、生活设施的位置标明在平面图上。

（3）编制施工组织设计　施工组织设计就是在某项绿化工程任务下达后，并在开工之前，施工单位制订的组织这项工程的施工方案，即是对此项工程的全面的计划安排。其内容如下。

① 施工组织。要确定项目部以及下属的职能部门，例如生产指挥、技术、劳动工资、后勤供应、宣传、安全、质量检验等部门。

② 要确定施工程序，并安排具体进度计划。对于项目比较复杂的绿化工程，最理想的施工程序应当是：征收土地—拆迁—整理地形—安装给水排水以及电气管线—修建园林建筑—道路、广场等铺设—种植乔灌木—铺栽地被、草坪—布置花坛。如果有需用吊车的大树移栽任务，应当安排在铺设道路广场以前，先将大树栽好，以免在移植的过程中损伤路面（交叉施工的情况例外）。在许多的情况下，不可能完全的按上述程序施工，但必须要注意的，在确定施工程序时，前后工程项目不能够互相冲突。

③ 安排劳动计划。根据工程任务量和劳动定额，要计算出每道工序所需用的劳力和总劳力数量，所需用的时间，并要确定劳力来源及劳动组织形式。

④ 安排材料、工具供应计划。根据工程进度的需要，要提出苗木、工具、材料的供应计划，应包括规格、型号、用量、使用进度等。

⑤ 机械运输计划。根据工程的需要，要提出所需用的机械、车辆的型号、使用的台班数以及具体日期。

⑥ 制订技术措施。按照工程任务的具体要求和现场的情况、阶段气候的情况，来制订具体的施工工艺保证、进度保证、质量保证、安全保证措施等。

⑦ 绘制平面图。对于比较复杂的绿化工程，在必要时还应当在编制施工组织设计的同时，绘制出施工现场布置图，图上需要标明测量的基点、临时工棚、苗木假植地点、施工水电的布置及施工的临时交通路线等。

⑧ 制订施工预算。以投标报价作为依据，结合实际工程情况、质量要求和当时市场的价格，编制合理的施工预算，做好成本控制的计划。

⑨ 技术培训。在开工前应当对全部参加施工的劳动人员技术能力进行一定的了解、分析，在此基础上，确定技术培训内容和贯彻操作的规程，搞好技术培训。

⑩ 制订有针对性的文明施工和安全生产措施。

总之，在绿化工程开工之前，要合理、细致地制订施工组织设计，使整个工程中的每个施工项目都相互衔接合理、互不影响，才能以最短的时间、最少的劳力、最节省的材料、机械、车辆、投资和最好的质量去顺利地完成工程任务。

（4）施工现场的准备　清理障碍物是在开工之前必要的准备工作。其中拆迁是清理施工现场的第一步，主要是对施工现场内不予保留并有碍施工的市政设施及房屋、构筑物等进行拆除和迁移，然后就可以按照设计图纸来进行地形整理。城市街道绿化的地形比公园要简单些，主要是与四周的道路、广场合理地衔接，使绿地内排水畅通。如果要采用机械整理地形，还应当搞清是否有地下管线，以避免发生事故。

1.3.1.2　绿化土壤的管理与改良

（1）土壤的物理性质的指标及改良的方法

① 土壤质地。土壤质地一般都分为沙土、壤土、黏土、石质土四大类。其中壤土的肥力好，既通气透水，又保水保肥。而改良土壤质地常用物理掺合法，例如沙土掺加黏土。

② 土壤结构。团粒结构的土壤最好。在浸水后不易散碎的团粒就称为水稳性团粒，是肥沃土壤的标志。其特点就是孔隙适当、透气透水性好而且保水保肥。腐殖质、黏粒（硅酸盐黏土）、钙离

子（游离碳酸钙）是团粒的胶结剂。增加土壤的有机质、秸秆还田、往缺钙土壤中加钙、盐碱地增施石膏、酸性土增施石灰等方式都是改善土壤结构的有效措施，它可以促进水稳性团粒结构的形成。

③ 土壤表观密度。土壤表观密度是指单位体积在自然状态下的土壤干重，单位为 g/cm^3。土壤表观密度数值可以作为土壤肥力指标之一。表观密度和土壤的质地、结构及有机质含量都有关。土壤表观密度变动一般是在 $1.0\sim1.8g/cm^3$ 范围内。黏重土壤不利于根系发育，沙质土为 $1.4\sim1.7g/cm^3$；黏质土为 $1.1\sim1.6g/cm^3$；农业耕作土的土壤表观密度以 $0.9\sim1.2g/cm^3$ 较好，大多数盆栽花卉对基质表观密度要求都要小于 $1.0g/cm^3$。

④ 土壤孔隙度。土壤孔隙是指土壤颗粒或团粒之间的空间，它分为毛管孔隙和非毛管孔隙两种。毛管孔隙常充满水，而非毛管孔隙则常充满空气。结构不良的土壤总孔隙度仅为 $25\%\sim30\%$，一般情况下的土壤总孔隙度是在 $35\%\sim65\%$。而结构良好的土壤总孔隙度为 $55\%\sim65\%$。富含腐殖质的团粒结构土壤总孔隙度可以达 70%，草炭土总孔隙度可以达 90%。非毛管孔隙占总孔隙的 $20\%\sim40\%$ 为佳，这样就可保证良好的通气透水性。土壤中非毛管孔隙应当占 $3\%\sim5\%$，这个数据是指在排除重力水后，留下的大孔隙。

⑤ 土壤物理性质改良措施。综合了以上指标，归结出如下的土壤物理性质改良的措施。

a. 客土法，改良土壤的质地。

b. 增加土壤的有机质含量。

c. 加强耕作疏松土壤。

d. 增加围挡和增加透气铺装，并减少人为践踏。

e. 扩大树木栽植坑，改换栽植土。在雨水充沛的地区及黏重的土壤栽植坑底应当建立透气排水设施。

（2）土壤的化学性质及改良的方法　土壤溶液有酸碱性和盐分浓度这两个属性，二者对园林植物生长以及存活有着直接的影响。

进入某地施工前首先要搞清当地土壤的酸碱性及土壤溶液的盐分浓度。

① 土壤酸碱性的测量。土壤酸碱性是土壤的基本化学性质之一，常用土壤溶液的 pH 值来表示。大多数土壤的 pH 值在 4～9 之间变动，某地区、地带某种类型的土壤 pH 值是相对稳定的。测量土壤 pH 值的方法如下。

a. 取土样。土壤 pH 值一般都会存在位差，故而采样应当取用土壤的不同深度代表剖面的土样，同时注意以下事项。

（a）要在同一时间内采取样品。

（b）要在多样的位置剖面上采取。

（c）表土层上的样品一般不用。

（d）要在 10 个以上的地方采取样品。

b. 制标准液。取 5g 的被测土样放入 50mL 的烧杯中，用量筒取 25mL 的蒸馏水放入加土样烧杯中，搅拌 1min，使其完全混合后静放 30min 左右，过滤下的清液作为待测液。

c. 测试。进行简单的比色法，在试纸盒上有 14 种颜色的标准色板。撕下一张试纸，蘸一点待测液，试纸很快就会显色，将其与比色板颜色进行对照，取相同颜色位置便是被测土壤的 pH 值。

② 土壤中可溶性盐分的存在特点和相应治理措施

a. 盐分积累对植物的伤害。当地下水上升至地表蒸发后，会将盐分留在地表而形成盐分积累。尽管近年来的全国很多地区都干旱少雨，地下水位下降得比较深，但在平原地区土壤中的含盐量仍偏高。土壤中的可溶性盐对植物的生长会产生以下三方面影响。

（a）盐类中对植物有害的盐分会引起伤害。

（b）会影响根的水和养分吸收。

（c）因盐分过高会导致磷、铁之类营养元素成无效状态，从而造成植物营养元素的缺乏。

不少园林植物对高浓度盐的土壤溶液都很敏感，经常会表现出严重营养不良、焦边、黄化等状况，最终会导致死亡。

b. 土壤溶液盐分浓度表现的特点

（a）浅层地下水灌溉用水的含盐量会直接影响到土壤的盐分含量。在很多地区用深水井中的"淡水"进行灌溉和洗盐，可以改善作物盐环境。

（b）土壤盐分浓度的位差。在干旱少雨、蒸发量大的季节会使盐分滞留在地表上，从而形成土壤剖面自上而下的位差。要控制地表水的蒸发量，进行覆盖地膜、树叶、烂草，以及增加植被覆盖率等耕作措施可以减少盐分在土壤表层的聚集。同一种不耐盐树种的小苗，因根系处于盐渍严重的浅层，表现为受害严重。当其长高之后，根系分布到盐分浓度小的深层，则会表现受害较轻。例如，将锦带花类花灌木种植在城区绿地，小苗因根系处在土壤表层20cm 内，含盐量高、长势弱、黄化。在原地生长 4～5 年后，其大苗的根系扎到 40cm 或更深的时候，生长就会逐渐趋于正常。

（c）土壤剖面盐分浓度的变化规律受到灌水和降雨影响较大。例如，在农田、苗圃的大水漫灌可以使土壤表层盐分通过重力水带到作物根层以下，从而改善了根区土壤的高盐环境。这些不耐盐的树种一旦种植到绿地，就会因盐害使树势变弱，最终死亡。

（d）地区土层结构对盐分积累的影响。如果土壤耕作层下有砂砾层，地下水的上升就会被隔断，相应地上耕作灌水就会通过重力水将盐分带到隔离层以下，从而起到了排盐的作用，造成根区土壤少盐环境。此作用在山前冲积扇成土母质中表现尤为突出，例如在北京西山脚下的平缓地带，土层厚度为1～2m，下部全是沙和卵石层。地下水和盐分被隔在土层下，土壤中盐分因为被多年淋溶，所以含量比较小。

（e）土壤盐分季节性变化规律对不耐盐树种的影响。春、秋季的盐分在地表集结的最为严重，常见地表会结成一层白霜，0～10cm 土壤含盐量可达 0.7%，这会严重影响小苗和浅层根系的生长。而在雨季，土壤表层盐分会随雨水和浇灌水下移至大树的深根部位，会使一些不耐盐的多年生花灌木、小乔木发生黄化、发生树叶焦边等现象。

③ 土壤盐分测定及含盐标准。在生产实践中，土壤的盐渍度

用标准状态下的土壤溶液的电导率 EC 值来表示，通常会把土壤被水饱和至正好呈脱黏点时的土壤溶液作为标准状态。若这种饱和的浸提液在 25℃时的电导率小于 0.4mS/cm，这就相当于土壤溶液中的盐分小于 0.3%，对绝大多数作物都不会产生盐害的现象；若溶液的电导率超过了 0.8mS/cm，即溶液的盐分相当于 0.5%，这种情况下只有耐盐作物才可以生长。

1.3.2 园林绿化施工设备准备

1.3.2.1 地形整理设备

在园林绿化的施工过程中，当场地和基坑面积以及土方量较大时，为了节约劳动力、降低劳动强度、加快工程建设速度，一般大多都采用机械化开挖的方式并使用先进的作业方法。在进行地形整理时，使用的机械设备通常有推土机、铲运机、平地机、装载机及夯土机等几种机械。

1.3.2.2 树木栽植与养护设备

由于园林绿化中树木的品种繁多、形态各异，而且其栽植作业和定植后的养护作业也比较复杂，作业劳动量大，劳动强度高，因此，需要借助机械化的设备来进行。树木栽植与养护作业中使用的机械类型比较多，专用的机械包括挖坑机、植树机、树木移植机、油锯、割灌机和高树修剪机等几种机械。

（1）挖坑机　挖坑机（又被称为穴状整地机）主要是用于栽植乔灌木、大苗移植时的整地挖穴，也可以用于挖施肥坑、埋设电杆、设桩等作业。使用挖坑机时每台班可挖 800～1200 个穴，而且挖坑整地的质量也相对较好。

（2）植树机　植树机在园林绿化中主要用于营造大面积片林和防护林带。城郊片林、防护林带和隔离林带栽植的苗木通常有大苗、沙土灌木、裸根苗和容器苗这几种苗木，因此有大苗植树机、沙地灌木植树机、针叶树裸根苗植树机和容器苗植树机等来进行作业。根据地形和土壤条件的不同，可以将植树机分为平原植树机、沙地植树机和避让石块树根的选择式植树机等几种不同的类型。

（3）树木移植机　树木移植机是一种用于树木带土移植的机械。按照底盘结构的不同可以将树木移植机分成车载式、特殊车载式、拖拉机悬挂式和自装式四种形式，如图1-1所示。

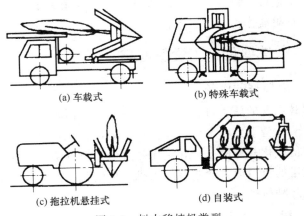

(a) 车载式　　　　(b) 特殊车载式

(c) 拖拉机悬挂式　　　　(d) 自装式

图1-1　树木移植机类型

（4）油锯　油锯是手持式汽油动力链锯的简称，主要是用于树木的伐木、造材和打枝。根据锯把形式的不同可以将其分为高把油锯和矮把油锯两类，如图1-2所示。

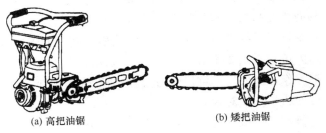

(a) 高把油锯　　　　(b) 矮把油锯

图1-2　油锯类型

由于矮把油锯的结构紧凑，重量轻，所以在园林绿化中主要使用小型的矮把油锯，用以伐除径级不大的病树、老树以及树木整枝，在高台车配合下用以锯除阔叶乔木的秃顶和造型整枝。矮把油锯在打枝、造材和整枝时都比较方便。当径级较大的杨树等需要更新时，就最好使用高把油锯，因为高把油锯使用时不用大弯腰，重量在双臂上能够分配均匀，在施加锯切进给力时，双手施力也比较均匀，转移操作点时背带方便、安全，维修起来也较简便。

（5）割灌机　割灌机主要是用于清除杂木、剪整草地、割竹、间伐和打枝等工作。它具有重量轻、机动性能好、对地形适应性强等优点，特别适用于山地和坡地上的作业。

小型动力割灌机可分为两类，即手扶式和背负式。背负式又可分为侧挂式和后背式两种。其通常是由发动机、传动系统、工作部分以及操纵系统四部分组成，而手扶式割灌机还有行走系统。

（6）高树修剪机　高树修剪机由大折臂、小折臂、取力器、中心回转接头、转盘、减速机构、绞盘机、吊钩、支腿和液压系统等部分组成，具有车身轻便、操作灵活等优点。高树修剪机除了修剪10m以下高树以外，还能够起吊土树球。适用于高树修剪、采种、采条及森林守望等高处作业，也可以用于修房、电力和消防等部门所需的高空作业。

1.3.2.3　草坪建植与养护设备

草坪从建植前的场地准备、草坪建植，到养护管理的每个阶段，作业内容都较多，这些作业都需要有相应的机械来完成。草坪机械包括草坪建植机械和草坪养护机械两种。

草坪建植机械主要是用于草坪的营建，按照不同的营建方法，可以将其分成草坪播种设备、草皮（草毯）移植设备等几种类型。草坪养护机械主要是用于草坪的养护和管理，又可以分成草坪修剪机械、草坪打洞通气机械、草坪施肥机械、草坪整理机械以及草坪灌溉设备和病虫害防治机械等。

2 园林绿化植物

 园林绿化植物的基本知识

2.1.1　园林植物基础

（1）植物的多样性　世界上植物的种类丰富，分布极为广泛，形态结构也是多种多样，有单细胞和多细胞植物体两种。根据植物的不同特征，一般可以分为藻类植物、菌类植物、地衣、苔藓植物、蕨类植物和种子植物六种。其中，藻类、菌类和地衣被称为低等植物，苔藓、蕨类和种子植物则统称为高等植物。种子植物是地球上种类最多、形态结构最复杂的一群植物，同时也是和人类经济生活最密切的一类植物。其中藻类、地衣、苔藓、蕨类和种子植物具有叶绿素，属于绿色植物；而细菌和真菌体内不具叶绿素，所以属于非绿色植物。

在自然界中，绿色植物和非绿色植物都有着其特殊的作用。绿色植物可进行光合作用，而光合作用是含有叶绿素的植物组织在光的作用下利用二氧化碳和水进行合成碳水化合物的过程，是有机物的合成过程，同时也是光能转变为化学能贮藏在碳水化合物中的一个过程。

植物体内的碳水化合物是合成脂肪、蛋白质等有机物的基础。

植物所进行的光合作用是地球上最大规模的把无机物转化为有机物、把太阳能转化为化学能并同时释放氧的过程，是地球上所有生命活动所需要的能量的基本来源。

死的有机体可以经过非绿色植物（细菌和真菌）的矿化作用发生分解，将复杂的有机物分解成为简单的无机物，然后再回到自然界中，重新被绿色植物利用。

植物在自然界生态平衡中起着极其重要的作用，自然界中的碳素循环、氮素循环和矿物质循环等都是以绿色植物作为主要载体。也可以这样说，植物是人类维持生活的物质基础。

（2）植物细胞　植物的细胞由细胞壁、液泡和原生质体三部分组成。原生质是生命活动的物质基础，它是由水、蛋白质、类脂、碳水化合物、核酸和无机盐六个部分所组成的，其重要特征是具有生命现象。在活的植物细胞中，细胞壁以内由原生质组成，原生质体在形态结构上可以分成细胞质、细胞膜、细胞核几个部分。

（3）植物组织　种子植物的植物体是由无数个细胞构成的。当植物由小到大，会随着细胞数量的增多和所担负的生理功能不同，原来差异不大的柔嫩细胞，逐渐分化为形态、构造和功能各不相同的细胞群，并有规律地分布在植物体的一定部位。而形态、构造和功能相同，并有一定起源的细胞群被称为组织。植物体的每一个器官都是由许多不同的组织所构成的。植物组织分为分生组织、薄壁组织、保护组织、机械组织、疏导组织和分泌组织六类。

（4）植物器官

① 根。根是植物体的下行部，上部与茎相连，具有正向地性。一般情况下，根是在土壤中生长，其上无节，也绝不生叶。根的重要功能是固定植株、支持枝叶于空间；吸收水、无机盐和部分二氧化碳。植物的根按照分布和层次可以分为主根、侧根和须根，按照起源可以分为胚源根和不定根。植物的根系分直根系和须根系两种，按分布特征可以分为深根性和浅根性。根的变态分为支柱根、呼吸根、板状根、气根、附生根和寄生根六种。

② 茎。按茎木化程度的不同，可以分成木本植物和草本植物两大主要类型，其中，木本植物包括乔木、灌木和半灌木，而草本植物则包括一年生、二年生和多年生植物。按照茎的生长状态可以分为直立茎、匍匐茎、缠绕茎和攀缘茎。而按茎的分枝方式，则有单轴分枝和二叉分枝等。

茎的变态有地下茎四种，分别是根状茎、块状茎、鳞茎、球茎；地上茎四种，分别是茎刺、肉质茎、茎卷须和叶状枝。

③ 叶。叶生育枝节上，一般多为绿色扁平，是由生长点周围的突起叶原基发育而成，但生长达到一定的大小即停止生长，其主要的功能为光合作用、呼吸作用和蒸腾作用。

叶是由叶片、叶柄和托叶三部分所组成，三部分都具备的叶，为完全叶，例如有桃树叶、梨树叶等；三部分缺少的叶为不完全叶，例如有樟缺托叶、台湾相思无叶片。叶在茎上排列的次序叫作叶序，主要有四种：互生（桃）、簇生（银杏）、对生（桂花）和轮生（夹竹桃）。叶也有单叶和复叶之分。按照落叶方式通常分为常绿树和落叶树两种。

④ 花。花是被子植物特有的生殖器官，在形态学上来看，花是适于生殖作用的变态短枝，节间极短，花的各部都是变态的枝和叶。一朵花完全是由花萼、花冠、雄蕊、雌蕊四部分所组成。花萼通常为绿色，花冠则是花瓣的总称。

⑤ 果。果实是被子植物特有的一种器官，它是由植物开花受精后的子房发育形成的，这其中子房壁发育成果皮，而子房内的胚珠则发育成种子。

2.1.2　园林植物的分类方法

2.1.2.1　园林植物按生物学特性分类

（1）草本园林植物　草本园林类植物植株的茎为草质，木质化程度很低，且柔软多汁。根据其生活周期可以将其分为三类。

① 一年生园林植物。在一年之内完成它的生活周期，即从播种、开花、结实到枯死均在一年之内完成，故而称为一年生园林植

物。一年生园林植物多数种类是原产于热带或是亚热带地区，所以不耐0℃以下的低温，通常都是在春天播种，在夏、秋开花结实，在冬季到来之前就枯死。因此，一年生园林植物又称之为春播园林植物，凤仙花、万寿菊、麦秆菊、鸡冠花、百日草、波斯菊等都属于此类型的植物。

② 二年生园林植物。在二年之内完成它的生活周期，称为二年生园林植物。二年生园林植物多数在当年只长营养器官，在第二年开花、结实、死亡。二年生的园林植物多数种类原产于温带或是寒冷地区，耐寒性较强，通常是在秋季播种，在第二年春、夏开花，所以又称之为秋播园林植物，如紫罗兰、飞燕草、金鱼草、虞美人、须苞石竹等都是此类型的植物。

③ 多年生园林植物。其寿命超过二年以上，并能多次开花结实，将其称为多年生园林植物。按地下部分形态变化的不同，多年生的园林植物可分为两类。

a. 宿根园林植物。在地下的部分形态不发生变态，植物的根是宿存于土壤中，冬季可以在露地越冬。地上部分冬季枯萎，第二年春天萌发新芽，也有植株整株安全越冬，如菊花、萱草、福禄考等属于这类植物。

b. 球根园林植物。球根园林植物是指地下部分有肥大的变态根或是变态茎，在植物学上将其称之为"球茎"、"块茎"、"鳞茎"、"块根"、"根茎"等，在花卉学上将其总称为"球根"。

ⅰ. 块茎类。地下部分的茎呈现不规则的块状，包括大岩桐、花叶芋、马蹄莲等都属于这类。

ⅱ. 鳞茎类。地下茎极度缩短并有着肥大的鳞片状叶包裹，包括水仙、郁金香、百合、风信子等属于这类。

ⅲ. 根茎类。地下茎肥大呈根状，并具有明显的节，节部有芽和根，包括美人蕉、鸢尾、睡莲、荷花等属于这类。

ⅳ. 块根类。地下根肥大呈块状，其上下有芽眼，只在根茎部有发芽点，包括大丽花、花毛茛等属于这类。

（2）木本园林植物

① 乔木类。乔木类的树体高大（通常都在 6m 以上），且具有明显的高大主干，分枝点高，如雪松、云杉、广玉兰、樟子松、悬铃木、银杏、白皮松等是属于这类。

② 灌木类。灌木类的树体矮小（通常都在 6m 以下），主干低矮或者茎干自地面呈多数生出而无明显主干，如玫瑰、腊梅、月季、牡丹、珍珠梅、大叶黄杨和紫丁香等是属于这类。

③ 藤本类。藤本类以其特殊的器官，如吸盘、吸附根、卷须或是缠绕或是攀附在其他物体而向上生长的木本植物，例如爬山虎可以借助吸盘；凌霄可以借助于吸附根而向上攀登；蔓性蔷薇每年可以发生多数长枝，枝上并有钩刺所以可得上升；卷须类就例如葡萄等。

④ 丛木类。丛木类的树体矮小而干茎自地面呈多数生出并而无明显的主干。

⑤ 匍匐植物类。匍匐植物类的植株的干和枝不能直立生长，都匍地生长，与地面接触的部分可生出不定根从而扩大占地范围，例如铺地柏。

（3）水生园林植物　水生园林植物是指生长在水中或是潮湿土壤中的植物，包括草本植物和木本植物两类。我国的水系众多，水生园林植物资源非常丰富，其中仅高等水生的园林植物就有 300 多种。在园林中，根据其生活习性和生长特性，可以将水生园林植物分为五类。

① 挺水植物。挺水植物的茎叶是伸出水面的，根和地下茎却埋在泥里，一般都是生活在水岸边或浅水的环境中，常见的有菖蒲、蒲草、黄花鸢尾、水葱、芦苇、荷花、雨久花、半枝莲等。

② 浮叶植物。浮叶植物的根是生长在水下泥土之中，叶柄细长，叶片会自然漂浮在水面上，常见的有金银莲花、睡莲、满江红、菱等。

③ 沉水植物。沉水植物的根是扎于水下泥土之中，全株都沉没于水面之下，常见的有大水芹、玻璃藻、苦草、菹草、黑藻、金鱼草、狐尾藻、水车前、竹叶眼子菜、石龙尾、水筛、水盾草等。

④ 漂浮植物。漂浮植物的茎叶或是叶状体漂浮于水面，而根系悬垂于水中漂浮不定，常见的有大漂、浮萍、萍蓬草、凤眼莲等。

⑤ 滨水植物。滨水植物的根系是常扎在潮湿的土壤中，耐水湿，短期内可以忍耐被水淹没，常见的有池杉、落羽杉、垂柳、水杉、竹类、水松、千屈菜、辣蓼、木芙蓉等。

（4）多浆、多肉类园林植物　多浆、多肉类园林植物是根据其共同的具有旱生、喜热的生理特点和植物含水分多，茎或叶特别肥厚，呈肉质多浆的形态而将其归为一类。例如仙人掌、芦荟、落地生根、燕子掌、虎刺梅、生石花等。

2.1.2.2　园林植物按观赏部位分类

（1）观花类　这类植物包括木本观花植物与草本观花植物两大类。观花植物是以花朵为主要的观赏部位，以其花大、花多、花艳或花香取胜。木本观花植物有玉兰、梅花、杜鹃、碧桃、榆叶梅等；而草本观花植物包括菊花、兰花、大丽花、一串红、唐菖蒲等。

（2）观叶类　观叶类植物是以观赏叶形、叶色为主的园林植物。这类植物或是叶色光亮、色彩鲜艳，或者是叶形奇特而引人注目。它的特点就是观赏期长，观赏价值较高，如龟背竹、红枫、黄栌、芭蕉、苏铁、橡皮树、一叶兰等。

（3）观茎类　观茎类植物的茎干因树皮色泽或是形状异于其他植物，可供观赏。常见供观赏红色枝条的有红瑞木、野蔷薇、杏等；古色枝条的有如桃、桦木等；可以用于冬季观赏的有青翠碧绿色彩的棣棠；还有可观赏形和色的如白皮松、竹类、悬铃木、梧桐等。

（4）观果类　观果类园林植物果实色泽美丽，经久不落，或是其果实奇特，色形俱佳。如石榴、五色椒、佛手、金橘、火棘、山楂等。

（5）观芽类　这类园林植物的芽特别肥大美丽，如银柳、结香。

（6）观姿态类　这类园林植物是以观赏园林树木的树型、树姿为主。其树型、树姿或端庄、或高耸、或浑圆、或盘绕、或似游龙、或如伞盖。例如雪松、龙柏、香樟、银杏、合欢、龙爪榆等。

2.1.2.3 园林植物按绿化用途分类

（1）绿阴树　绿阴树是指配置在建筑物、广场、草地周围，也可以用于湖滨、山坡营建风景林或是开辟森林公园，建设疗养院、度假村、乡村花园等的乔木。它可以供游人在树下休息之用，例如榉树、槐树、鹅掌楸、榕树、杨树等。

（2）行道树　行道树是指为了美化、遮阳和防护等目的，而在道路的两旁栽植的树木。例如悬铃木、杨树、垂柳、樟树、银杏、广玉兰等。

（3）花灌木　花灌木就是指凡是具有美丽的花朵或花序，其花形、花色或芳香有观赏价值的乔木、灌木、丛木以及藤本植物。包括牡丹、月季、大叶黄杨、紫荆、迎春花、玉兰、山茶等。

（4）垂直绿化植物　通常做法是栽植攀缘植物，绿化墙面和藤架。例如常春藤、木香、爬山虎等。

（5）绿篱植物　绿篱植物是指园林中用耐修剪的植物，成行密集可以用于代替篱笆、围墙等，起到隔离、防护和美化作用的植物，例如侧柏、厚皮香、桂花、罗汉松、红叶石楠、日本珊瑚树、丛生竹类、小蜡、六月雪、女贞、福建茶、瓜子黄杨、金叶女贞、红叶小檗、大叶黄杨等。

（6）草坪与地被植物　草坪与地被植物用低矮的植物或是草类覆盖裸地、林下、空地，可以起到防尘降温的作用。例如蔓长春、鸢尾拌根草、诸葛菜等。

（7）花坛植物　花坛植物是指采用观花、观叶的草本花卉以及少数低矮的木本植物在露地进行栽植，组成各种图案，以供游人赏玩。包括金盏菊、虞美人、五色苋、黄杨球、月季等。

（8）造型、树桩盆景　造型是指经过人工整形修剪成各种物象的单株或是绿篱，例如罗汉松、叶子花、六月雪、瓜子黄杨、日本五针松等。

树桩盆景是指在盆中再现大自然风貌或是表达特定意境的艺术品，比较常见的有银杏、椰榆、金钱松、短叶罗汉松、朴树、六月雪、紫藤、南天竹、紫薇等。

（9）室内装饰植物　室内装饰植物是指将植物种植在室内墙壁和柱上专门设立的栽植槽内。例如蕨类、常春藤等。

（10）片林（林带）　树木按带状进行栽植，在园林中有着很多用途，既可以作为公园外围的隔离带，环抱的林带组成一个闭锁空间；又可以用于公园内部分隔功能区的隔离带。例如毛白杨、栾树、侧柏等。

2.1.2.4　园林植物按经济用途分类

（1）木本粮食类　木本粮食类园林植物是指果实含淀粉较多者，例如板栗。

（2）木本油料类　木本油料类园林植物是指果实含脂肪较多的，可以供榨油者，例如油茶。

（3）果用植物　包括苹果、枇杷、柑橘等。

（4）药用植物　药用植物是指根茎可入药者，如牡丹、杜仲。

（5）芳香植物　芳香植物的花、枝、叶、果含芳香油，可以提炼香精，例如茉莉、玫瑰、肉桂。

（6）用材植物　指可以提供木材、竹子及薪炭的植物，例如杉、松、竹等。

（7）特用经济植物　特用经济植物包括橡胶、漆树等。

（8）观赏植物　观赏植物是指树姿雄伟或是婀娜者，例如雪松、金钱松。

（9）蔬菜类植物　蔬菜类植物是指嫩茎叶可以食用者，例如石刁柏、香椿、落葵。

2.1.3　园林植物的生长与发育

2.1.3.1　园林植物的生命周期

（1）多年生植物

① 种子期。自植物卵细胞受精而形成合子开始，到种子萌发时为止的整个时期称为植物种子期。在种子成熟离开植物体后如果遇到适宜的条件即能萌发，例如白榆、枇杷等。但大部分种子在成

熟后，即使给予适宜的条件也不能立即发芽，需要经过一段自然休眠后才能发芽生长，例如银杏、女贞。

② 幼年期。是从种子发芽到植株第一次出现花芽为止。幼年期的长短因植物种类而异，有的仅需 1 年，例如月季，当年播种，当年就开花。大多数植物需要一年以上时间，例如，桃需要 3 年，杏需要 4 年，而云衫、银杏需要 20 年左右。因为幼年期植物的遗传性尚未稳定，可塑性较大，这样有进行利于定向培育。

③ 青年期。以植物第一次开花，结果，逐渐长大到生命力强盛为止。此时的植株有机体尚未充分地表现出该种或该品种的标准性状，虽然可以年年开花结实，但数量却很少。青年期植株的有机可塑性已经大为降低，必须给予良好的环境条件、水肥管理，才能使其充分表现本品种的特性。

④ 成熟期。植株个体方面已经成熟，花、果性状也已完全稳定，能够充分反映出品种的性状。此时植株的遗传保守性最强，性状最稳定。

⑤ 衰老期。从树木发育明显衰退到死亡为止。植株生长量会逐年降低，开花、结果量也会减少而且品质低下。可能会出现明显的"离心秃裸"现象，树冠内部枝条大量枯死，丧失顶端优势。对外界不良因素抵抗能力差，比较容易感染病虫害。

（2）一、二年生草本植物　一、二年的草本植物生命周期很短，基本都在一年或二年中完成，它们一生中也要经历几个生长发育的阶段，例如种子期、幼苗期、成熟期和衰老期。然而在各个生长发育阶段历时都很短，终生只开花一次。当有不良气候来临时，即结束生命，全株死亡，以种子的形式来延续生命，或是以种球的形式在土壤中度过恶劣环境，以延续生命，例如菊花、水仙、大丽花等。

2.1.3.2　园林植物的生长及休眠时期

（1）生长时期　生长时期是指春季树液流动至秋季落叶时为止，这段时期是植物旺盛生长、生理活动最为活跃、新陈代谢最快的时期。在这个时期中植物的细胞分裂快，植株的体积不断增大，重量不断增加。生长至一定程度后，就转入生育阶段，产生新的生殖器官即花、果、种子。生长期的长短与当地气候是有关的，生长的进程和节奏则是与树龄、树势以及栽培条件有关。生长时期具体分为以下几个时期。

① 萌发与开花期。萌发期是指叶芽花芽膨大，芽鳞裂开，长出幼叶或是露出花瓣的阶段。先花后叶植物，一般情况下是花芽先萌发开放。而先叶后花植物则是叶芽先萌发。混合芽则是花、叶同时萌发。

萌芽的早晚要根据植物种类、年龄和当地气候而定。通常落叶树会在昼夜平均温度达 5℃ 以上时开始萌发，例如月季在南京的 2 月下旬萌发。常绿阔叶树则要求温度较高，例如柑橘类需 9～10℃ 以上才开始萌发。

在展叶后，叶片形成的大小、质量、数量，主要是取决于叶原体的形成及其展开时间。其次与枝条的营养状况、类型及叶在枝上所处的节位等也都有关。在一年中叶幕面积形成按慢—快—慢的规律进行。一般来说，树龄越大，早期形成的叶幕占总的叶面比例就越高。叶片是植物碳素营养的来源，所以叶片的面积、质量关系着光合作用的强度及产物高低，它与植物的生长关系极为密切。

② 新梢生长和组织成熟期。萌芽后，新梢便开始生长，一直到顶芽出现为止。在一年中新梢生长速度呈波浪形，生长高峰到来的时期、次数、封顶早晚，都会因树种、年龄、当年气候条件及管理情况而异。一般在开始时新梢抽长生长缓慢，但到了一定时期后枝条生长明显加快，随后又进入缓慢生长期。有些树种每年只抽梢一次，例如核桃。而有些树种一年可以多次抽梢从而形成 2～3 次新梢，这几次被称为春梢、夏梢和秋梢，例如白兰花、桂花可在春、夏、秋中进行三次萌发抽梢。

枝条在长度旺盛生长后即转入加粗生长和组织充实的阶段。枝条会由柔嫩转为木质化，并贮存大量营养物质，以供第二年萌发使用。在年中加粗生长的年周期动态与加长生长的相同，也有 2～3 个高峰。

③ 芽分化。芽是地上部分枝、叶、花等各器官发育的基础。花芽与叶芽形成要取决于芽内生长点的质量。当枝条生长到一定的程度后，在叶腋就会逐渐形成叶芽或花芽。大部分的树种芽的形成时期是在枝条生长盛期后，是在积累了大量营养物质的基础上进行的。新梢生长的质量与芽的质量、数量和花芽转化有关，新梢充实健壮者，那么花芽形成就多，弱枝花芽形成就很少，例如月季在3~4月抽梢旺盛阶段，遇到寒潮枝条生长差，会影响花蕾形成，从而就出现大批无花新枝的现象。

芽的形成时期要根据树种、气温而定，芽生长点形成后，随着内部营养状态、生长激素水平等因素的变化，决定了它是否应当分化形成花芽。桂花会于6~8月在小枝顶部及老干上形成花芽。而梅花则在7月份形成花芽。有些植物例如白兰花、月季等一年可以多次抽梢，也可以多次形成花芽。

④ 果实发育与成熟。果实的发育成熟期是指从受精、子房开始膨大到果实完全成熟为止。这段时期长短会因树种而异，例如松、柏类球果，上一年受精，但到了第二年才发育和成熟，历时一年以上，而榆树、杨、柳等，仅需数十天，在当年春季便可成熟；多数草本的植物此阶段时间也很短，例如半枝莲等。这个时期的长短，与气候等因子的影响有关，例如低温、潮湿就会推迟果实的成熟。对于要在秋季、初冬成熟的果实，如果一直处于气温较高的条件下，而缺少必要的低温处理，就会推迟成熟，例如板栗、油茶等。

⑤ 根系的生长。根系开始活动生长时期比地上部分要早，而结束生长时期却比地上部分要迟。在植物周年生长过程中，根系的生长是与地上部分高径生长之间呈交替状进行的，即当根系长度生长快速时期也正是地上部分生长缓慢时期。第一次发根高潮多开始于芽萌发前，主要是依靠树体贮藏的营养物质。第二次生长高峰则是在秋季，地上部分缓慢生长的后期。根系生长高峰出现次数，会根据树种、年龄、树体营养状况、外界环境条件等而不同。外界环境中的温度，水分对根系生长关系都十分密切。例如根系开始生长

时要求的温度要比地上部分的低，同时土壤的温度变化比气温要稳定。所以根系生长开始早，结束较迟。又例如，一般的土壤含水量达田间最大持水量的 60%～70% 时是最适宜根系生长，而土壤过干，会导致根系发生木栓化和发生自疏，生长缓慢的状况；过湿则会缺氧从而抑制根的呼吸作用，影响根的生长，甚至会造成烂根死亡。

（2）休眠时期 休眠期是指落叶植物自落叶开始至第二年的春季发芽为止，它是由于冬季气温降低所引起的，又被称为自然休眠期。具有休眠期的植物，其生长期与休眠期都非常明显，周年更替，这是植物在系统发育的过程中，对于不利的外界条件适应能力的表现。植物各部分器官进入休眠期的早晚都不同，一般芽及小枝最早，其次是枝干，而根颈最迟。但是解除休眠顺序却正好相反，根颈最早，而芽最迟。休眠期中植物的器官生长会停止，生理活动也处于最低水平。从生长到休眠的过程中，植物需要经过一系列的生理变化，例如淀粉水解活动的加强，转化为糖在细胞中积累，增加胞液的浓度；原生质表层积聚起拟脂类物质，从而使抗寒力增加；呼吸作用减弱。由初冬进入休眠之后，休眠逐渐加深即为深休眠。处于深休眠期内的植物体内，具有抑制生长的物质。在这个时候即使有良好的外界条件也不会解除休眠。必须要经过一定的低温才能解除休眠，如果不经一定的低温处理，而直接转入较高温度的栽培时，植物一般情况下会推迟萌发，花芽的发育也会不良。

根系没有自然休眠特性，但只要土壤的温度适合，周年都会处于活动状态，特别是分布在土壤深层，土温较高而稳定的根系。

热带地区的树木、常绿树、温室植物，其生长期与休眠期没有明显的界限，处于周年的生长状态。只不过在气温较低的季节常绿树生长会很缓慢但仍然会进行同化作用。

一些原产温带地区的植物喜欢温凉的环境，而不适应高温，所以在炎热夏季来临前，便转入休眠，也是一种自然的休眠，例如水仙花、郁金香、仙客来、吊金钟等。当秋凉来临时则又恢复生长。

休眠期的长短和完成休眠的条件均依树种而异，通常情况下，温带树木通过深休眠的温度为 0～5℃。

2.1.3.3 园林植物地下部根系的生长

（1）根系来源

① 实生根系。实生根系是由种子胚根发育而来的根，主根发达，存活力很强。

② 茎源根系。利用植物营养器官所具有的再生能力，采用枝条扦插或压条繁殖，使茎上产生不定根，从而发育成的根系。茎源根系无主根，生命力相对较弱，通常为浅根。

③ 根蘖根系。部分宿根花卉的根系通过产生不定芽可以形成苗木，其根系被称根蘖根系。

（2）根系的类型

① 主根。在种子萌发时，胚根会最先突破种皮，向下生长而形成的根被称为主根。主根生长很快，一般是垂直插入土壤，成为早期吸收水肥和固着的器官。

② 侧根。当主根继续发育，且到达一定长度后，从根内分化产生出与主根有一定角度、沿地表方向生长的分支称之为侧根。侧根与主根共同承担固着、吸收及贮藏功能，所以统称为骨干根。

③ 须根。侧根上所形成的细小根称之为须根。按其功能与结构不同又可分为 4 类：生长根，为根系向土壤深处延伸以及向远处扩展部分，一般是为白色，具有吸收功能；吸收根，主要功能是吸收，以及将吸收的物质转化为有机物或是运输到地上部分，正常吸收根大多为白色；过渡根，主要是由吸收根转化而来；输导根，主要是起到运送各种营养物质和输导水分的作用。

（3）不定根的形成与应用　园林植物的侧根除了从幼根轴上产生以外，还可以由茎（枝）、叶、胚轴上产生，由此可以形成的根被称为不定根。很多园林植物都具有产生不定根和芽的潜在性能，可以采用植物生长调节剂来进行处理，辅之以配套的栽培管理措施，以促进不定根形成，从而可以进行快速无性繁殖优良种苗。

（4）变态根的特性与功能

① 肥大直根。萝卜、胡萝卜、甜菜等的肉质根，均是由主根

肥大发育而成的。

② 块根。块根是由植物侧根或是不定根膨大而形成的肉质根。块根的形状各异，可以作繁殖用。例如大丽花的地下部分即为粗大纺锤状肉质块根，形状类似地瓜，它是由茎基部原基发生的不定根肥大而形成，肥大部分不抽生不定芽，但是在根颈部分可发生新芽，可以发育成新个体。

③ 气生根。根系不向土壤中下扎，而是伸向空气中，所以被称为气生根。气生根分为四种：支柱根，起辅助支撑固定植物的作用，类似于支柱作用，例如玉米的气生根即为典型的支柱根；攀缘根，是起擎缘作用的气生根，例如常春藤的气生根；呼吸根，是一部分生长在湖沼或热带海滩地带的植物上，例如水松等；寄生根，是不定根常发育为吸器，可以钻入寄主的茎内，以吸取寄生的营养为主要生长来源，例如菟丝子等。

④ 呼吸根。根系伸向空中，吸收氧气，以弥补地下根系因缺氧而导致的生长发育不良等状况。它常常发生于生长在水塘边、沼泽地的一些观赏树木中，例如红树、水松等。呼吸根的发生是植物对外界环境的一种适应性。

（5）根际与根系的生长发育　根际是指与根系之间紧密结合的土壤或是岩屑质粒的实际表面，与生长根紧密相接，其内含有根系溢泌物、土壤微生物和脱落的根细胞，以毫米计的微域环境。其中，存在于根际中的土壤微生物的活动是通过影响养分的有效性、养分的吸收和利用以及调节物质的平衡，从而构成了根际效应的重要组成成分。土壤中的有些微生物能够进入到根的组织中，与根共生，就形成了共生的现象。

同真菌共生的根被称为菌根。菌丝并不侵入细胞内，只是在皮层细胞间隙中的菌根为外生菌根，例如山毛榉、松等树木的根；菌丝侵入细胞内部的菌根为内生菌根；而介于两者间的菌根为内外兼生菌根。大多数果树为内生菌根，如柑橘、李等，部分花卉也为内生菌根，如杜鹃、鸢尾等；而草莓则为内外兼生菌根。

由于菌根的形成扩大了园艺植物根系的吸收范围，并增强了根系吸收养分的能力，从而促进了地上部分光合产物的提高和生理生化代谢的进行，这在土壤贫瘠和干旱的地区，对于保持植物正常的水分代谢和养分吸收，提高园艺植物抗逆性具有着相当重要的作用。

根瘤是由于细菌侵入根部组织所导致的，这种细菌被称为根瘤菌。豌豆、蚕豆等各种豆科植物的根系均与根瘤菌共生，从而形成其显著特点。通常情况下，豆科蔬菜能够分泌某种物质以吸引根瘤菌向其根部的移动，当根瘤菌与根毛接触时，便由根毛处进入根组织，根瘤菌便在根皮层中繁殖，从而刺激皮层细胞分裂，形成很多微小的细胞，导致根组织膨大突起而形成根瘤。这样豆类蔬菜便与根瘤菌共同生活，一方面来说，根瘤菌从植物体内能够获得能量来进行生长发育；另一方面来说，根瘤菌所固定的氮素又为植物所利用。因此，创造根瘤菌所需生活条件，促进根瘤菌活动对植物生长发育具有着极其重要的作用。

（6）根系的分布　根沿土壤表层平行方向伸长，分布的范围受园林植物种类、育苗移栽与否、土壤条件及其他环境的影响。根系一般都是分布到树冠投影范围以外，一些树种的根系甚至会强大到超出其树冠投影范围的 4～6 倍。

园林植物地上部和地下部相接处的部分为根颈。根颈以下向土壤深处下扎的根被称为垂直根。垂直根在土壤中的分布深度与园林植物的根系特性、土壤质地、肥力水平及水分状况等有关。

（7）根系生长动态

① 生命周期。对于一年生的草本花卉，从种子到种子的生长发育的过程即完成了一个生命周期。根系的生长从初生根伸长到水平根衰老，到最后垂直根衰老死亡，就是完成其生命周期。果树是多年生以无性繁殖为主的植株，不同于一年生的植物。一般的状况下幼树是先长垂直根，树冠达一定大小的成年树，水平根会迅速向外伸展，直至树冠最大时，根系也相应的分布最广。当外围枝叶开始枯衰，树冠缩小时，根系生长也就开始减弱，而且水平根先衰老，垂直根最后衰老至死亡。

② 年生长周期。在全年各生长季节不同器官的生长发育会交错重叠的进行，各时期有旺盛生长的中心，从而出现高峰和低谷。年生长周期变化与园林植物自身特点及环境条件变化密切相关，其中，在自然环境因子中尤其以土温对根系生长周期性变化影响最大。一般多年生植物根系在冬季基本上不生长，而从春季至秋末根系生长出现周期性变化，生长曲线呈双峰曲线或是三峰曲线。不同的生长季节均能够创造出适宜的温度条件，其根系生长的动态主要受自身遗传因子影响而呈现规律性的变化。

③ 昼夜周期。各种生物居住的环境总是白天的温度要高些，晚上的温度要低些，植物的生活也适应了这种昼热夜凉的环境。通常，绝大多数的园林植物根夜间生长量均大于白天，这与夜间由地上部转移至地下部的光合产物多是有关的。在植物允许的昼夜温差范围内，提高昼夜的温差，降低夜间的呼吸消耗，能够有效地促进根系的生长。

（8）根的再生力　断根后长出新根的能力被称之为根的再生力。根的再生力首先是与园林植物种类有关。其次在不同的季节，不同的生态条件下，同种园林植物根的再生能力差异也是很大的。一般在春季发生的新根数目较多，而在秋季新根的生长能力强，根系生长量大。所以在春、秋季节适宜果树、花卉苗木出圃和定植。生态条件中，以土壤质地及土壤通透性对根的再生能力影响最大，土壤孔隙度在 40% 时根再生力则是最强。此外，植株生育状态对根的再生力也有着很大影响，顶芽饱满、生长健壮的枝条对根的再生有着显著的促进作用。

2.1.4　园林植物的物候期观测

2.1.4.1　园林植物物候观测方法

（1）选定要观测植物的种类后，首先要确定观测地点。选择的观测地点要开阔，环境条件要有代表性，例如土壤、地形、植被等要基本相似。观测地点应当保持多年不变。

（2）木本植物要定株观测。盆栽植物不应该作为观测的对象。

应当选择生长健壮，发育正常，并且开花 3 年以上的植株。同种的树木选 3～5 株作为观测树木。

（3）草本植物必须在同一个地点中多选几株，由于草本植物生长发育会受小地形、小气候影响较大，所以观测植株必须在空旷地。观测植物时要挂牌标记。

（4）观测应当常年进行，在植物生长旺季，可以隔日观测记载，例如物候变化不大时，可以减少观测的次数。在冬季植物停止生长时，可以停止观测。观测时间以下午为较适宜，因为下午 1～2 时的气温最高，植物物候现象通常会在高温后出现。对早晨开花植物则需要上午进行观测。如果遇特殊天气应当随时观察。

（5）确定观测人员，集中培训，统一标准和要求。观测资料应当及时整理、分类，进行定性、定量的分析，撰写观察报告，以便更好地指导生产。

2.1.4.2　园林植物物候期特征

（1）每种植物都有自己的物候期，不同植物之间有着明显的差异，这些差异取决于植物种类、品种遗传特性，同时也受地理环境条件的影响而发生变化。不同的栽培措施也会改变或是影响植物的物候期，例如落叶树有着明显的休眠期，而常绿树则无明显的休眠期；多数植物是先展叶后开花，而有些则是植物先开花后展叶。

（2）同一植物、同一品种的物候期在同一地区，会因为各年份的气候条件变化而出现提前或是错后的现象，而在不同地区这些现象就会更加明显。

（3）植物物候期的共同点

① 植物的物候期的进行是具有顺序性的。在年生长周期中，每一物候期都只能在前一物候期通过的基础上才能继续进行，同时又为下一个物候期的到来打下基础，例如萌芽必须在花芽分化的基础上才能发生，同时，萌芽又为抽枝、展叶打好基础。

② 植物的物候期在一定条件下的具有重演性。例如月季、金柑、葡萄的新梢抽发与开花等物候期在一年内可以重演多次。

③ 植物的物候期具有重叠性，即同一时间、同一植株上可以

同时表现为多个物候期。例如橘类的枝条在春天可以萌发春梢，又可开花，两个物候期是重叠进行的。

2.2 园林绿化植物的生境与群落

2.2.1 生态因子对园林植物的影响

2.2.1.1 土壤

（1）土壤的质地与厚度 土壤是植物生长的起点，植物吸取的养分和水分主要是来自土壤，因此土壤对植物的生长起着决定性的作用。土壤的结构、厚度以及理化性质不同，会影响到土壤中的水、肥、气、热的状况，从而影响到植物的生长。

土壤的质地和厚度关系着土壤肥力的高低，以及含氧量的多少。一般情况下当土壤含氧量在 12% 时，根系才能正常地生长和更新。所以大多数植物要求在土质疏松、深厚肥沃的壤质土壤上生长。而且壤质土内肥力水平高，微生物活动频繁，既能分解出大量的养分，又能保持肥分。同时深厚的土层能够促使根系向下层生长，能增加植物的抗逆能力。植物种类繁多，喜肥耐瘠能力也不同。喜肥沃深厚土壤的植物如梅花、梧桐、核桃、樟树等应栽植在深厚、肥沃和疏松的土壤中。耐贫瘠的植物例如马尾松、油松等植物，可以在土质稍差的地点进行种植。当然，能耐贫瘠的植物，栽在深厚、肥沃的土壤中会生长得更好。

（2）土壤酸碱度 土壤酸碱度是土壤重要的化学性质，同时也是土壤在形成过程中受气候、植被、母质等因素综合作用所产生的属性。它影响着土壤微生物的活动以及土壤有机质和矿质元素的分解和利用。例如种植在碱性土壤上，植物对铁元素的吸收困难，常造成喜酸性土壤的植物发生失绿症。每种植物都需要在一定的土壤酸碱度下才能生长，应当针对植物不同的要求，合理地进行栽植。根据植物对土壤酸碱度要求的不同，可把植物分为三类。

① 酸性植物。当土壤 pH 值在 6.5 以下，植物生长良好，例

如杜鹃、山茶、栀子花，棕榈科、兰科等。

② 中性植物。当土壤 pH 值在 6.5～7.5 时，植物的生长状况良好，例如菊花、杉木、矢车菊、百日草、雪松、杨、柳等。

③ 碱性植物。当土壤 pH 值在 7.5 以上时，植物仍生长良好，例如侧柏、紫穗槐、非洲菊、石竹类、香豌豆等。

（3）土壤营养　土壤营养指土壤中所含营养元素的多少，园林植物同其他植物一样，所需的三大主要营养元素为 N、P、K，其次就是 Ca 和 Mg。不同植物或同一植物在不同生育期对营养元素需求量不同，在生产上要了解各种营养元素的作用和植物不同生育期的生理特征，并采取相应的施肥措施是栽培植物成功与否的关键问题所在。

（4）盐碱土对园林植物的影响　盐碱土包括盐土和碱土两大类。盐土是指有大量可溶性盐的土壤，由海水浸渍而成，是属于滨海地带的土壤，主要包括氯化钠、硫酸钠，不呈碱性反应。碱土是指土壤中含有较高浓度的以碳酸钠和重碳酸钠为主的可溶性物质，呈强碱性反应的土壤，较多发生在雨水少、干旱的内陆。在我国，盐土面积比较大，而碱土面积比较小。

若植物栽种在盐碱土上，生长极差甚至死亡。盐碱土的盐分浓度高，容易使植物发生反渗透，从而造成死亡或枯萎。在盐碱土上应当选择抗盐碱能力强的树种，例如苦楝、怪柳、乌桕、紫穗槐等。

2.2.1.2 温度

温度对园林植物的生长发育影响非常大，温度的高低往往是限制植物地理分布的重要因素。热带、亚热带的喜高温植物移栽到寒冷的北方，就会因为温度过低，生长不良或是因为冻害而死亡。例如米兰、茉莉等植物，冬季必须要在温室越冬。而喜凉爽气候的北方植物，南移后常常因冬季低温不够，生长发育不良。所以，在引种栽植时必须充分了解其原产地的温度条件，并合理引种。

在某一个生理过程中的最低温度、最适温度和最高温度即为植物生长要求的温度三基点。最合适的温度下植物生长发育最为旺盛，最低温度是植物能生长的最低需要温度，而最高温度就是指植物能生长且不遭受高温危害的最高温度。当超过最低、最高温度的极限时，植物就会受害。所以距离最适温度越远，植物生长得越差。根据植物的种类不同，对温度三基点的要求也是不同，原产热带植物温度三基点要求比较高，原产寒带植物温度三基点则较低。从最适温度上看，不同的地带生长的树木有着较大的差异，热带植物的最适温度为 18～30℃，例如大岩桐、热带兰、部分仙人掌类植物，而温带植物的最适温度为 7～16℃，例如小苍兰、樱草、天竺葵、仙客来。而一般植物较适温度为 20～30℃。

几乎所有植物的开花都要受到温度的影响，首先会体现在春化作用上，有些植物必须要经过一段较低的温度后，才能完成花芽分化过程，然后进入生殖生长状态。例如秋播草花的春化阶段是需要经过较低的温度（0～10℃）才能通过春化的阶段，进入生长状态。花色也会受温度影响，例如大理花在夏季高温炎热时，花色就会暗淡无光、花形小，甚至不开花，而在秋凉后才能够开出鲜艳夺目的花朵来。

2.2.1.3　水分

（1）植物对水分的需求　水分在植物的生长发育、生理生化的过程中起着重要的作用。水分是植物体的基本组成部分之一，植物体内的一切生命活动都是在水的参与下才能进行。植物生长离不开水，但各种植物对水分的需求量却是不同的。一般阴性的植物要求有较高的湿度，而阳性植物对水分则要求相对较少。根据植物对水分需求量的不同，可以将植物分为四类。

① 旱生植物。其耐旱性强，能够忍受较低的空气湿度和干燥的土壤。它的耐旱性主要表现在两个方面：一方面是具有旱生形态的结构，例如叶片小或是叶片退化变成刺毛状、针状，表皮层角质层加厚，气孔下陷，气孔少，叶片具有厚茸毛等，这样是用来减少植物体水分蒸腾；另一方面则是具有着强大的根系，吸水能力强，耐旱力强。例如石榴、沙枣、仙人掌、杏、侧柏、木麻黄等植物。

② 湿生植物。其适于生长在水分比较充裕的环境下。在土壤

短期积水时，就可以生长；而在过于干旱时，就易死亡。例如水杉、垂柳、秋海棠、蕨类等。

③ 水生植物。具有发达的通气组织，能够通过叶柄叶片直接呼吸氧气；没有主根而且须根短小，只有在水中或是沼泽中才能够生存。例如睡莲、荷花、慈姑等。

④ 中生植物。适宜生长在干湿适中的环境下，大多数的植物都是属于中生植物。例如香樟、楠、枫香、苦楝、梧桐等。

（2）水分对植物花芽分化及花色的影响

① 水分对植物花芽分化的影响。植物在生长一段时期后，当营养物质积累到一定的程度的时候，这时的营养生长逐渐会转向生殖生长，进行花芽分化、开花和结实。在花芽分化期间，如果水分缺乏，那么花芽分化就会比较困难，形成的花芽少；如果水分过多，例如长期阴雨，那么花芽分化也难以进行。对于很多植物，花芽分化迟早和难易主要是取决于水分。例如沙地生长的球根花卉，球根内含水量少，花芽分化得早。对于盆梅适时的"扣水"也能抑制营养生长，使花芽能得到较多的营养而分化。

② 水分对于植物花色的影响。如果开花期内的水分不足，花朵就难以完全绽开，不能充分表现出品种固有的花形与色泽，而且还会缩短花期，影响到观赏的效果。另外，土壤水分的多少，对花朵色泽的深浅也有着一定的影响。水分不足，花色会变深，例如白色和桃红色的蔷薇品种，在土壤过于干旱时，花朵就变为乳黄色和浓桃红色。为了保持住品种的固有特性，应当及时对其进行水分的调节。

由上述可以得知，水分在植物的各个生育期内都是很重要的，又是比较容易受人为控制的，因而在植物的各个物候期，创造最适宜的水分条件，是使园林植物充分发挥出它的最佳的观赏效益和绿化功能的主要途径之一。

2.2.1.4 光照

（1）光照强度

① 光照强度对植物的影响。植物生长速度与它们的光合作用

强度密切相关。而光合作用的强度在很大程度上会受到光照强度的影响，在其他生态因子都适宜的条件下，光合作用所合成的能量物质恰好能够抵偿呼吸作用的消耗时，此时的光照强度被称为光补偿点。在光补偿点以下，植物便会停止生长。例如植物林冠下的植物，有时叶子和嫩枝枯萎是因为光照不足。当光照强度超过了补偿点而还在继续增加时，光合作用的强度就会成比例地增加，植物生长也就会随之加快，即长高长粗。但是当光照强度增加到一定程度时，光合作用强度的增加就会逐渐减缓，当最后达到一定限度的时候，光合作用的强度不会再随光照强度的增加而增加了，这时就是达到了光饱和点，也就是说光合作用的积累物质达到最大时的光照强度。植物生长一般需要 18000～20000lx 的光照强度。根据不同的园林植物对光照强度的反应也不同，可以将其分为三类。

a. 阳性植物。该类植物需够在较强的光照下才能够正常生长。多数露地上的一二年生花卉、宿根花卉、多浆类植物，例如落叶松、马尾松、臭椿等树木均是属于这类植物。

b. 阴性植物。该类植物不能够忍受强烈的直射光线，需要在适度荫蔽下才能够生长良好，例如蕨类植物、兰科、凤梨科、姜科、苦苣苔科、天南星科及秋海棠植物；而云杉、冷杉、红豆杉等树木均为阴性植物。也有一些蔬菜植物例如菠菜、莴苣、茼蒿等在光照充足时能够良好的生长，但在较弱的光照下时，生长快、品质柔嫩。在生产上利用此特性，常常合理密植或适当间套作，以用来提高产量，改善品质。

c. 中性植物。该类植物对光照强度的要求是介于阳性和阴性植物两者之间的，或是对日照长短不甚敏感。通常喜欢日光充足，但在微荫下也能够正常生长。例如萱草、桔梗类等。

② 光照强度与叶片色彩的关系。在观叶类花卉中，有些花卉的叶片中常常会呈现出黄、橙、红等多种颜色，有的其至会呈现出色斑块，这是因为叶绿体内所含元素不同，并在不同的光照条件下所产生的效果。例如红桑、红枫、南天竹的叶片在强光下时叶黄素合成得多些，而在弱光下时胡萝卜素就合成得多。因而，它们的叶

片就会呈现出由黄、橙、红的不同颜色。

③ 光照强度对于花色的影响。紫红色的花是由于花青素的存在而形成的，而这种物质必须要在强光下才能够产生，而在散射光下不易产生。其产生的原因，除了受强光照的影响外，还与光的波长和温度有关系。例如茶叶中的紫色叶子也是由于光照的过强产生了花青素而形成，如果鲜叶中混有过多的紫色叶子，则制出的干茶茶汤就是苦的。另外，光照强度对于矮牵牛等某些花卉品种的花色有着明显影响，例如以蓝、白复色的矮牵牛花，其蓝色部分和白色部分的比例的变化不仅会受温度影响，而且还会与光照强度和光照持续时间有关。试验表明，随着温度的升高，蓝色的部分会增加；而随着光照强度增大，白色部分就会增加。

（2）日照长短　光周期现象是指每日的光照时数与黑暗时数的交替对植物开花的影响。根据日照长短而反应不同，可将园林植物分为三大类。

① 长日照植物。长日照植物是指植物在开花以前需要有一段的时期每日的光照时数都要大于14h的临界时数。如果不能满足这个条件则植物将仍然处于营养生长阶段而不能够开花。反之，日照愈长则开花愈早。

② 短日照植物。短日照植物是指植物在开花以前需要有一段的时期每日的光照时数都要少于12h的临界时数。日照时数愈短则开花愈早，但每日的光照时数不得短于能够维持生长发育所需的光合作用时间。

③ 中日照植物。中日照植物是指只有在昼夜的长短时数近于相等时才能够开花的植物。

由于各种植物在长期的系统发育的过程中所形成的特性，即对环境适应的结果，通常情况下，长日照植物发源于高纬度地区，短日照植物发源于低纬度地区，而中日照植物则在各地带均有分布。

日照时间的长短对于植物的营养生长和休眠也有重要的作用。一般而言，延长光照的时数会促进植物的生长或是延长生长期，而缩短光照的时数则会促使植物进入休眠或是缩短生长期。前苏联曾对欧洲落叶松进行过不间断的光照处理，结果使其生长的速度加快了近 15 倍，而我国对杜仲苗施行了不断光照使其生长速度增加了 1 倍。对从南方引种的植物，为了使其能够及时准备过冬，则可采用短日照的办法使其提早进入休眠以增强它的抗逆性。

（3）光质　不同波长的光对植物生长发育的作用也是不同。植物的同化作用吸收最多的是红光，黄光次之。红光不仅是有利于植物碳水化合物的合成，还能够加速长日照植物的发育；而蓝紫光则会加速短日照植物发育，并促进蛋白质和有机酸的合成，而短波的蓝紫光和紫外线能够抑制节间伸长，以促进多发侧枝和芽的分化，并且有助于花色素和维生素的合成。因为在高山以及高海拔地区紫外线较多，所以高山花卉色彩更加浓艳，果色更加艳丽，品质也更佳。红外线是不可见光，它是一种热线，被地面吸收后可以转变为热能，能够提高地温与气温，提供植物生长发育所需要的热量。

2.2.1.5　空气

空气主要由氮（78%）、氧（21%）和少量的二氧化碳（0.03%）及极微量的稀有气体所组成的。随着工业生产的发展，空气常会受到不同程度的污染，从而含有对植物生长有害的物质。空气中氧气和二氧化碳都与植物有着密切的关系，氧气是呼吸作用中所必需的，二氧化碳则是光合作用的主要原料。

（1）二氧化碳　植物在光合作用时以二氧化碳作为原料，合成了葡萄糖，而在呼吸作用中作为废气将二氧化碳排出。二氧化碳的含量与光合作用的强度有关，当二氧化碳量在 0.008%～0.001% 之间时，光合作用会急剧下降，甚至停止。经过试验证明当空气中二氧化碳含量提高 10～20 倍或达 1% 时，光合作用会有规律地增加，过高则会受到抑制，植物吸收二氧化碳的途径除了气孔外，根部也能够吸收。空气中通常二氧化碳含量过低，对植物光合作用来说并不是最有效的。为了提高光合的效率，提倡进行二氧化碳施肥。但这种方法只能在温室、塑料大棚等保护地里进行施用，可以用干冰、二氧化碳发生器或是贮二氧化碳气袋放散。施放量阴天时以 0.05%～0.08% 为宜，晴天时以 0.13%～0.2% 为宜。二氧化碳施肥对人畜无伤害。植物对二氧化碳的需要是以开花期和幼果期为多。

（2）氧气　植物生命各个时期都需要氧气来进行呼吸作用，以释放能量来维持生命活动。以种子的发芽为例，大多数的植物种子发芽时都需要一定氧气。例如大波斯菊、翠菊种子泡于水中，就会因缺氧而呼吸困难，不能发芽，而石竹和含羞草种子可以部分发芽。但是有些种子对氧需求量较少，例如矮牵牛、睡莲、荷花种子可以在含氧量很低的水中发芽。

通常情况下，在土壤板结处进行播种，发芽不好，就是由于土壤的缺氧。植物根系需要进行有氧呼吸，如果栽植地长期积水，就会严重影响到植物的生长发育。因而，在生产上应当特别注意加强对土壤水分的管理。

2.2.1.6　生物因子

生物因子可以分为动物因子和植物因子两大类。园林绿地除了园林植物以外，还有许多其他植物、动物以及微生物，这些生物之间的关系是相互制约、相互依存的。研究植物与植物之间的相互关系和植物与动物之间的相互关系，对促进园林植物的生育发育有着很重要的意义。

动物对园林植物的生长发育的影响较大。这里的动物主要指危害园林植物的虫害，例如蛀干类害虫、天牛、吉丁虫等；危害幼嫩枝叶花果实的害虫更多，例如蚜虫、螨类、潜叶蛾、凤蝶、介壳虫等。

目前，国内外已成功分离和合成一些昆虫的绝育剂、引诱剂、拒食剂、忌避剂等制剂。这些制剂本身不能够直接杀死害虫，是通过间接的方式限制害虫的数量。例如绝育剂可以造成害虫绝育，迫使某些害虫在一定区域内的数量减少，以此来达到控制害虫种群的目的。

2.2.2　植物群落组成及结构特征

2.2.2.1　自然群落的组成

（1）自然群落的组成成分　群落是由不同的植物种类组成的，

这是群落最重要的一个特征，是决定群落外貌及结构的基础条件。因此，首先要查明群落内的每种植物的名称。各个物种在数量上是不等同的，通常，数量最多、占据群落面积最大的植物种被称为"优势种"。"优势种"是最能影响群落的发育和外貌特点，例如，云杉、冷杉或水杉群落的外轮廓的线条是尖峭耸立的；高山的堰柏群落则是有一片贴伏地面，宛若波涛起伏的外貌。

（2）自然群落的外貌

① 生活型。植物对综合生境条件长期适应而会在外貌上表现出来的生长类型，例如乔木、灌木、草本、藤本植物等均属于此类型。其形成是不同的植物对相同环境条件下产生趋同适应的结果。例如，在不同地理区域的干旱生境中有着相同生活型的肉质植物，其亲缘关系却相隔甚远；仙人掌属仙人掌科，景天属景天科，芦荟属百合科，龙舌兰属石蒜科，但这些植物却具有非常相似的外貌特征。丹麦的植物生态学家劳恩凯尔按照越冬休眠芽的位置与适应特征，将高等植物分为高位芽、地上芽、地面芽、地下芽和一年生植物五大生活型类群，再按照植物的高度、茎的质地、落叶或常绿等特征分为 30 个较小的类群，这是应用的最为广泛的植物生活型分类系统。

② 群落的高度。群落的高度也会直接影响外貌。在群落中最高一群植物的高度，也就是群落的高度。群落的高度首先是与自然环境中海拔高度、温度及湿度有关系。通常情况下，在植物生长季节中温暖多湿的地区，群落的高度就大；而在植物生长季节中气候寒冷或是干燥的地区，群落的高度就小。例如，由于生长环境终年处于高温潮湿，热带雨林就长得非常高大茂密，一般高度都在 30m 以上，最高的树木可长到 80 多米，例如，马来西亚的塔豆、西双版纳的望天树都可高达 70m；亚热带常绿阔叶林的高度在 15～25m；而山顶矮林的一般高度在 5～10m，有些甚至只有 2～3m 的高度。

③ 群落的季相。植物的生长发育受四季气候有规律地影响，会使植物群落外貌发生季节性的变化，即为植物群落的季相。群落

的季相在色彩上最能够影响外貌，而优势种的物候变化又最能够影响群落的季相变化。在冷、暖或干、湿交替明显的地区中，群落季相的变化更为显著。温带的落叶阔叶林，早春时由于乔木层的树木尚未长叶，林内的透光度很大，林下会出现春季开花的草本层，就构成了春季季相。等到入夏以后，乔木枝叶茂盛，树冠郁团，早春开花的草本植物就在林下消失，代之而起的则是夏季开花植物，这又呈现出另一片景色。等到秋季时，植物叶片由绿变黄，群落外貌就又发生变化，呈黄色或是红色。作为园林工作者不仅仅要会欣赏植物的季相变化，更为关键的是要能够创造丰富的季相景观群落。

（3）自然群落的结构

① 群落的多度与密度。多度是指每个种在群落中所出现的个体数目。多度最大的植物种就是群落中的优势种。密度是指在群落内植物个体的疏密度。密度直接影响到群落内的光照强度，这对该群落的植物种类组成以及相对稳定有着极大的关系。总体来说，环境条件优越的热带多雨地区，群落结构比较复杂，密度也比较大。

② 群落的垂直结构与分层现象。各地区的各种不同的植物群落间常有不同的垂直结构层次，这种层次的形成是依照植物种的高矮以及不同的生态要求而形成的。除了地上部的分层现象以外，在地下部各种植物的根系分布深度也是有分层现象出现的。

通常，群落的多层结构可以分成 3 个基本层：乔木层、灌木层、草本及地被层。在荒漠地区的植物通常就只有一层；而在热带雨林的层次可以达到 6～7 层以上。在乔木层中常可以分为 2～3 个亚层，枝丫上常有附生植物，树冠上常攀缘着木质藤本，而在下层乔木上常见耐阴的附生植物和藤本；灌木层一般是由灌木、藤灌、藤本及乔木的幼树所组成，有时会有成片占优势的竹类；草本及地被层有草本植物、蕨类以及一些乔木、灌木、藤本的幼苗。此外，还有一些寄生植物、腐生植物在群落中没有固定的层次位置，不能构成单独的层次，所以将它们称为层外植物。

2.2.2.2 自然群落内各种植物的种间关系

（1）寄生关系 寄生植物因为没有或缺少叶绿素，自身不能独立生活，所以必须依附在寄主植物体上，完全或部分靠吸收寄主的营养来生活。其中，完全依靠寄主生活者被称为完全寄生，部分依赖寄主生活者被称为半寄生。半寄生植物的茎、叶中含有叶绿素，能够进行光合作用，但水分和无机盐则需要从寄主体内获得，半寄生植物对寄主造成的危害相对完全寄生要较小些。

除了在单子叶植物中至今未发现寄生植物之外，其他各类高等植物均有代表。其中寄生性双子叶植物较多，例如，属于完全寄生的有列当科、大花草科和蛇菰科，属于半寄生的有桑寄生科、檀香科，此外，旋花科、玄参科和樟科也有少数的寄生植物等。

（2）附生关系　附生关系是指一种植物借住在其他植物种类的生命体上，能够自己吸收水分、制造养分。这种"包住不包吃"的现象，就被称为附生。除了叶片附生的植物会对寄主的光照条件造成一定的影响以外，附生植物一般情况下不会对寄主造成损害。植物的附生现象是热带雨林的主要标志性特征之一，而形成这种现象的原因主要在于要满足一定的环境条件：第一是环境的空气湿度要够大；第二是寄主表面要有一定的腐殖质存在。植物间的附生现象尤其在热带与亚热带的森林是最为常见的。

附生植物的种类比较丰富，从低等植物到高等植物都有附生植物。依据统计数据表明，全世界约有附生植物 65 科 850 属 3 万种。常见的蕨类附生植物有水龙骨科的石韦、星蕨、书带蕨等，铁角蕨科的有鸟巢蕨，地衣类的松萝，兰科植物的有蝴蝶兰、金钗石斛、虎头兰、桂叶万兰等，杜鹃花科的有凹叶越橘，天南星科的有仙叶藤，苦苣苔科的有长果藤，桑科的有榕树等。

（3）共生关系　共生关系，一般是指两种生物或是其中的一种由于不能独立生存而共同生活在一起，或是一种生活在另一种体内，它们相互依赖，各自都能获得一定利益的现象。在植物界中较为典型的共生现象有地衣（如藻类和菌类共生）、根瘤（如固氮菌和豆科植物的共生）、菌根（真菌和高等植物的根共生）。

菌根是植物界中存在的最广泛的一种共生体，它是真菌和植物根系所形成的互惠共同体，家族很庞大。大部分的菌根有酸溶、酶解能力，依靠它们增大吸收表面，可以从沼泽、泥炭、粗腐殖质、木素蛋白质，以及长石类、磷灰石或是石灰岩中，为树木提供氮、磷、钾、钙等营养元素。自然界中 95% 的植物能形成内生菌根，只有少数植物如杜鹃花科、松科和桦木科能够形成外生菌根，兰科的菌根较为独特，有人称之为兰科菌根，例如药用植物天麻，它本身不能吸收营养，只能通过与其共生的蜜环菌来协同实现。兰科的植物较难移栽，移栽时应需带些母土，否则就难以成活，这也和与其共生的菌根相关。

在群落中，同种或者不同种的根系常有连生观象。砍伐后的活树桩就是例证。这些活树桩是通过连生的根从相邻的树木取得有机物质。连生的根系不但能增强树木的抗风性，还能发挥出根系庞大的吸收作用。

（4）生理化学关系　一些植物的分泌物对于另一些植物的生长发育是有利的，例如，黑接骨木对云杉根的分布有利；皂荚、白蜡与七里香等在一起生长时，互相都有着显著的促进作用。还有一些植物会从体内分泌出某种气体或是汁液，影响或者会抑制其他植物的生长。例如，黑胡桃的地下不生长草本植物，就是因为其根系分泌胡桃酮，会使草本植物严重中毒；而灌木鼠尾草下以及其叶层范围外 1.2m 处不长草本植物，甚至在 6～10m 内草本植物生长都会受到抑制，这是因为鼠尾草叶中能散发大量桉树脑、樟脑等萜烯类物质，它们能够透过角质层，进入植物的种子和幼苗，会对附近一年生植物的发芽和生长产生毒害；赤松林下桔梗、苍术、菝、结缕草的生长良好，而牛膝、东风菜、灰藋、苋菜则生长不好，这是因为赤松的分泌物对桔梗、苍术等植物有着促进生长的作用，而对东风菜等，则是有着抑制的作用。

（5）机械关系　在自然植物群落内植物种类众多，一些对环境因子要求相同的植物种类，就会表现出相互剧烈的竞争；而一些对环境因子要求不同的植物种类，不但竞争少，有时还会呈现出互惠的现象，例如，松林下的苔藓层保护土壤不致干化，这样一来有利于松树生长，反过来松树的树荫也有利于苔藓的生长。而机械关系主要指的是植物相互间剧烈竞争的关系，尤其是以热带雨林中缠绕藤本、绞杀植物与乔木间的关系最为突出，例如油麻藤、绞藤、榕属及鹅掌柴属的一些种类常与其他乔木树种之间进行你死我活的剧烈斗争。这些木质缠绕藤本在幼年时期，当它遇到了粗度适当的幼树时，就会松弛地缠绕在其树干上，借以支撑向上生长，但是这时的矛盾不显著，随着幼树树干的不断增粗，就受到了藤本缠绕的压迫，幼树的增粗生长遭到阻碍，幼树的形成层就开始产生肿瘤组织，向藤本进行强烈的反包围，矛盾也开始剧烈起来。随着肿瘤组织活跃生长，奇形怪状地将藤本的缠绕部分反包围在内，相互间的压力达到顶点。其结果或者是树干被压迫而死，或者是藤茎被压迫而死，也有可能两者在剧烈竞争的情况下转化为连生现象，从而使局部矛盾得到统一。

 园林绿化常用植物材料

2.3.1　常见乔木类园林植物

（1）阔叶树类　阔叶树类主要包括：木兰科的阔瓣含笑、石碌含笑、乐昌含笑、木莲、灰木莲、观光木、深山含笑、黄玉兰、白玉兰、广玉兰、醉香含笑、紫玉兰、夜合花等；桑科的橡胶榕、小叶榕、大叶榕、菩提榕、高山榕、木波罗、无花果、桂木、垂叶榕等；樟科的樟树、阴香；豆科的白花羊蹄甲、红花羊蹄甲、羊蹄甲、洋紫荆、凤凰木、紫荆、海红豆、南洋楹、合欢、楹树、腊肠树、黄槐；金缕梅科的枫树、覃树、马蹄荷；大戟科的秋枫、重阳木、山乌桕、乌桕、石栗；茶科的木荷；桃金娘科的桉树、白千层、柠檬桉、海南蒲桃、大叶相思、台湾相思、马占相思；楝科的桃花心木、塞楝、麻楝、香椿；漆树科杧果、人面子、扁桃；以及银杏、蓝花楹、木棉、山杜英、水石榕、女贞、紫薇、大叶紫薇、银桦、阿珍榄仁、小叶榄仁、尖叶杜英、梅花、桃花、杨梅、盆架树、多花山竹子、柳树、桂花、无患子、榆树、朴树、杨桃、黄皮、龙眼、柚木、猫尾木、天料木、枇杷、喜树、红枫、糖胶树、木棉、串钱柳、红花油茶、橄榄、铁刀木、中华锥、鳝蓊、水翁、美丽异木棉、蝴蝶果、鱼木、大花五桠果、龙牙花、刺桐、幌伞枫、黄槿、铁冬青、羽叶吊瓜、复羽叶栾树、枫香、荔枝、血桐、红楠、人心果、鸡蛋花、番石榴、紫檀、翻白叶树、垂柳、无忧树、鸭脚木、假苹婆、乌墨、蒲桃、洋蒲桃、莫氏榄仁、珊瑚树等。

（2）针叶树类　针叶树类主要包括：马尾松、罗汉松、雪松、红豆杉、南洋杉、池杉、落羽杉、水杉、柏木、竹柏、侧柏、龙柏等。

（3）竹类　竹类主要包括：佛肚竹、毛竹、刚竹、黄金间碧绿竹、凤尾竹等。

（4）棕榈类　棕榈类主要包括：大王椰子、三药槟榔、假槟榔、海枣、鱼尾葵、棕榈、国王椰子、油棕、加拿利海枣、银海枣、蒲葵、美丽针葵、金山葵、老人葵、棕竹、酒瓶椰子、短穗鱼尾葵、董棕等。

2.3.2　常见灌木类园林植物

（1）花灌木　例如山茶花、月季、杜鹃花、茉莉、大红花、牡丹、一品红、丁香、榆叶梅、金银木、八仙花、山丹、橘子花、蓝雪花、金苞花、米兰、希美丽、含笑等。

（2）绿篱类灌木　例如福建茶、红背桂、九里香、鸭脚木、黄心梅、山丹、山指甲、海桐、五色梅、黄杨、赤楠、假连翘、红桑、四季米仔兰、软枝黄蝉、鹰爪、勒杜鹃、红绒球、翅荚决明、双荚槐等。

2.3.3　常见攀缘类园林植物

（1）定义　茎蔓细长、自身不能直立、须要攀附在其他支撑物或是缘墙而上的观赏植物被称为观赏藤本类植物。

（2）分类

① 缠绕类。其藤蔓须要缠绕一定的支撑物而呈现螺旋状向上生长，例如紫藤等。

② 吸附类。借助黏性吸盘或是气根向上生长，例如爬墙虎、凌霄等。

③ 卷须类。依靠卷须向上生长的植物，例如铁线莲等。

④ 钩刺类。是依靠钩刺向上生长的植物，例如蔷薇类等。

（3）常见种类　常见的藤本植物主要有紫藤、地锦、凌霄、铁钱莲、常春藤、炮仗花、薜荔、葡萄、观花西番莲类、叶子花、金银花、龙吐珠、云南黄馨、多花素馨、落葵、萼花类、小叶扶芳藤等。

2.3.4　常见地被植物

（1）定义　地被植物是指能够覆盖地面的低矮植物，它们均具有植株低矮、枝叶繁密、枝蔓匍匐、根茎发达、繁殖容易等特点。

（2）作用　地被植物一般被分为草坪地被植物和特殊用途地被植物，其中，后者是指在庭园和公园内进行栽植的有观赏价值或是经济用途的低矮植物。

园林中乔木是骨架和防护林的主体，其遮阳作用十分重要；花灌木起着美化和修饰作用；地被和草坪植物是绿地的底色。它们之间能构成稳固的人工植被，防止沙尘暴和水土的流失，平衡生态系统，保护和改善人类的生存环境。地被植物可以成片大面积的栽培，管理粗放，养护费用少，效果也很好。

（3）种类

① 草坪草植物。草坪草按照地区的适应性分类，有适宜生长在温暖地区的，例如结缕草、细叶结缕草、中华结缕草、狗牙根、地毯草、假俭草、野牛草、竹节草、宿根黑麦草、早熟禾等；还有适宜生长在寒冷地区的，例如绒毛剪股颖、细弱剪股颖、匍匐剪股颖、红顶草、草原看麦娘、细叶早熟禾、早熟禾、紫羊茅、猫尾草、白车轴草（白三叶）、苜蓿、羊草、莎草等。

② 开花地被植物。开花地被植物例如矮鸢尾、大花萱草、天

人菊、矮牵牛、美女樱、二月蓝、虞美人、蒲包花、半支莲、三色堇、千日红、香雪球、福禄考、金鱼草、半边莲、马兰头花、长春花、紫罗兰、月见草、抱茎金光菊、金苞花、美人蕉、郁金香等。

③ 观叶地被植物。观叶地被植物例如多花筋骨草、玉竹、玉簪、蜘蛛兰、黄菖蒲、麦冬、羽衣甘蓝、金叶红瑞木、紫叶酢浆草、蓝雪花、彩叶草、海芋、斑叶艳山姜、珊瑚藤、大花美人蕉、文殊兰、大叶仙芋、薜荔、铺地木蓝、鸢尾、蔓马缨丹、阔叶麦冬、铺地锦、龟背竹、玉叶金花、沿阶草、花叶冷水花、使君子、翠云草、白蝶合果芋、风雨花、红花葱兰等。

3 园林苗圃育苗

3.1 园林苗圃用地

3.1.1 园林苗圃的布局

要建立园林苗圃首先要对苗圃的数量、位置、面积进行合理的规划布局。大城市通常在市郊建立多个苗圃，中、小城市则主要考虑在城市重点发展的方位设立园林苗圃。一般的城市园林苗圃总面积应当占城区面积的 $2\%\sim3\%$。乡村苗圃（苗木基地）的建立，应当考虑生产苗木所供应的范围，最好要相对集中，便于技术的推广及产品的销售。园林苗圃依照面积大小一般可以将其分为大型（面积大于 $20hm^2$）、中型（面积 $3\sim20hm^2$）及小型（面积小于 $3hm^2$）的苗圃三种。

3.1.2 园林苗圃地的选择

3.1.2.1 经营条件

（1）交通方便 园林苗圃应当选择的地方最好是在城市边缘或

是近郊交通方便的地方，以便于苗木的出圃和材料物质的运输。

（2）靠近居民点，劳动力、水、电有保证　苗圃地应当设在靠近村镇的地方，以保证在布置苗圃的过程中所需的劳动力、物资材料、能源和电力都能够及时得到供应。苗木的生产具有很强的季节性，尤其是在春、秋苗圃工作繁忙的时候，要使用大量临时性的劳动力，靠近居民点，劳动力才有保证。如果能够靠近有关的科研单位、大专院校等地方建立苗圃，就会更有利于先进技术的指导。

（3）靠近用苗区域　一方面可以减少苗木运输上的成本，另一方面可以提高苗木对栽植环境的适应性，提高工程绿化苗木的成活率。

3.1.2.2　自然条件

（1）地形条件　园林苗圃地宜选择排水性良好，地势较高，地形平坦的开阔地带。园林苗圃地的坡度以 1°～3°最为宜，坡度过大容易造成水土的流失，降低土壤的肥力，且不便于机耕和灌溉。在南方的多雨地区，为了便于排水，可以选用 3°～5°的坡地，坡度大小取决于不同地区的具体条件和育苗的要求，在比较黏重的土壤上，坡度可以适当大些，在沙性土壤上坡度则宜小，以避免冲刷。在坡度大的山地育苗需要修梯田。积水的洼地、重盐碱地、寒流汇集地例如峡谷、风口、林中空地等一些日温差变化较大的地方，苗木容易受冻害，不宜选作苗圃。

在地形起伏大的地区中，坡向的不同会直接影响光照、温度、水分和土层的厚薄等因素，从而对苗木的生长影响很大。一般情况下南坡光照强，受光时间长，温度高，湿度小，昼夜温差也比较大；北坡则正好相反；东西坡介入两者之间，但东坡在日出前到上午较短的时间内温度变化很大，对苗木不利；西坡则因我国冬季多西北寒风，所以容易使苗木造成冻害。通过上述可以见得不同坡向各有利弊，必须根据当地的具体自然条件以及栽培条件，因地制宜地选择最合适的坡向。例如在华北、西北地区，干旱寒冷和西北风危害是主要的矛盾，所以选用东南坡最好；而在南方温暖多雨，南坡和西南坡阳光直射幼苗容易受到灼伤，所以常以东南、东北坡为佳。如果在一苗圃内有不同坡向的土地时，则应当根据不同树种的不同习性，进行合理的安排，例如在北坡培育耐寒、喜荫的种类，而在南坡要培育耐旱喜光的种类等，以减轻不利因素对苗木的危害。

（2）水源及地下水位条件

① 水源。苗木在培育过程中要有充足的水分。因此水源和地下水位是选择苗圃地的重要条件之一。苗圃地适宜选设在江、河、湖、塘、水库等天然水源的附近，以便于进行引水灌溉；这些天然水源水质好，对苗木的生长也有利；同时也有利于使用喷灌、滴灌等现代化灌溉技术的使用，例如能自流灌溉则更可降低育苗的成本。如果没有天然水源，或是水源不足，则应当选择地下水源充足，可以打井提水灌溉的地方作为苗圃。苗圃灌溉用水其水质要求为水中盐含量一般不超过 0.1%，最高也不得超过 0.15%。对于容易被水淹和冲击的地方不应当选作苗圃。

② 地下水位。若地下水的水位过高，土壤的通透性差，容易导致根系的生长不良，地上部分容易发生徒长的现象，在秋季时苗木的木质化不充分，易受到冻害。当土壤的蒸发量大于降水量时会将土壤中盐分带到地面，造成土壤的盐渍化，在多雨时又容易造成涝灾。若地下水位过低，土壤就容易干旱，必须要增加灌溉次数及灌水量，使育苗的成本提高。最合适的地下水位一般情况下为砂土 $1\sim1.5m$，砂壤土 $2.5m$ 左右，黏性土壤 $4m$ 左右。

（3）土壤条件 土壤是供给苗木在生长中所需水分、养分和根系所需氧气、温度的场所和介质。土壤对苗木的质量，尤其是对根系的生长影响很大。所以，选择苗圃时必须认真考虑土壤条件这个因素，包括土壤水分、土壤肥力、土壤质地、土壤理化性质等方面。土壤酸碱度的改良，不像土壤水分和土壤肥力那样，可以通过灌溉、施肥就能解决，因此更需加倍重视。

① 土壤质地。苗圃土壤一般应当选择肥力较高的沙质土壤、轻土壤或是壤土。因为这些土壤结构疏松，透水透气性能好，土温较高，所以对苗木的根系生长的阻力小，种子容易出土，耕作阻力小，起苗也比较省力。而黏土结构紧密，透水透气性较差，土温较低，种子发芽困难，中耕阻力大，起苗时也易伤根。沙土过于疏

松，保水保肥的能力差，对于苗木生长阻力小，根系分布较深，会给起苗带来一定的困难。

不同的苗木适应不同的土壤，但是大多数苗木都能在沙质壤土、轻壤土和壤土上正常生长。因为黏土、沙土的改造难以在短期内见效，在一般情况下不宜将其选作苗圃地。

② 土壤酸碱度。土壤的酸碱度对于苗木生长有着很大的影响，不同的植物适应土壤酸碱度的能力不同。一般的阔叶树和大多数的针叶树适宜生长在中性或是微酸性土壤上。土壤过酸或是过碱都不利于苗木生长。当土壤过酸（pH 值小于 4.5）时，土壤中的植物生长所需的氮、磷、钾等营养元素的有效性会下降，而铁、镁等溶解度会增加，这样就危害苗木生长的铝离子活性就会增强，这些都会使苗木的生长受到影响。当土壤过碱（pH 值大于 8）时，磷、铁、铜、锰、锌、硼等元素的有效性会显著下降，使得苗木发病率增高。过高的碱性和酸性能抑制土壤中有益微生物的活动，影响氮、磷、钾和其他营养元素的转化和供应，这样就不利于苗木生长。

（4）病虫害和鼠兔危害　在建立苗圃时，应当详细调查苗圃及苗圃所在地的病虫害情况和鼠兔危害程度，例如详细调查地下害虫蛴螬、蝼蛄、地老虎等的危害程度及立枯病的感染程度。在地下病虫危害严重的地区，或是长期种植烟草、棉花、蔬菜、玉米的土地，都要进行有效的防治后，才能将其选作苗圃地。此外，苗圃地的附近不能有传染病源以及病虫害的中间寄生植物。在鼠兔危害严重的地区应当采取有效的捕杀措施。

3.1.3　园林苗圃的面积计算

为了合理地使用土地，并保证育苗计划的完成，必须要正确计算苗圃的用地面积，以便于土地的征收、苗圃区划和兴建等具体工作的实施。园林苗圃的总面积，包括生产用地和辅助用地这两部分。

（1）生产用地的面积计算　生产用地即直接用来生产苗木的地块，通常包括播种区、营养繁殖区、移植区、大苗区、母树区、实验区以及轮作休闲地等多种地块。

计算生产用地面积应当根据计划培育苗木的种类、数量、单位面积产量、规格要求、出圃年限、育苗方式以及轮作等因素来计算，其具体计算公式如下：

$$S = \frac{NA}{n} \times \frac{B}{C} \tag{3-1}$$

式中　　S——某树种所需的育苗面积，hm^2；

　　　　N——该树种的计划年产量，株；

　　　　A——该树种的培育年限，年；

　　　　B——轮作区的区数；

　　　　C——该树种每年育苗所占的轮作区数；

　　　　n——该树种的单位面积产苗量，株/hm^2。

因为土地较紧，所以在我国一般不采用轮作制，而是以换茬为主，故 B/C 通常不做计算。从上述公式所计算出的结果是理论上的数字，在实际生产的过程中，在苗木抚育、起苗、贮藏等工序中苗木都将会受到一定损失，所以在计算面积时要留有余地。故每年的计划产苗量应当适当增加，一般增加 3%～5%。

某树种所需的用地面积就是该树种在各育苗区中所占面积之和，各树种所需用地面积的总和再加上引种试验区面积、温室面积、母树区面积即为全苗圃生产用地的总面积。

（2）辅助用地的面积计算　辅助用地是包括道路、排灌系统、防风林和管理区建筑等的用地。苗圃的辅助用地面积不能超过苗圃总面积的 20%～25%，一般大型苗圃的辅助用地占总面积的 15%～20%；而中小型苗圃占总面积的 18%～25%。

3.1.4　园林苗圃地的区划

3.1.4.1　生产用地的区划

生产区是苗圃进行育苗生产的基本单位，分区工作应当根据当地的各种因素综合而具体决定。

生产区的长度依据机械化程度而异，完全机械化的以 200～300m 为宜，畜耕者以 50～100m 为好，生产区的宽度会根据圃地的土壤质地和地形是否有利于排水而定，排水良好的可以宽一些，排水不良的要窄一些，一般宽为 40～100m。

生产区的方向应当根据圃地的地形、地势、坡向、主风方向以及圃地形状等因素进行综合考虑，当坡度较大时，生产区的长边应当与等高线平行。在以上各因素影响都不大时，生产区长边呈南北方向的排列比较合理，可以使苗木受光均匀，也有利于苗木生长。

3.1.4.2　各育苗区的配置

（1）播种区　培育播种苗的地区是苗木繁殖任务中的关键部分。幼苗对不良环境的抵抗力弱，所以要求精细管理。应当选择全苗圃自然条件和经营条件最有利的地段作为播种区，人力、物力、生产设施都应当优先满足。具体要求是地势较高而平坦，坡度要小于 2°；要与水源接近，灌溉比较方便；土质优良，深厚肥沃；背风向阳，便于防霜冻；并且靠近管理区。例如是坡地，则应当选择最好的坡向。

（2）营养繁殖区　营养繁殖区是采用无性繁殖方法进行培育扦插、压条、埋条、嫁接、分蘖等苗木的生产区。这个生产区要求较肥沃的土壤和较好的灌溉排水条件，常常安排在苗圃中土壤、水分条件中等的地方。

（3）移植区　当由播种区、营养繁殖区中繁殖出来的苗木，需要进一步培育成较大苗木时，则再移入移植区中进行培育。根据规格的要求和生长速度的不同，往往每隔 2～3 年之后还要再进行移植，逐渐扩大苗间木的行株距，增加其营养面积。所以，移植区的占地面积较大，一般可以设在土壤条件中等、地块大而整齐的地方。同时也要根据不同苗木的不同习性来进行合理的安排，例如柳类应当设在低洼水湿地区，而松柏类等常绿树则应当设在较干燥而土壤深厚的地方。

（4）大苗区　大苗区是培育植株的体型、苗龄均较大并经过整形的各类大苗的作业区。在大苗区培育的苗木，一般是在移植区内已经进行过一次或是多次的移植，因为培育的年限较长，可以直接用于园林绿化建设，因而，大苗区的设置对于加速绿化效果及满足重点绿化工程苗木的需要具有很大的意义。此区的特点是株行距大，占地面积大，培育的苗木大，规格高，根系发达，一般情况下选用土层较厚，地下水位较低，而且地块整齐的地区。在树种配置上，要考虑各树种的不同习性的要求。为了出圃时运输方便，最好能够设在靠近苗圃的主要干道或是苗圃的外围运输方便处。

（5）母树区　在永久性的苗圃中，为了获得优良的种子、插条、接穗等繁殖材料，需要设立采种、采条的母树区。母树区占地面积小，可以利用零散地块，但要求土壤深厚、肥沃及地下水位较低。对一些乡土树种可以结合防护林带和沟边、渠旁、路边来进行栽植。

（6）引种区和珍贵苗木区　引种区具有品种多，每种苗木的数量少的特点。这个区一般是设在苗圃中地形和土壤都比较复杂的地段，使引进的苗木尽可能在与各原产地条件相似的地方生长。珍贵苗木是指在当地能够生长，但数量少，并且品种优良或繁殖较难又迫切需要的植物品种。这些品种常需要精细管理，所以多安排在管理区的附近。

（7）温室和大棚区　温室和大棚区的投资较大，但有着较高的生产率和经济效益，在北方中可以一年四季都进行育苗。而在南方的温室和大棚可以提高苗木的质量，生产独特的苗木产品。这个区要选择距离管理区较近，土壤条件要好，选比较干燥的地区。

3.1.4.3　辅助用地的区划

苗圃的辅助用地包括道路系统、排灌系统、防护林带、建筑管理区以及积肥场等。辅助用地的设计与布局，既要考虑方便生产，少占土地，又要求整齐，美观，协调，大方。

（1）道路系统　苗圃道路分主干道、支道或副道、步道几种。大型苗圃还设有圃周环行道。苗圃道路的要求遍及各个生产区，辅助区和生活区。各级道路宽度也不同。

① 主干道。主干道一般设置在苗圃的中轴线上，应当连接管理区与苗圃的出入口。通常设置一条或是相互垂直的两条。大型苗圃应当能使汽车对开，一般宽度为6～8m；中小型苗圃应当能使1辆汽车通行，一般宽度为2～4m。标高要高于作业区20cm。主干

道要设有汽车调头的环行路，一般的情况下要求铺设的是水泥或沥青路面。

② 支道。支道是主干道通向个生产小区的分支道路，通常是和主干道垂直，宽度要依照苗圃运输车辆的种类来确定，一般情况下为 2～4m。标高高于作业区 10cm。中小型苗圃可以不设支道。

③ 小道。小道为临时性通道，与支道垂直，宽为 0.5～1m。支道和小道不要求做路面铺装。

④ 周界道。周界道是环绕苗圃地周围边界，防护林带内侧，主要是供生产机械、车辆回转通行之用。周界道一般宽为 6～10m。小型苗圃可以不必设置此道。

（2）排灌系统

① 排水系统。为了排除雨季苗圃内的积水和灌溉的剩余尾水，应当给苗圃设置排水沟。对于地下水位高、降雨量多和地势低洼的苗圃，更应当重视苗圃排水工作。

排水沟常设在苗圃中地势低洼的地方，大多位于道路两侧，方向与灌溉沟垂直，无论是明沟还是暗沟都应当有 0.4% 的比降，这样就形成主渠、支渠、毛渠配套的排水网。

② 灌溉系统。苗圃应当有与水源相连接又通向所有生产区的灌溉网。例如用井水，灌溉渠应当和蓄水池相连接。主渠、支渠、毛渠和必需的灌溉机械组成了灌溉网，灌溉渠道可以由明渠，也可以由暗渠或是管道组成。暗渠可以减少水分渗漏和蒸发，节约用水，但其施工工程和投资都较大。

（3）防护林带　为了避免苗木遭受到风、沙、冻等自然灾害，应当设置防护林带，用来降低风速，减少地面蒸发及苗木蒸腾，创造良好的小气候以及适宜的生态环境。防护林带的设置规格应当根据苗圃大小和风害的程度而异。

林带应当选择当地适应性强、生长迅速、树冠高大的乡土树种，同时也要考虑到速生与慢长、常绿与落叶、乔木和灌木、寿命长和寿命短的树结合。苗圃中林带占地面积通常为苗圃面积的 5%～10%。

（4）建筑管理区　建筑管理区包括房屋建筑和圃内场院等部

分。房屋建筑主要是指办公室、宿舍、食堂、仓库、种子贮藏室、工具房、畜舍车棚等；而圃内场院包括劳动力集散地、运动场、晒场和肥场等。苗圃建筑管理区应当设在交通方便，地势高，接近水源、电源的地方或是不适宜育苗的地方。大型苗圃的建筑管理区最好是设在苗圃中央，以便于苗圃的经营管理。而畜舍、猪圈、积肥场等应当放在较隐蔽和便于运输的地方。

（5）积肥场　积肥场是苗圃中不可或缺的部分，应当设在苗圃的后半部分，位于当地主风方向的下风口，要无碍观瞻，并要远离办公室和生活区，以减少污染。

3.1.5　园林苗圃的施工与建立

园林苗圃的施工与建立，是指开建苗圃时的一些基本建设工作，它的主要项目是各类房屋的建筑和路、沟、渠的修建，防护林带的种植以及土地平整等工作。一般房屋的建设应当在其他各项之前进行。

（1）圃路的施工　施工前，应当先在设计图上选择两个明显的地物或者两个已知点，定出主干道的实际位置，再把主干道的中心线作为基线，进行圃路系统的定点放线工作，然后才可以进行修建。在建圃初期，主干道可以简单实用一些，例如土路、石子路，以防止在建设过程中对道路的损坏。等到整个苗圃施工基本结束后，可以重新修建主干道，提高道路等级，例如修建柏油路、水泥路等，使交通更加便捷，苗圃的形象更好。对于大型苗圃中的高等级主干道路可以外请建筑部门或是道路修建单位负责建造。

（2）房屋建造　在苗圃建设初期，可以搭建临时用房，以此来满足苗圃建设前期的调查、规划、道路修建等基本工作的需求。以后，逐步建设长期用房，例如办公大楼、水源站点、温室等。

（3）灌溉渠道的修筑　在灌溉系统中的提水设施（泵房和水泵的建造、安装工作），应当在引水灌渠修筑前，请有关单位协助共同来建造。在圃地工程中修筑引水渠道最重要的是渠道纵坡落差要求均匀，并且应当符合设计要求。在渗水力强的沙质土地区，要求用黏土或是三合土加固水渠的底部和两侧。修筑暗渠应按照一定的坡度、坡向及深度的要求来进行埋设工作。

（4）排水沟的挖掘　通常情况下，先挖掘向外排水的总排水沟。中排水沟与道路的边沟相结合，可以结合修路来进行。小区内的小排水沟可以结合整地进行挖掘，也可以用略低于地面的步道来代替。一定要注意排水沟的坡降和边坡都要符合设计的要求。为了防止边坡下塌会堵塞排水沟，可以在排水沟挖好后，种植一些护坡的树种。挖掘排水系统时，建议事先与市政排水系统进行沟通。

（5）防护林的营建　为了能够尽早地发挥防护林的防护效益，根据设计上的要求，防护林的营建一般是在苗圃路、沟、渠施工后立即进行的。结合环境条件的特点，选择适宜的树种，树种的规格适当大些，最好使用大苗进行栽植，栽后要注意养护。

（6）土地平整　要根据苗圃的地形、耕作方向、排灌方向等方面来进行。坡度不大者可以在路、沟、渠修成后结合翻耕来进行平整；当坡度过大时，一般情况下要修水平梯田，特别是山地苗圃；总坡度不太大，但局部是不平的，选用挖高填低的方法，在深坑填平后，应当灌水使土壤落实后再去进行平整的措施。

（7）土壤改良　若苗圃土壤理化性质比较差的，要进行土壤改良。如在苗圃地中有盐碱土、砂土、重黏土或是城市建筑垃圾等情况的，应当在苗圃建立时对土壤进行改良工作。对盐碱地也可以采取开沟排水、引淡水冲碱或是刮碱、扫碱等措施对土壤加以改良；轻度盐碱土可以采用深翻晒土、多施有机肥料、灌冻水以及雨后（或灌水后）及时中耕除草等农业技术措施，经过逐年改良；对于砂土，最好采用掺入黏土和多施有机肥料的办法来对其进行改良，并适当增设防护林带；对重黏土则应采用混砂、深耕、多施有机肥料、种植绿肥和开沟排水等措施来加以改良。对城市建筑垃圾或是城市寮荒地的改良，应当以除去耕作层中的砖、石、木片、石灰等建筑废弃物为主，清除废弃物后再进行平整、翻耕；在有条件的情况下，可以适度填埋客土。

3.1.6 苗圃技术档案的建立

苗圃技术档案是对育苗生产和科学试验的历史记录,是历史的真实凭证,它记录了人们在各种活动中的思想发展、生产中的经验教训以及科学研究创造的成果。从苗圃开始建立的时候起,就应当建立苗圃技术档案。

(1)建立苗圃技术档案的意义 苗圃技术档案是通过不间断地记录、积累、整理、分析和总结苗圃地的使用情况,育苗技术措施,苗木的生长状况,物料使用情况以及苗圃的日常作业的劳动组织和用工等信息,能够及时、准确、历史地去掌握培育苗木的种类、数量和质量以及各种苗木的生长节律,为分析总结育苗技术的经验,探索土地、劳力、机具和物料合理的使用以及建立健全计划管理、劳动组织,制订生产定额和实行科学的管理提供了有效依据。对于人们考查苗木的既往情况,掌握历史的材料,研究有关事物的发展规律,以及总结经验、吸取教训,具有着重要的参考作用。

(2)建立苗圃技术档案的要求 为了促进育苗技术的发展以及苗圃经营管理水平的提高,充分发挥苗圃技术档案的作用,必须要做到以下几点。

① 认真落实,长期坚持,不能间断,以保持苗圃技术档案的连续性、完整性。

② 设专职或是由负责安排生产的技术人员兼管,把技术档案的管理和使用结合起来。

③ 观察、记载要认真负责,要及时准确,要求做到边观察边记载,力求文字简练,字迹清晰。

④ 当一个生产周期结束后,要对记载材料及时地进行汇总分析,从中找出规律性,及时提供准确、可靠的科学数据和经验总结,为今后的苗圃生产和科学试验做出指导。

⑤ 根据材料形成时间的先后顺序或是重要程度,连同总结分类装订,登记造册,长期妥善地保管。

⑥ 管理档案人员要尽量保持稳定。当有工作调动时，要及时另配人员，并做好交接工作。

（3）苗圃技术档案的主要内容

① 苗圃土地利用档案。苗圃土地利用档案用来记录苗圃土地的利用和耕作情况，以便从中分析圃地土壤肥料的变化与耕作之间的关系，为合理轮作和科学地经营苗圃提供有效依据。苗圃土地利用可以把各作业区的面积、育苗方法、土质、育苗树种、作业方式、整地方法、施肥和施用除草剂的种类、数量、方法和时间、灌水数量、次数和时间、病虫害的种类、苗木的产量和质量等采用表格的形式，逐年加以记载、归档保管和备用。

② 育苗技术措施档案。育苗技术措施档案主要是记录每年各种苗木的培育过程，也就是说从种子、种条和种穗的处理开始，直到起苗、包装为止的整个过程中所采取的一些措施，包括各项技术措施的设计方案、实施方法、结果等。为分析并总结育苗的技术和经验，且不断改进和提高育苗技术水平提供了准确的依据。

③ 苗木生长调查档案。观察苗木生长状况，并用表格形式，来记载各种苗木的生长过程，以便掌握苗木的生长周期，以及自然条件和人为因素对苗木生长过程中的影响，适时地采取正确的培育措施。

④ 气象观测档案。气象的变化与苗木的生长和病虫害的发生发展密切相关。记载气象因素，可以分析它们之间的关系，以便确定适宜的措施以及试验时间，利用有利的气象因素，可以避免或是防止自然灾害，使苗木达到优质高产。通常，可以从附近的气象站抄录气象资料，但最好是在本单位建立气象观测场来进行观测。记载时可以按照气象记载的统一格式来填写。

⑤ 科学研究档案。有试验任务的苗圃，应当按照科研要求全面收集有关研究工作的资料，其中包括科研计划、试验设计、施工记录、苗木调查、年度实施计划、样品分析、试验总结、技术报告等资料。

⑥ 苗圃作业日记。作业日记是记录苗圃的每日工作，便于检

查总结。根据作业日记的记录，来统计各种植物的用工量和物料使用的情况，核算成本，制订合理的定额。

3.1.7 园林苗圃地的耕作

土壤是苗木生长发育的场所。可以通过精耕细作、合理施肥等措施的方法来提高土壤的肥力，改善土壤的水分、温度和空气状况，为种子的发芽和苗木的生长创造良好的环境，是培育壮苗首先应当解决的问题。整地时要满足及时平整，全面耕到，土壤细碎，清除草根石块，并要达到一定深度的基本要求。概括起来就是四个字：平、松、匀、细，其具体的操作过程如下。

（1）浅耕灭茬　针对不同的土壤状况，应当采用不同的灭茬措施。如果是在农田或者撂荒地、生荒地上新建苗圃，主要实行表土耕作的措施，其目的就是消灭杂草、农作物、绿肥茬口等。如果是在苗圃进行轮作，则要以农作物、绿肥等前茬为主要的消灭对象，在春播的前一个秋季，作物收获后就要进行浅耕灭茬行动。浅耕的深度农田一般为 4～7cm，荒地为 10～15cm。通过浅耕可以防止土壤水分的蒸发，消灭杂草和病虫害，增加土壤的有机质含量，切碎盘根错节的根系，以减少耕作阻力。

（2）耕地　耕地是整地的中心环节，具有整地的全部作用。

① 耕地的深度。耕地的深度应当根据育苗具体要求和苗圃地条件来确定。播种苗区一般情况下为 20～25cm，扦插苗区则为 25～35cm。耕地深度也与土壤条件有关：南方的土壤黏重，北方的土壤干旱，采取适当深耕，可以改良土壤，增加蓄水；在沙土地和土层薄的地方，采取适当的浅耕可以防止风蚀，减少蒸发；而在土层薄的地方，逐年增加耕地深度 2～3cm，可加厚土层。耕地深度还与季节有关，通常秋耕深一些，春耕浅一些。耕地最好是能够达到上层翻土，下层松土的目的。

② 耕地时间。耕地一般是在春秋两季来进行的，具体时间应当根据土壤的含水量而定。在土壤含水量达饱和含水量的 50％～60％时，其耕地效果好又省力。在实际工作中，可以通过经验来判

断，用手抓一把土捏成团，从1m高处自然落下，若土团摔碎，便可进行耕作。在北方一般在浅耕后的半个月内进行耕作。秋耕能够消灭病虫害和杂草，改良土壤，还能有效地利用冬季积雪，增加土壤中的含水量。在秋季风蚀严重的地方，可以进行春耕。春耕常在土壤解冻后就立即进行，耕后应及时耙地，以防止水分的散失。对于冬季土壤不冻结的地区，可在冬季或早春进行耕作。

③ 耙地。耙地是在耕地后所进行的土表耕作措施。耙地是为了达到把土壤耙碎，切断土壤表层的毛细管，混拌肥料，平整土地，消除杂草，保蓄土壤水分的目的。耙地一般在耕地后就立即进行，有时也要根据苗圃地的气候和土壤条件来确定。若是在土壤黏重的地方，也可在第二年春耙地，可以通过土壤晒垡来改良土壤。耙地要求耙平耙透，以达到平、松、碎。

④ 镇压。镇压作用就是破碎土块，压实松土层，来减少土壤中较大的缝隙和空间，减少水分的蒸发，促进耕作层的毛细管作用。镇压可在耙地后进行，或作床（畦）、作垄后，或播种前、后进行。黏重的土地或是含水量较大时，一般不能进行镇压，以防土壤的板结，这样就不利于出苗。

⑤ 中耕。中耕是在苗木生长的季节进行的松土工作，一般是结合除草来进行的。其目的就是除草、破碎土壤、疏松表层土壤、切断土壤毛细管、减少土壤水分蒸发以及改善通气条件，为根系的生长创造了良好的土壤环境条件。

3.2 园林苗圃育苗技术

3.2.1 园林植物的播种育苗

3.2.1.1 播种期的确定

播种期的确定是育苗工作的首要环节，适宜的播种时期不仅可以使种子能够提早发芽，提高发芽率；而且还可以使出苗整齐，苗木生长健壮，苗木的抗旱、抗寒、抗病能力强；同时还可以节省土地和人力。播种期的确定首先要考虑植物的生物学特性和当地的气候条件，要掌握适种、适地、适时的三个原则。

（1）春播　春播在种苗的生产中应用最广泛，适合于我国的大多数植物。春播的主要优点有：

① 从播种到出苗的时间较短，可以相应地减少圃地的管理次数；

② 春季土壤湿润、不板结，气温较适宜种子萌发，出苗整齐，苗木的生长期较长；

③ 幼苗出土后温度会逐渐升高，可以避免低温以及霜冻的危害；

④ 春播会较少受到鸟、兽、病、虫危害。

春播宜早不宜晚，在土壤解冻后便应当开始整地、播种，在生长季较短的地区更应当早播。早播的苗木出土早，在炎热夏季到来之前，苗木就已木质化，可以提高苗木抗日灼伤的能力，这样有利于培养出健壮、抗性强的苗木。

（2）夏播　有许多种子也可以在夏季播种，但是夏季天气比较炎热，而且太阳辐射强，土壤容易板结，对于幼苗的生长并不利。杨、柳、桑和桦等一些夏季成熟不耐贮藏的种子，可以在夏季随采随播。最好在雨后播种或是播种前浇透水，有利于发芽，播种后要保持土壤的湿润，降低地表温度。夏播应当尽量提早，以使苗木在冬前基本停止生长，木本植物能够充分的木质化，以利于安全越冬。

（3）秋播　有些植物的种子在秋季播种比较好，并且秋播还有变温催芽的功能。

① 可以使种子在苗圃地中通过休眠期，以完成播前的催芽阶段。

② 幼苗出土早而整齐，幼苗健壮，成苗率高，增强苗木的抗寒能力。

③ 经过秋季的高温和冬季的低温过程，起到了变温处理的作用，翌年的春季出苗，可以缓解春季的作业繁忙和劳动力紧张的

矛盾。

秋播不适宜太早，要以当年不发芽为前提，因为有些植物的种子没有休眠期，所以在播种后发芽的幼苗越冬就比较困难。秋播时间一般可以掌握在 9～10 月之间。适宜秋播的植物主要有：红松、水曲柳、白蜡和椴树等休眠期长的植物；种皮坚硬或是大粒种子如栎类、核桃楸、板栗、文冠果、山桃、山杏和榆叶梅等；二年生草本花卉和球根花卉比较耐寒，可以在低温下萌发、生长、越冬，例如郁金香、三色堇等。

（4）冬播　冬播实际上是春播的提早及秋播的延续。我国的北方一般不在冬季进行播种，而南方的一些地区如果气候条件适宜，则可进行冬播。

我国的北方地区以早春（2 月）的播种为主。在南方地区冬春都有播种。长江中下游的大部分地区分为春播（4～5 月）和秋播（9～10 月）。随着苗木生产的发展，越来越多地采用保护地条件下的播种，更多地去考虑开花期，而播种时间的限制也越来越少，只要环境条件适合，又能满足所播种苗木的习性都可以去进行。

3.2.1.2　苗木密度的确定

苗木密度是指单位面积上种植苗木的数量。它关系到生产苗木的质量和数量。选择适宜的苗木密度是培养出质量好、产量高、抗性强苗木的重要条件之一。不同的植物的生物学特性不同，适宜的苗木密度也不一样。理论和实践都表明，单位面积苗木的密度大，苗木获得的营养面积就不足，苗木间争夺养分激烈；若光照不足，就降低了苗木的光合作用，则苗木内营养积累少，其生长势弱；若通风不良，易滋生病虫，对苗木产生危害。这些因素都会导致苗木根系、茎、叶发育不良，抗逆性差，一级苗的产量低。与之相反，若单位面积密度小，则苗木产量低，苗间的空地多，易生杂草，杂草就会争夺苗木的养分，这也给抚育管理带来麻烦。

苗木的密度要根据植物的生物学的特性、育苗的环境和育苗的目的等因素确定。对于苗期生长快、占用营养面积大的树种采用的苗木密度要小。在土壤水肥好的育苗地，要依育苗目的不同，选择合适的密度，如用作砧木的苗木可以适当稀疏一些，在播种后第二年移植的苗木其密度可以适当变大一些。苗木密度具体体现在苗木的株行距（特别是行距）上，床作行距一般为 10～25cm，大田垄作一般垄距为 60～80cm。为了适应机械化的作业，要根据机具触土部件的尺寸来确定行距，若行距太小，就不利于机械作业。在生产上，针叶树一年生播种苗产苗量为 200 株/m² 左右，而阔叶树一年生苗产苗量为 100 株/m² 左右。

3.2.1.3　播种量的确定

播种量是单位面积上播种种子的质量。适宜的播种量对于苗木的产量和质量影响很大。如果播种量过大，不仅浪费了种子还会加大间苗的工作量，若间苗不及时，则苗木就生长纤细，会降低苗木的质量；如果播种量过小，苗木产量就低，会增加田间的工作量，土地的利用率低。播种量的计算，通常是根据几个参数：单位面积产苗量、种子的纯净度、种子的千粒重、种子的发芽势和种苗损耗系数。

单位面积的

$$播种量(kg)=\frac{损耗系数×单位面积产苗量(株/hm^2)×种子的千粒重(g)}{种子的纯净度(\%)×种子的发芽势(\%)×10^6}$$

$$(3-2)$$

损耗系数依据树种本身的种子发芽特性、苗圃地的土壤及环境条件、育苗的技术水平等的差异而不同。损耗系数的变化范围大约如下：

大粒种子（千粒重在 700g 以上）的损耗系数为 1～2；

中粒种子（千粒重在 3～700g）的损耗系数为 2～3；

小粒种子（千粒重在 3g 以下）的损耗系数为 3～5。

3.2.1.4　种子处理

（1）精选种子　采用筛选或者是手选的方法来进行净种、选种，将变质、虫蛀的种子清除，选出新鲜、饱满的种子。湿沙层积催芽的要筛去沙子。而未经分级的种子，还需要按照种粒大小来进行分级。

（2）种子消毒　种子在播种前要进行消毒，一方面可以消除种子所本身携带的病菌，另一方面还可防止土壤中的病虫危害。在实际生产中常用的消毒方法有紫外线消毒和化学药剂消毒两种。

① 紫外线消毒。将种子放在紫外线下照射，能杀死一部分病毒。由于光线只能够照射到表层的种子，因此要将种子摊开，不能太厚。消毒过程中还需要进行翻搅，大约半小时翻搅一次，一般消毒 1 小时即可。翻搅时人要避开紫外线，以防止其伤害人体。

② 化学药剂消毒。

a. 福尔马林。在播种前的 1～2d，用 0.15％的福尔马林溶液浸泡种子 15～30min，取出后要密闭 2h，用清水冲洗后阴干再进行播种。

b. 高锰酸钾。用 0.5％的高锰酸钾溶液浸泡种子 2h 或是用 3％的浓度浸种 30min，然后再用清水冲洗，阴干后再进行播种。胚根已突破种皮的种子则不能采用这种方法来进行消毒。

c. 次氯酸钙（漂白粉）。用 10g 的漂白粉加以 140mL 的水，振荡 10min 后进行过滤。将种子直接浸于过滤液（含有 2％的次氯酸）中或是稀释一倍处理。浸种消毒时间因种子而异，通常都保持在 5～35min。

d. 硫酸亚铁。用 0.5％～1％的硫酸亚铁溶液浸种 2h，用清水冲洗后阴干处理。

e. 硫酸铜。用 0.3％～1％的硫酸铜溶液浸种 4～6h，阴干后进行播种。

f. 退菌特。将 80％的退菌特稀释 800 倍后，浸种 15min。

g. 敌克松。用种子质量 0.2％～0.5％的敌克松药粉再加上药量 10～15 倍的细土配成药土，然后用药土拌种。

（3）种子催芽　种子催芽就是用人为的方法打破种子的休眠。用以提高种子的发芽率，减少播种量；并且出苗整齐，便于管理。催芽的方法要根据种子的特性和具体条件来定。

① 低温层积催芽。低温层积催芽是指把种子与湿润物（沙子、泥炭、蛭石等）进行混合或是分层放置，通过较长时间的冷湿处

理，促使其达到发芽程度的方法。此方法能解除种子的休眠，促进种子内含物质的变化，帮助种子完成后熟的过程，对于长期休眠的种子，出苗效果就特别显著，广泛应用于生产中。

层积催芽技术类似于种子沙藏法，可以是露天埋藏、窖藏、室内堆藏，或是在冷库、冰箱中进行。把种子与其体积 2～3 倍的湿润基质混合起来，或是分层堆放。可选择的容器可以是箱子、瓦罐、玻璃瓶（要有带孔的盖）或者其他容器，能够为其提供氧气、防止干燥、不被鼠咬即可。在基质中可以加入杀菌剂来保护种子。基质可以选用沙子、泥炭、蛭石、碎水苔等，湿润程度以手捏成团，但又不出水为适宜。

在层积催芽时，如果是干种子应当先水浸 12～24h，排干后与基质混合，然后贮藏其所需的时间。贮藏温度设置在 0～10℃。在此期间的种子应定期检查，如果干燥了，需要再湿润基质。大多数的种子需要 1～4 个月的低温湿藏。一些种子在贮藏中后熟末期可能就已经开始发芽，这时应当将种子移出，并进行播种。如果在播种前 1～2 周种子还未萌动，可以将种子取出，并置于温暖（一般设置为 15～25℃）地方，盖上塑料薄膜进行催芽，等到有部分种子咧嘴时再进行播种。常用的园林树种种子层积催芽天数见表 3-1。

表 3-1   常用园林树种种子层积催芽天数

树　　　种	催芽天数/d
银杏、栾树、毛白杨	100～120
白蜡、复叶槭、君迁子	20～90
杜梨、女贞、榉树	50～60
杜仲、元宝枫	40
黑松、落叶松	30～40
山楂、山樱桃	200～240
桧柏	180～200
椴树、水曲柳、红松	150～180
山荆子、海棠、花椒	60～90
山桃、山杏	80

② 水浸催芽。水浸催芽是指将种子放入水中浸泡，使种子吸水膨胀，软化种皮，从而解除休眠，促进种子萌发的方法。水浸催芽有冷水、温水和热水三种浸种法。在浸种前种子要先进行消毒。

a. 冷水浸种。只需要将种子放入冷水中浸泡 1～3d，即可捞起，再做进一步的催芽。冷水浸种后的种子催芽方法是：将湿润种子放入容器中，用湿布或是苔藓覆盖，放温暖处进行催芽。对于发芽困难的种子，可以采用低温层积催芽法。

b. 温水浸种。一般情况下用初始温度 40℃的温水浸种。将种子倒入温水中，不停地搅动，使种子受热均匀，然后使其冷却至自然的温度。催芽时间一般都在 24～48h 之间，催芽后即可进行播种。例如仙客来、秋海棠等种子在 45℃温水中浸泡 10h，滤干，就可以顺利发芽。

c. 热水浸种。此种方法适用于种皮坚硬、含有硬粒的种子，例如刺槐、皂荚、合欢等，可以用初始温度为 90℃的热水进行浸种。浸种时将种子倒入热水中，不停地搅动，使水和种子在容器中旋转，让种子受热均匀，直到热水冷却，然后捞出装入蒲包中进行催芽，每天洒水，直到种子胚露出或是出现裂口即可进行播种。例如火炬松种子可以用热水浸种，搅拌至热水冷却，捞出后放入湿蒲包中进行催芽，每天洒水，直到种子萌动，便可进行播种。用开水处理椰子类的植物种子，用开水烫种处理后，可以顺利地发芽。

冷水浸种的方法适用于种皮软薄的种子，温水或热水浸种的方法适用于种皮较厚的种子，例如香豌豆、黑眼苏珊只要预先浸种一夜就可以提高发芽率，加快发芽的速度。硬粒种子，例如孔雀椰子需要 52～108d 发芽，芳香银桐需要 45～237d，古巴银桐需要 37d，油椰子需要 64～147d。按照常规的播种发芽期较长，短则数月，长则一年。所以，在播种前种子需要进行浸种、挫伤种皮等处理，这样可以缩短发芽期。

③ 变温催芽。变温催芽法是用于在生产中，对于急待播种而却来不及层积催芽的种子。变温对种子的发芽过程起到了加速作用，所以又称快速催芽法。

将浸好的种子与 2～3 倍的湿沙搅拌均匀，装盘 20～30cm 厚，将其放在调温室内，保持温度在 30～50℃时进行处理，这时的种、沙温度在 20～30℃或是以上。每隔 6h 要翻倒一次，并注意喷水保湿，约经过 30d，有 50% 以上的种子胚芽变淡黄色时，便可以转入低温处理。此时，种、沙的温度控制在 0～5℃，湿度在 60% 左右，每天翻动 2～3 次，经过 10d 左右，再将其移到室外背风向阳处进行日晒，每天要进行翻倒、保湿，且夜间要用草帘覆盖。约经 5～6d，种胚由淡黄色变为黄绿色时，并有大部分种子开始咧嘴，就可以进行播种了。

3.2.1.5 播种方法

（1）撒播　撒播其实就是将种子均匀地撒在苗床上，这种方式适用于杉木、木荷和枫香等细小粒种子和小粒种子。其特点就是产苗量高，播种方式比较简便，但是由于株行距不规则，所以不利于锄草等管理。此外，撒播用种量比较大，所以不适合大面积播种。

为了撒播得均匀，应当按照苗床面积来进行分配种子数量，将一个苗床的种子量分成 3 份，分 3 次撒入苗床，小粒种子在撒后需立即进行盖土，覆土厚度以 0.5～1cm 为宜。细小粒种子还需加黄心土或是沙等基质，随着种子一同撒到苗床上，撒后可以不盖土。为了使种子与土壤紧密结合，促进种子能够发芽整齐，播种细小粒种子或者是在土松、干旱的情况下，在播种前或覆土后要对播种地进行镇压。

（2）条播　条播是指按照一定的行距，将种子播在播种沟中或是采用播种机直接播种，覆土厚度要根据植物种而定。条播可以采用手工或是机具播种。手工条播是在苗床上按照一定行距进行开沟，行间距为 10～25cm，播幅为 10～15cm，播种沟深应当为种子直径的 2～3 倍，在沟内均匀播种种子，覆土至沟平。条播一般情况下取南北方向，因为有一定的行距，这样有利于通风透光；便于机械作业，省工省力，生产效率较高。大多数植物种都比较适合条播。

（3）点播　点播是指首先在平整的苗床上按照株行距划线开播

种穴，或者是按照行距划线开播种沟，然后将种子均匀地点播于穴内或沟内。通常行距为 30～80cm，株距则为 10～15cm。播后需要立即覆土，覆土厚度中粒种子为 1～3cm，而大粒种子为 3～5cm。点播适用于银杏、山桃、山杏、核桃、板栗和七叶树等大粒种子，但也适用于珍贵植物种播种。株行距要按照不同植物种和培养目的来确定。点播由于有一定的株行距，所以节省种子，苗期通风透光好，有利于苗木生长，点播育苗通常不进行间苗。

3.2.1.6 播种技术

播种包括划线、开沟、播种、覆土、镇压五个环节。这些工作的质量和配合的好坏程度，会直接影响播种后种子的发芽率、发芽势以及苗木生长的质量。

（1）划线 在播种前先划线定出播种位置，其目的就是使播种行通直，有利于抚育和起苗。

（2）开沟与播种 开沟与播种两项工作必须紧密结合，开沟后应当立即进行播种，以防止播种沟干燥，影响种子的发芽。播种沟宽度通常为 2～5cm，如果要采用宽条播种，可以按照其具体要求来确定播种沟的宽度，播种沟的深度应与覆土厚度相同。如果干旱，播种沟底应当镇压，以促使毛细管水上升，保证种子发芽所需的水分。

（3）覆土 覆土是在播种后用土、细沙等覆盖种子，从而保护种子能够得到发芽所需的水分、温度和通气条件，而且还能避免受到风吹、日晒、鸟兽等的危害，播后需要立即覆土。为了保持适宜的水分和温度，促进幼苗出土，覆土一定要均匀，厚度也要适宜。一般覆土的厚度为种子直径的 1～3 倍，过深、过浅都不合适，若过深幼苗不易出土，而过浅则土层易干燥。

覆土的厚度对于幼苗出土影响明显，不同的覆土厚度，其种子发芽情况也是不同，因此，要正确地确定覆土的厚度，主要依据下列的条件。

① 气候条件。干旱条件应当厚，而湿润条件应当薄。

② 树种生物特性。大粒种子应当厚，而小粒种子应当薄；子

叶出土的应当厚，而子叶不出土的应当薄。

③ 土壤条件。沙质土壤要略厚，而黏重土壤要略薄。

④ 覆土材料。疏松的应当厚，否则应当薄。

⑤ 播种季节。一般情况下春、夏播种的覆土应当薄，北方秋播应当厚。

（4）镇压　为了使种子与土壤紧密结合，保持土壤中的水分，播种后用石磙轻压或是轻踩一下，对疏松土壤很有必要。

3.2.1.7　播种后的管理

（1）出苗前的管理

① 撤出覆盖物。田间播种以及育苗钵或是育苗块播种，在种子发芽时，应当及时稀疏覆盖物，当出苗较多时，要将覆盖物移至行间，在苗木出齐时，要将覆盖物撤出。若要用塑料薄膜覆盖，当土壤温度高达28℃时，需要掀开薄膜通风，在幼苗出土后将薄膜撤出。若温室内加盖薄膜保湿的，早晚也要掀开几分钟以利于通风透气。

② 喷水。一般在播种前应当灌足底水。在不影响种子发芽的情况下，播种后应当尽量不灌水。以防止降低土温及造成土壤板结。在出苗前，如果苗床干燥也应适当地进行补水。常采用喷灌的方式来进行补水。而育苗钵、育苗块等容器育苗，最好采用滴灌的方式。

③ 松土除草。在田间播种，幼苗没有出土时，如果因灌溉使土壤板结，应当及时进行松土；对于秋冬播种的，在早春土壤刚化冻时，也应进行松土。松土不宜过深。一般是将松土与除草结合进行。

（2）苗期管理

① 遮阳。遮阳是为了防止日光灼伤到幼苗及减少土壤水分蒸发而采取的降温、保湿措施。幼苗刚出土时，由于组织幼嫩，抵抗力弱，并且不易适应高温、炎热、干旱等不良环境条件，需要进行遮阳保护。有些树种的幼苗尤其喜欢庇荫环境，例如红松、云杉、白皮松、紫杉、含笑等，更应当给予充分的遮阳。一般在撤除覆盖

物后要进行遮阳，常用的方法是搭成一个高约 0.4～1.0m 的平顶或是向南北倾斜的阴棚，选用竹帘、苇席、遮阳网等材料作遮阳材料。遮阳时间为晴天 10：00～17：00 左右，早晚要将遮阳材料掀开。每天的遮阳时间应当随苗木的生长而逐渐缩短，一般遮阳 1～3 个月，当苗木的根茎部已经木质化时，应当拆除遮阳设施。

② 间苗与补苗

a. 间苗。间苗就是指调整苗木的密度，用于弥补由于播种量大或是播种不均匀所造成的出苗不整齐，疏密不均等问题。在苗木过密的地方，移除部分幼苗，以保证苗木在适宜的密度下生长整齐、健壮。此项工作应当提早进行。其次数应当根据苗木的生长速度而定，一般情况下间苗 1～2 次。于一些速生树种或是出苗较稀的树种，可以进行一次间苗，即定苗，一般在苗高为 10cm 左右时进行。对生长速度中等是或生长较慢的树种，出苗较密的，可以进行两次间苗，第一次在苗高 5cm 左右时进行，第二次选择在 10cm 左右时进行，即为定苗。

间苗应当按照单位面积产苗量的指标来留苗。其保留数量应当比计划产苗量多 10% 左右，作为损耗系数，以留有余地，保证计划能够完成。间苗前后应当及时浇水，最好是在阴天进行。

b. 补苗。补苗可以弥补缺苗断垄和产苗量的不足的问题。补苗时期越早越好，可以结合着间苗同时进行，最好选择阴雨天或是16：00 以后进行，以防止幼苗因缺水而萎蔫。补苗后要及时浇水，必要时要遮阳，以提高苗的成活率。

③ 幼苗截根。幼苗截根是指用利器在适宜的深度将幼苗的主根截断。这种方法主要适用于主根发达而侧须根不发达的树种中。截根作用是能促进幼苗多生侧根和须根，限制幼苗主根的生长，提高幼苗的质量。一般选择在生长初期末来进行，截根深度 8～15cm。有些树种在催芽后就可以截去部分胚根，然后播种。

④ 中耕除草。中耕除草的作用是可以疏松表层土壤，以减少土壤水分的蒸发，增加其保水蓄水的能力，促进其空气的流通，加速微生物的活动和促进苗木根系的生长，可以有效地减少杂草对土

壤水分、养分的抢夺，减少病虫害的传染源。另外，在盐碱地中，可以抑制土壤的返碱现象。苗木在生长初期，中耕应浅，随着苗木的生长，可以逐渐地加深。一般应当注意在苗根附近宜浅，行间应深。

⑤ 灌溉。幼苗对水分的需求很敏感，灌水应当及时、适量。在生长初期根系分布浅，应当选择小水勤灌，始终保持土壤湿润。随着幼苗生长，要逐渐延长两次灌水间隔时间，并增加每次灌水量。灌水一般情况下选择在早晨和傍晚进行。

⑥ 病虫害防治。幼苗病虫害防治应当遵循的原则是"防重于治，治早治小"。认真地做好种子、土壤、肥料、工具和覆盖物的消毒工作，加强苗木田间的养护管理，清除杂草、杂物，认真观察幼苗的生长状况，一旦发现病虫害，应当立即治疗，以防病虫害的蔓延。

⑦ 苗期追肥。追肥是指在苗木生长期间施用的肥料。通常情况下，苗期追肥的施用量应当占 40%，并且苗期追肥应本着"根找肥，肥不见根"的原则来进行施用。施用追肥有土壤追肥和根外追肥两种方法。

a. 土壤追肥。土壤追肥一般采用速效肥或是腐熟的人粪尿。苗圃中常见的速效肥有草木灰、硫酸铵、尿素、过磷酸钙等肥料。施肥次数宜多并且每次用量宜少。一般苗木的生长期可以追肥 2～6 次。第一次宜在幼苗出土后 1 个月左右进行，以后每隔 10d 左右就追肥一次，最后一次追肥时间要在苗木停止生长前 1 个月时进行。而对于针叶树种，在苗木停止生长前 30d 左右，应当停止追施氮肥。追肥要按照"由稀到浓，少量多次，适时适量，分期巧施"的原则来进行。

b. 根外追肥。根外追肥是指采用将液肥喷雾在植物枝叶上的方法。对于需要量不大的微量元素和部分速效化肥做根外追肥效果比较好，既可以减少肥料流失又可以收效迅速。在进行根外追肥时应当注意的问题是选择适当的浓度。一般微量元素含量为 0.1%～0.2%，化肥为 0.2%～0.5%。

⑧苗木防寒。在冬季寒冷、春季风大干旱、气候变化剧烈的地区，对苗木特别是对抗寒性弱和木质化程度差的苗木危害很大，为了保证这些苗木免受霜冻和生理干旱的危害，必须要采取有效的防寒措施。其防寒措施主要有两方面。

a. 提高苗木的抗寒能力。应当选育抗寒品种，正确掌握播种期，入秋后要及早停止灌水和追施氮肥，加施磷、钾肥，加强松土、除草、通风透光等工作，使幼苗在入冬前能够充分木质化，增强抗寒能力。对于阔叶树苗休眠较晚的树植，可以用剪梢的方法，来控制生长并促进木质化。

b. 预防苗木免受霜冻和寒风危害。可以采用在土壤结冻前进行覆盖，设防风障，设暖棚，熏烟防霜，灌水防寒，假植防寒等措施来进行防御。

3.2.2　园林植物的扦插繁殖育苗

3.2.2.1　扦插时期

一般植物四季都可以进行扦插繁殖。春季利用已度过自然休眠的一年生枝来进行扦插；夏季利用半木质化新梢带叶来进行扦插；秋季利用已停止生长的当年木质化枝来进行扦插；冬季利用打破休眠的休眠枝来进行保护地内扦插。扦插的适宜时期，会因植物的种类、性质和扦插的方法的不同而异。

3.2.2.2　扦插方法

（1）枝插（或茎插）

①硬枝扦插。硬枝扦插又叫作休眠期扦插，在植物的休眠期中，采取充分木质化的一二年生枝条作插穗，进行扦插的育苗方法。硬枝扦插一般情况下多在植株休眠后的秋末冬初进行，也可以在早春萌芽前、土壤解冻后进行。一般在北方冬季寒冷干旱地区适宜在秋季采穗贮藏后春季扦插，而在南方温暖湿润地区则宜秋插，无需贮藏。

插穗要剪成 10～20cm 长，北方干旱地区可以稍长，南方湿润地区可以稍短，插穗上剪口距顶芽 0.5～1cm，以保护顶芽不致失水而干枯，下切口一般靠节部，每穗一般留用 2～3 个或是更多芽。此外，插穗上端剪成斜口，便于扦插时识别上下端；下端可以剪成平口或是斜口，这两者各有利弊，斜口虽与基质接触面大，吸水多，易成活，但也易形成偏根，而平口虽然生根稍慢，但生根分布均匀，如图 3-1、图 3-2 所示。

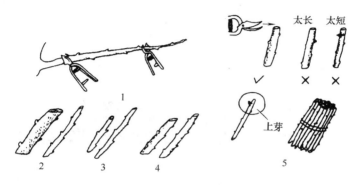

图 3-1　硬枝插穗截制

1——年生枝中部好；2—粗枝稍短，细枝稍长；3—黏土稍短，沙土稍长；

4—易生根植物种稍短，难生根植物种稍长；5—保护好上芽

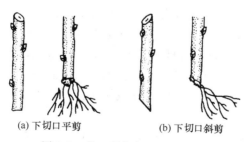

(a) 下切口平剪　　　　(b) 下切口斜剪

图 3-2　剪口形状与生根的关系

　　插条插入基质深度也会影响到其成活，一般插入基质占插穗长度 1/3～1/2 左右，在干旱地区宜深些，而湿润地区宜浅些。

　　② 嫩枝扦插。嫩枝扦插又称为生长期扦插（图 3-3），是指在植物生长期间利用半木质化的带叶嫩枝进行扦插。适合于硬枝扦插

不易成活的树种，通常以常绿树种为多，是用半木质化带叶枝条来进行扦插，在植物生长旺盛期的夏秋季进行。嫩枝扦插比硬枝扦插生根快，成活率高，所以运用较为广泛。

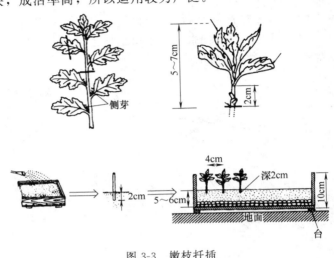

图 3-3　嫩枝扦插

a. 插穗及其截制。嫩枝扦插适宜选择健壮枝梢，一般将其剪成 3～10cm 的长度，插穗需有 3～4 个芽，通常在节下剪断，因为大多数种类都在节的附近发根。有些譬如美女樱、菊花、金鱼草等不必非在节下剪断，在节上也能够生根。一般留叶数量为 1～2 枚，保留叶片有利营养物质积累并促进生根，但留叶数量不宜过多，否则会造成失水过多而使插条萎蔫。也可以将插穗上的叶片剪半，譬如桂花、茶花；或将较大叶片卷成筒状，以减少蒸腾作用，譬如橡皮树，适宜随采随插。

b. 扦插操作方法。扦插时应当先开沟，将插穗按照一定的株行距摆放在沟内，或者是放在预先打好的孔内，然后覆盖基质。插穗株行距以叶片间不相互重叠为宜。将其长度的 1/3～1/2 插入基质中，较长的插穗可以斜插。插完后要浇一次透水。嫩枝扦插通常在冷床或是温床内进行，插在露地的枝条，必要时应当盖玻璃或是塑料薄膜，以保持适当的温度、湿度，但要注意通风以及遮阳。

③ 叶芽扦插。用完整叶片带腋芽的短茎作为扦插的材料。叶芽扦插所选取的材料为带木质部的芽或是 1～2cm 的枝段，1 节附 1 叶，随采随插，带较少叶片，这种做法可以节约插穗，生根也比较快。一般都在室内进行，特别应当注意保持温度、湿度，加强管理。常见种类有山茶、杜鹃、桂花、橡皮树、栀子和柑橘类等均可以使此方法，如图 3-4 所示。

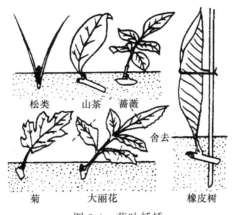

图 3-4 芽叶扦插

（2）根插（埋根） 根插（或埋根）育苗是指利用根的再生和发生不定根的能力，将根插入土中繁殖成苗的方法。凡根蘖性强的植物，如火炬树、泡桐、楸树、杨树、香椿、枣树、玫瑰、迎春、黄刺梅等均可以用此法来进行。

① 采根条与制根穗。种根应当在植物休眠时从青壮年母本植物的周围挖取，也可以利用苗木出圃时修剪下来的或是残留在圃地中的根段。根穗粗度为 0.5～2.5cm，长度为 10～20cm。为了区别根穗上下切口，在剪穗时可以将上端剪成平口，下端剪成斜口。将剪好的根穗按照粗度来分级打捆、贮藏备用。

② 插根操作。根插（或埋根）育苗多用低床，也可以用于高垄。由于根穗柔软，不易插入土中，通常先在床内开沟，将根穗垂直或是倾斜埋入土中，上面覆土 1～2cm。扦插时应当注意不要倒

图 3-5 根插

插。插后镇压，随即灌水，并要经常保持土壤湿度，一般经 15～20d 即可发芽出土。泡桐因其根系多汁，插后容易腐烂，所以应当在扦插前放置在阴凉通风处存放 1～2d，待根穗稍微失水萎蔫后再进行插根。插后适当灌水，但也不宜太湿。有些树种的细短根段，可以采用播根（即将根段撒入苗床中，再覆土镇压，灌水保湿）的方法，如图 3-5 所示。

（3）叶插 叶插是用全叶或是其一部分作插穗的扦插育苗的一种方法。凡能自叶上产生不定芽或是不定根的植物，都能够进行叶插，如图 3-6 所示。

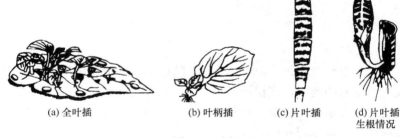

(a) 全叶插   (b) 叶柄插   (c) 片叶插   (d) 片叶插
                                                            生根情况

图 3-6 叶插

① 全叶插。即以整个叶片来作为插穗。可以采用叶片的平置法，即切去叶柄，将叶片平铺于基质上，用铁针或是竹针将其固定在沙面上，叶片下部与基质紧密接触。例如落地生根，可以从叶缘生出小苗；像蟆叶海棠、大岩桐等叶脉粗壮的植物，叶片边缘过薄处可以适当的剪去一部分，以减少水分的蒸发。根据主脉及粗壮侧脉分布状况，在叶片支脉近主脉处切断数处，将叶片平铺在插床面上，使叶片能够与基质密切接触并用竹签等进行固定，以便能在支

脉切伤处生根，在下端可以生出幼小植株。

②片叶插。将叶片切割成数块（每块上应当分别具有主脉和侧脉），分别进行扦插，使每块叶片上能够形成一个新植株。例如虎尾兰、豆瓣绿、秋海棠等。豆瓣绿叶厚而小，沿中脉分切左右两块，其下端插入到基质中，自主脉处发生幼株。虎尾兰叶片较长，可以横切成 5cm 左右的小段，将下端插入基质中，自下端会生出幼株。

③叶柄插。叶柄扦插适用于叶柄发达、易生根的种类。即将叶柄插入到基质中，叶片立于基质面，叶柄基部产生不定芽和根系，从而形成新的个体。例如大岩桐、苦苣苔、豆瓣绿、非洲紫罗兰、球兰、菊花等都可以用此法。可带全叶片；也可以带半叶扦插。大岩桐、豆瓣绿等是从叶柄基部先发生小球茎，然后生根发芽，从而形成新的植株。

3.2.2.3 扦插苗的管理

露地扦插是一种最简单的育苗方法，成本低，且易推广，但是如果管理不当，扦插的成活率就较低，出苗率也低。另外，露地扦插时，苗木生长期较短，苗木质量相对也较差。因此，加强扦插后的管理是十分重要。

（1）水分管理 扦插后应当立即灌一次透水，以后要经常保持插床的湿度。早春进行扦插的落叶树，在干旱季节灌水。常绿树或者嫩枝扦插时，要保持插床的插壤以及空气的湿度较高，每天向叶面喷 1～2 次水。在扦插苗木生根的过程中，水分一定要适宜，在扦插初期湿度应稍大，后期则稍小，否则苗木下部容易腐烂，影响插穗的愈合及生根。待插穗新根长到 3～5cm 时，便可以适时移植上盆。

（2）温度管理 早春季节的地温比较低，需要覆盖塑料薄膜或是铺设地热线进行增温催根，保持插床空气相对湿度在 80%～90%，温度要控制在 20～30℃。夏、秋季节地温较高，气温更高的情况下，就需要通过喷水、遮阳等措施来进行降温。在大棚内喷雾可以降温 5～7℃，在露天扦插床喷雾可以降温 8～10℃。当采用遮阳降温时，透光率一般要求在 $50\%\sim60\%$。如果采用搭棚降温，则 5 月初开始由于阳光的增强，气温升高，为了促使插穗生根，应当给予搭棚遮阳，在傍晚时揭开凉棚，白天盖上；$9\sim10$ 月就可以撤棚，接受全光照。

（3）松土除草　如果发现床面杂草萌生，要及时地拔去，以减少水分养分的损失。如果土壤过分的板结，可以用小铲子轻轻在行间空隙处进行松土，但不应过深，以防止松动插穗基部影响切口的生根。

（4）追肥　在扦插苗生根发芽成活以后，插穗内的养分已基本耗尽，这时就需要充足的供应肥水，满足苗木生长对养分的需要。在必要时可以采取叶面喷肥的方法。在插后，每隔 $1\sim2$ 周应当喷洒 $0.1\%\sim0.3\%$ 的氮磷钾复合肥。在采用硬枝扦插时，可以将速效肥稀释后浇入苗床。

（5）病虫害防治　加强苗木病虫害的防治，消除病虫危害对苗木的影响，以提高苗木质量。

3.2.3　园林植物的嫁接育苗

3.2.3.1　嫁接时期

（1）枝接时期　枝接是一般在树木休眠期进行，多选择在春、冬两季，以春季为最适宜。春季正值多数树种砧、穗树液开始流动，细胞分裂活跃，接口愈合快，此时嫁接就比较容易成活。接后到成活的时间最短，管理方便。但对于含单宁较多的树种，例如柿子、核桃等枝接时期应当稍晚，应选在单宁含量较少的时期，一般情况下是在 4 月 20 日以后（即谷雨至立夏前后）为最适宜。同一树种在不同的地区进行枝接，由于各地的气候条件的差异，其进行的时间也各不相同，都应当选在形成愈合组织最有利的时期。例如河南鄢陵在 9 月下旬（秋分）枝接玉兰；山东菏泽在 9 月下旬接牡丹。而针叶常绿树的枝接时期则以夏季较为适宜，例如龙柏、洒金柏、翠柏、偃柏等，在北京 6 月份嫁接成活率为最高。

冬季枝接在树木落叶后，春季发芽前均可以进行。但此时的温度过低，必须要采取相应的措施，才能保证其成活。一般是将砧木掘下在室内进行，在接好后先假植于温室或地窖中，促使其愈合，春季再栽于露地。在假植或是栽植的过程中，由于砧木、接穗未愈合牢固，不可以碰动接口，防止接口错离，影响其成活率。目前枝接采用的是蜡封接穗，可不受季节限制，一年四季都可进行，方法简便，成活率高，生产中值得广泛采用。

（2）芽接时期　芽接在树木的整个生长季期间都可以进行。但应当根据树种生物特性的差异，选择最适宜的嫁接时期。除柿树等芽接时间以 4 月下旬至 5 月上旬最为合适，而龙爪槐、江南槐等以 6 月中旬至 7 月上旬芽接成活率最高外，北京地区大多数树种是以秋季（即 8 月上旬至 9 月上旬）芽接为最适宜，此时嫁接的好处是既有利于操作，又能愈合好，且在接后芽当年不萌发，以免遭冻害，有利于安全越冬。在这个时期进行芽接，还应当结合不同树种的特点，物候期的早晚来确定具体的芽接时间。例如樱桃、李、杏、梅花、榆叶梅等应当早接，特别是在干旱年份更应早接，一般情况下在 7 月下旬至 8 月上旬进行，因其停止生长早，若时间稍晚，砧、穗不离皮，则不便于操作。而苹果、梨、枣等在 8 月下旬嫁接较为适宜。但杨树、月季最好在 9 月上中旬进行芽接，过早的芽接，接芽易萌发抽条，到停止生长前却不能充分木质化，越冬就比较困难。

3.2.3.2　嫁接方法

（1）枝接　枝接是指用枝条作接穗进行的嫁接。根据其形式可以分为劈接、切接、靠接、髓心形成层对接、腹接、桥接等多种形式。

① 劈接。劈接法又称为割接法，适用于大部分落叶树种。砧木粗大而接穗细小时，宜采用劈接法。砧木在距地面 5cm 处切断，在它的横切面上中央垂直下切一刀，切口深度为 2～3cm。接穗削成楔形，切口长为 2～3cm，将接穗插于砧木中，插入后要使双方形成层密接。如果砧木粗可只对准一边形成层或是在砧木劈口左右侧各接一穗，也可在粗大砧木上交叉劈两刀，接上四个接穗，成活

后选留发育良好的一个。接后用嫁接膜或是麻绳绑缚。山茶、松树等嫩枝劈接可进行套袋保湿（嫩枝多用劈接），其他操作要领与切接基本相同，如图 3-7 所示。

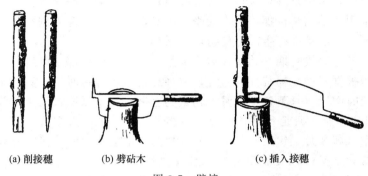

(a) 削接穗　　　(b) 劈砧木　　　　　　(c) 插入接穗

图 3-7　劈接

② 切接。切接是枝接中最常用的一种方法，适用于大部分的园林树种。砧木宜选用粗为 1～2cm 的幼苗，在距离地面 5cm 左右处切断，削平切面后，在砧木的一侧垂直下刀（略带木质部，在横断面上为直径 1/5～1/4），深度为 2～3cm，接穗则侧削一面，呈 2～3cm 的平行切面，对侧基部削一小斜面，并且接穗上要保留 2～3 个完整饱满的芽。将削好的接穗插入砧木切口中，将形成层对准，砧木、接穗的削面紧密结合，再用塑料条等捆扎物捆好，必要时可以在接口处涂上接蜡或是泥土，以防止水分的蒸发，一般接后都采用埋土的办法来保持湿度，如图 3-8 所示。

③ 靠接。靠接常用于嫁接不易于成活的常绿木本盆栽植物种类，如用木兰作砧木来靠接白兰，用黑松来靠接五针松，用女贞来靠接桂花等。靠接宜选择在生长旺盛的季节进行，但应当避免在雨季和伏天进行。在靠接时，将作接穗和砧木的植株移栽（或是盆栽）到便于靠接的适当位置，选母株上与砧木主枝中下部粗细相近的枝条，在接穗适当部位斜削出一个 3～5cm 的切口，深达木质部，再在砧木中下部削出与接穗形状大小相同的削口，然后使两者的削口靠贴，形成层对准并要密切结合，再用塑料薄膜条将其扎紧。

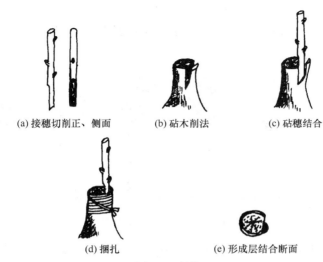

(a) 接穗切削正、侧面　　(b) 砧木削法　　(c) 砧穗结合

(d) 捆扎　　　　　(e) 形成层结合断面

图 3-8　切接

如果两者的削口宽度不等，也可使一边的形成层对准密接。等到愈合后，剪断接口下的接穗和接口上的砧木，如图 3-9 所示。

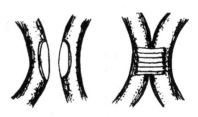

图 3-9　靠接

④ 髓心形成层对接。针叶树种的嫁接多选择髓心形成层对接的方式来进行。其时间以砧木的芽开始膨胀时嫁接最好，也可选择在秋季新梢充分木质化时来进行嫁接。在削接穗时，剪取带顶芽长 8～10cm 左右的一年生枝作接穗。只保留顶芽以下十余束针叶和 2～3 个轮生芽。然后从保留的针叶 1cm 左右以下开刀，逐渐向下通过髓心平直切削成一削面，削面长度为 6cm 左右，再将接穗背面斜削一小斜面。利用中干顶端一年生枝来作砧木，在略粗于接穗的部位支除针叶，摘去针叶部分的长度比接穗削面长度略长。然后从上向下沿形成层或是略带木质部处切削，削面长、宽皆与接穗削面相同，下端斜切一刀，去掉切开的砧木皮层，斜切长度同接穗小斜面要相当。将接

穗长削面向里，使接穗与砧木之间的形成层对齐并且密切结合，小削面插入砧木面的切口，最后用塑料薄膜条将其绑扎严密，如图3-10 所示。

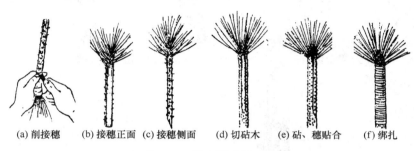

(a) 削接穗　(b) 接穗正面　(c) 接穗侧面　　(d) 切砧木　(e) 砧、穗贴合　(f) 绑扎

图 3-10　髓心形成层对接

⑤ 腹接。腹接分为切腹法（图 3-11）和皮下腹接法（图 3-12）两种方式。腹接特别适用于五针松、锦松、柏树等常绿针叶的树种。一般砧木不断砧，在砧木适当部位向下斜切一刀，达木质部1/3 左右，切口长为 2～3cm，将接穗削成斜楔形，类似于切接穗，但小斜面应当稍长一些，然后将接穗插入砧木绑缚、套袋中。

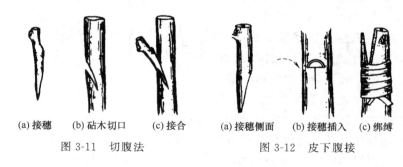

(a) 接穗　(b) 砧木切口　(c) 接合　　　(a) 接穗侧面　(b) 接穗插入　(c) 绑缚

图 3-11　切腹法　　　　　　　图 3-12　皮下腹接

⑥ 桥接。桥接是一种利用插皮接的方法，在早春树木刚开始进行生长活动时，韧皮部易剥离时进行。选择用亲和力强的种类或是同一树种作接穗。常用于补修树皮受伤而根未受伤的大树或是古树。

a. 削接穗。桥接时如果伤口下有发出的萌蘖，可在萌蘖高于伤口上部处，削成马耳形的斜面；如果没有萌蘖，可以用比砧木上下切口稍长的一年生枝作接穗，在接穗上、下端的同一方向分别削与插皮接相同的切面长为5cm左右。

b. 切砧木。将已死或是被撕裂的树皮去掉，露出上、下两端健康组织即可。

c. 插接穗。接穗插在伤口上下插入，再用长度为1.5cm小铁钉钉住插入的接穗的削面，然后用电工胶布贴住接口，或是用塑料布系住接口，以防止水分的散失。如果伤口下有萌蘖，只一头接，这叫一头接；如无萌蘖，接穗两端均插入，就叫两头接。如果伤口过宽，可以接2～3条，甚至更多条，则称为多枝桥接。

（2）芽接　芽接是用芽作接穗进行的嫁接。芽接的优点是能够节省接穗，一个芽就能繁殖成一个新植株；一年生砧本就能嫁接，技术容易掌握，并且效果好，成活率高，可以迅速地培育出大量苗木。即使嫁接不成活对砧木也没有太大的影响，可以立即进行补接。但芽接必须在木本植物的韧皮部与木质部能够剥离时才可进行。常用的芽接方法有带木质部嵌芽接、"T"字形芽接、方块状芽接等多种方法。

① 带木质部嵌芽接。也叫作嵌芽接。这种方法不仅不受树木离皮与否的季节限制，而且用这种方法来嫁接，接合牢固，有利于嫁接苗生长，已在生产上得到广泛应用。嫁接的方法如图3-13所示。

a. 取接芽。先从芽的上方1.5～2cm处稍带木质部向下斜切一刀，然后在芽的下方1cm处横向斜切一刀，取下芽片。

b. 切砧木。在砧木选定的高度上，取背阴面光滑处，从上向下稍带木质部削出一个与接芽片长、宽都相等的切面。将这块切开的稍带木质部的树皮上部切去，下部要留0.5cm左右。

c. 插接穗。将芽片插入切口使两者形成层对齐，然后再将留下部分贴到芽片上，用塑料条绑扎好便可。

② "T"字形芽接。又称为"丁"字形芽接、盾形芽接等。由于其砧木切成"T"字形或是接穗成盾形芽片而得名。是运用极广

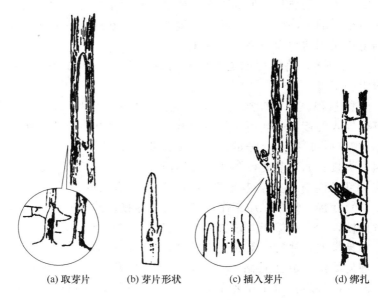

(a) 取芽片	(b) 芽片形状	(c) 插入芽片	(d) 绑扎

图 3-13　嵌芽接

泛的芽接方法，多选择在树木生长旺盛树皮易剥离时来进行，具体方法如下。

a. 削芽片。先将接穗上的叶片剪去，仅留叶柄，在需取芽上方 0.5～1cm 处横切一刀，深入木质部，再从芽下方的 1cm 左右处向上削至横切处，然后取下芽片，一般不带木质部，然后将芽片用湿布包好或是含在口中。

b. 切砧木。在砧木近基部光滑部位，将树皮横、纵各切一刀，深达木质部，成一个"T"字形，其长宽均应略大于芽片的尺寸，然后用芽接刀骨柄挑开树皮。

c. 结合。将芽片插入砧木的切口，芽片上端与砧木上切口对齐，靠紧砧木被挑开的皮层，包裹芽片，仅露出芽片上芽及叶柄即可。

d. 绑缚。用塑料薄膜带绑缚，仅露出芽及叶柄，如图 3-14 所示。

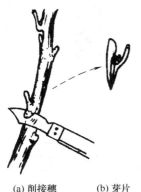

(a) 削接穗 　　(b) 芽片 　　(c) 芽片插入砧木 　　　(d) 绑缚

图 3-14 "T"字形芽接

③ 方块状芽接。又称为贴皮芽接或窗形芽接。即从接穗上切取正方形或是长方形的芽片接在砧木上。这种方法比"T"字形芽接的操作复杂，一般树种多不采用，但在此方法中芽片与砧木的接触面大，有利于成活。对于较粗的砧木或是皮层较厚和叶柄特别肥大的树种，例如核桃、油桐、楸树等，均适于采用此法。

选好接穗上的中、下部饱满芽，从接芽的上下各 1.5cm 处横切一刀，切口长度为 2～3cm，再从横切口的两端各纵切一刀，使芽片呈方形。

砧木皮层的切口有两种不同的形式，即单开门（皮层切口呈"「"形）和双开门（皮层切口呈"工"形）。撬开砧木皮层，将切芽插入，将砧木皮层与芽片对齐之后，将多余的砧皮撕掉或是留下一块砧皮包接芽。最后，绑缚并在接芽的周围涂蜡，如图 3-15所示。

3.2.3.3 嫁接后的管理

（1）挂牌　挂牌是为了防止嫁接苗品种混杂，以达到生产出品种纯正、规格高的优质壮苗的目的。在嫁接时，将同品种接穗安排在一起，嫁接完要立即挂牌，注明接穗的品种、数量、贮藏情况和嫁接日期、方法等资料，以便日后了解生产的情况和总结经验。但

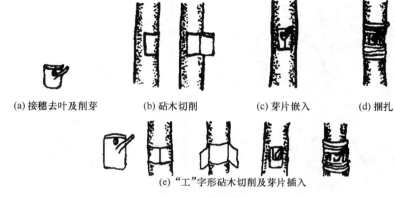

(a)接穗去叶及削芽　　　　(b)砧木切削　　　　(c)芽片嵌入　　　　(d)捆扎

(e)"工"字形砧木切削及芽片插入

图 3-15　方块芽接

是也要防止由于挂牌而造成的经营机密的泄漏。所以在挂牌时，要尽量不用他人能看懂的文字，多用一些代号和字母来表示。

（2）检查成活率　枝接苗一般在接后 20～30d 检查其成活。如接穗芽已萌发或是接穗鲜绿，则有望成苗。芽接苗一般在嫁接后 10d 左右进行检查，如芽新鲜，叶柄手触后即脱落，则基本就能成活。相反，如芽干瘪、变色，叶柄不易脱落则证明没有成活。对于未成活的芽接，则应当及时补接；枝接如时间允许也可以补接，如时间不允许，则可以在夏秋季在新芽萌发枝条上用芽接法补接。

（3）解除绑缚物　在生长季节嫁接后需立即萌发的芽接和嫩枝接，结合检查成活率要及时解除绑扎物，以免接穗发育受到抑制。其方法就是在接穗芽的背部，用锋利的刀片将绑扎物划破即可。但不可以划刀过深，否则易将砧木划破。当时不需立即萌发的，可以在稍晚时解除绑扎物，只要不影响接穗芽萌发即可。

枝接由于接穗较大，愈合组织虽然已经形成，但砧木和接穗结合往往不牢固，所以解除绑扎物不可以过早进行，以防因其愈合不牢而自行裂开导致死亡。一般在接芽开始生长时先松绑，当接穗芽生长到 4～5cm 时，将套在其上的塑料袋或是纸袋先端剪一个小洞，使幼芽接触外界环境并能逐渐适应，在 4～5d 后拿掉袋子。在接穗萌芽生长半月之后，即长 30cm 左右时，再进行解绑。

（4）剪砧、抹芽和除蘖 在嫁接成活后，凡是在接口上方仍有砧木枝条的，要及时将其部分剪去，以促进接穗生长。可以采取一次剪砧，即在嫁接成活后，春季开始生长之前，将砧木自接口的上方剪去，剪口在接芽上方 0.5～1cm 处，向芽的反侧略倾斜。在嫁接成活后，砧木常萌发许多蘖芽，要及时摘除，以免与接穗争夺水分和养分。

（5）立支柱 当嫁接苗长出新梢时，应当及时立支柱，以防幼苗弯曲或是被风折断。

（6）常规田间管理 当嫁接成活后，要视苗木生长状况以及生长规律，应加强肥水管理，适时的灌水、除草松土、施肥、防治病虫害，以促进苗木生长。

3.2.4 园林植物的压条育苗

3.2.4.1 压条时期

（1）休眠期压条 在秋季落叶后或是春季萌芽前，用1～2年生的枝条来进行压条。一般普通压条、水平压条、波状压条均在这个时期进行。

（2）生长期压条 在生长季节进行，用当年生的枝条来进行压条。一般堆土压条、空中压条是在这个时期进行。

3.2.4.2 压条方法

（1）低压法 根据压条的状态可以分为普通压条法、堆土压条法、波状压条法和水平压条法四种方法。

① 普通压条法。普通压条法（图 3-16），又称先端压条法，适用于枝条离地近又较易弯曲的植物，将1～2年枝条弯曲在沟、穴中，用土埋住刻伤

图 3-16 普通压条法

处或是节部处，将其枝梢露出土面。一枝可以获得一苗。埋土处应当用石块等镇压或是木桩固定。

② 堆土压条法。主要是用于萌蘖性强和丛生性的花灌木，如贴梗海棠、玫瑰、黄刺玫等植物。方法是首先在早春对其母株进行重剪，可以从地际处抹头，以促其萌发多数分枝。在夏季生长季节（高为 30～40cm）对枝条基部进行刻伤，然后进行堆土，第二年早春将母株挖出，剪取已生根的压条枝，并进行栽植培养。

③ 波状压条法。适用于枝条长而柔软或是蔓性的树种，例如葡萄、紫藤、铁线莲、薜荔等植物。一般会在秋冬间进行压条，第二年夏季生长期间应当将枝梢的顶端剪去，使养分向下方运输，有利于生根，在秋季可以分离。波状压条法与长枝平压法类似，只是被压枝条里波浪形屈曲在长沟中，而使其露出地面部分的芽抽生新枝，埋于地下的部分会产生不定根，从而长成新的植株。

④ 水平压条法。适用于紫藤、连翘等藤本和蔓性园林植物。在压条时选择生长健壮的 1～2 年枝条，开沟将整个长枝条埋入沟内，并用木钩将其固定。被埋枝条每个芽节在生根发芽后，将两株之间地下相连部分切断，使其各自形成独立的新植株。

图 3-17　高压法

（2）高压法　高压法适用于木质坚硬、枝条不易弯曲或是树冠过高无法进行低压的树种。先在准备生根处割伤枝条表皮，深达木质部，然后用湿润的苔藓或是肥沃的泥土均匀敷于枝条上，外面用草、塑料薄膜或是对开的竹筒包扎好，注意保持其湿润，等到其生根后与母体分离，再继续培育，如图 3-17 所示。

3.2.4.3　压条后的管理

要根据树种的不同来选用不同的压条方法，并要给予适宜的条件，例如保持湿润、通气和适宜的温度，冬季要防冻害等。

在压条后，外界环境因素对压条生根成活有很大的影响，应当随时检查横生土中的压条是否露出地面，如露出要重压，如果留在地上的枝条生长太长，可以适当地剪去顶梢。

可以依生根的情况确定分离的时期，必须有良好的根群才可以分割。对于较大的枝条应当分 2～3 次切割。刚分离的新植株应当特别注意保护，注意灌水、遮阳、防寒等。这种方法虽然比扦插法简单，但是一次只能获得少量的苗木，繁殖效率较低，所以不适合大规模生产经营，但是因为获得的通常是具有多年生主枝的大苗，对于小规模的需要或者业余栽培等是一个经济可靠的繁殖方法。

4 园林树木种植

 ## 4.1 树木种植施工原则及栽植成活原理

4.1.1 树木种植施工原则

① 必须符合规划的设计要求。为了充分实现设计者所预想的美好意图，施工者必须要熟悉图纸，理解设计意图与要求，并要严格遵照设计图纸进行施工。如果施工人员发现设计图纸与现场实际不符，则应当及时向设计人员反映，如需要变更设计时，则必须求得设计部门的同意，绝对不可自行其是。

② 种植技术必须要符合树木的生活习性。不同树种除有树木共同的生理特性之外，还有本身的特性，施工人员必须要了解其共性与特性，并采取相应的技术措施，这样才能够保证种植成活和种植过程的圆满完成。

③ 应抓紧在最适宜的种植季节进行施工。

④ 严格执行种植工规范和操作规程。

4.1.2 树木栽植成活原理

正常生长的树木，其根系与土壤是密切结合的，地下部分与地上部分的生理代谢（如水分的吸收与蒸腾）处于相对平衡。但由于挖掘而砍断了很大部分的根系，使吸收根大部分损失掉了，地上部分与地下部分代谢的相对平衡遭受到突然的破坏，而根系的再生以及地上部分与地下部分新的平衡的建立，都需要相当长的一段时间。如何使移栽的树木与新环境迅速建立正常关系，及时地恢复树体以水分代谢为主的代谢平衡，是栽植能否成活的关键。这种新平衡建立的快慢，与树种的习性、年龄、栽植技术、气候状况以及影响生根和蒸腾为主的外界因子都有着密切关系。

树木的年龄对于栽植成活率有很大影响。幼苗植株小，掘起过程根系损伤率低，地上部分体积小，所以水分蒸腾量不大，而植株营养生长旺盛，再生力强，容易恢复水分平衡，栽植成活率容易提高。但幼树植株小，容易受到损伤，植后的维护较难，且树体小，短期内不能够发挥绿化效果。壮龄树的树体高大，移植成活后很快就能发挥绿化的效果。但壮龄树的树体庞大，掘起时根系损伤大，吸收根保留的少，地上部分枝叶多，耗水量大，水分平衡不容易恢复，若进行大强度修剪枝叶则会减少蒸腾作用的水分损耗，又会使树形严重破坏，且壮龄树营养生长已逐渐衰退，恢复到最佳的可观赏树冠所需的时间比较长。

此外，由于规格过大的移植操作困难，施行技术复杂，这样会大大增加工程的造价。因此，除了一些有特殊要求的绿化工程外，一般不宜选用过多的壮龄树，应当多选用胸径在 3cm 以上的幼年、青年期的大规格苗木。实践证明，影响栽植成活的主要因素因树种、地区气候等环境条件的不同而异。

树木移栽定植时期

4.2.1　春季栽植

春季是主要的植树季节。树木对温度上升的敏感性，地下部分的根系比地上部分的枝叶强，也就是说，根系活动比地上部分早，春植符合树木先长根系、后发枝叶的物候顺序，有利于水分代谢的平衡。所以具肉质根的树木，例如山茱萸、木兰属、鹅掌楸等，以春栽为好。

进行春植还应当预先根据树种春季萌芽的早晚和栽植地小环境的不同，做好先后的安排。一般的规律是早萌芽的树种先种植，迟萌芽的树种后种植，例如松、竹类宜早；落叶树种在芽萌动前栽完；常绿树种可以稍晚，但也不宜在萌动后进行栽植。

4.2.2　雨季栽植

春旱地区的土壤水分严重不足，蒸发量又大，不是适宜的栽植季节，而以雨季栽植为宜，雨季栽植必须要掌握恰当的时机，以连阴雨天气为佳。在我国华南春旱地区，雨季往往是在高温月份，阴晴相间，短期下雨间短期高温强光的日子，极易使新栽的树木水分代谢失调，因而必须掌握当地降雨规律和当年降雨情况，抓住稍纵即逝的连续阴雨时机及时组织栽植。

在连续多天下雨后，土壤水分过多，通气不良，栽植作业使土壤泥泞，不利于新根恢复生长，并容易引起根系腐烂，尤以土质黏重为甚，应当待雨停后 2～3d 再进行栽植。

4.2.3　秋季栽植

秋季的气温比土温下降快，叶片已呈老熟状态，蒸腾量较低，树体贮藏的有机营养较丰富，在土层水分状态较稳定的地区，通常在越冬前根系会有一个小的生长高峰。这些条件都有利于栽植初期的水分平衡和根系生长与吸收的恢复，故而在秋季没有严重干旱的地区可行秋植。秋栽后根系在土温尚暖和的条件下，还能够继续的生长，翌春根系的活动较早，成活率也较高。江南栽竹有在秋季9～10月进行的，成活的竹翌春就能够发出少量的笋，有利于景观的提早成形。

4.2.4　冬季栽植

在我国华南地区只要冬季没有严重的干旱，冬季植树也可以收到很好的效果。以广州为例，气温最低的 1 月，多年平均气温为 13.3℃，并没有气候学上的冬季，故而从 1 月起就可种植樟树、松等常绿深根性树种，2 月即可以全面开展植树工作。

进行预掘处理的常绿树种，由于土球范围内已有较多的吸收根，故而一年四季均可栽植，栽植时机则取决于树体状态，最好在营养生长的停滞期（两次生长高峰之间）进行，此时的地上部分生长暂时停止，而根系正在较快生长，在栽植后容易恢复。

 ## 4.3 苗木栽植技术

4.3.1 裸根苗栽植技术

4.3.1.1 号苗

在号苗时，除根据绿化设计规定的规格、数量选定苗木外，苗木还应当生长健壮、根系发达、枝叶繁茂、无病虫害、无机械损伤、无冻害。此外还需要注意以下几点。

① 苗木应当是经过移植培育、在圃 5 年生以下的苗木，移植培育至少 1 次，5 年生以上（含 5 年生）的必须经过 1～2 次移植。

② 野生苗以及山地苗应经苗圃养护培育 3 年以上，在适应本地环境、根系充分发育后才能选用。

③ 用做行道树种植的苗木，分枝点应不低于 2.8m。

④ 从外地运进的苗木必须要做好检疫工作。

⑤ 对于已选定的苗木，乔木要在树干上，灌木要在较低树枝部位做出明显标记（如涂色、拴绳、挂牌等），以免出现差错，并要多备份几棵。对于特殊要求苗木要进行编号，以便栽植时定点排序。

4.3.1.2 挖掘裸根苗

裸根苗适用于休眠状态的落叶乔、灌木以及易成活的乡土树种，由于根部的裸露，容易失水干燥，且易损伤弱小的须根，其树根恢复生长就需要较长时间。最好的掘苗时期是在春季根系刚刚活动、枝条萌芽前。当地乡土树种也可以在秋季进行掘苗栽植。

（1）掘苗前的准备工作

① 灌水。苗木生长处的土壤过于干燥时应当先浇水，反之土质过湿则应当设法排水，以利于操作。

② 捆拢。对于冠丛庞大的灌木，尤其是带刺的灌木，为了方便操作，应当先用草绳将树冠捆拢起来，但需要注意的是要松紧适度，不要损伤到枝条。捆拢树冠可与号苗结合进行。

③ 试掘。因不同苗木、不同规格根系分布规律不同，为了保证挖掘的苗木根系规格合理，尤其是对于一些不明情况地区所生长的苗木，在正式掘苗前，最好要先试掘几棵。

（2）掘苗方法及技术要求

① 裸根苗木掘苗的根系幅度。落叶乔木的根系幅度应当为胸径的 8～10 倍，落叶灌木的根系幅度可以按照苗木高度的 1/3 左右。注意尽量要保留护心土。

② 操作规范。挖苗工具要锋利，应当从四周垂直挖掘，在侧根全部挖断之后再向内掏底，将下部根系铲断，轻轻放倒，留适量护心土。粗大树根用锯锯断，注意要保护大根不劈、不裂，尽量多保留须根。

③ 包装保护。在苗木掘出后如果要进行长途运输，根系宜做保湿处理，例如沾泥浆、沾保水剂等，也可以选用湿麻袋、塑料膜等作为保湿外包装。

④ 假植。苗木掘出后若一时不能够运走，或是到工地后不能立即进行栽植，则应当进行假植处理。假植时间过长时还应当适量灌水来保持土壤湿度。

4.3.1.3　裸根苗运输及假植

（1）装苗

① 装车前的检验。在运苗装车前需仔细核对苗木的品种、规格、数量、质量等。

② 装运裸根苗技术要求

a. 装运乔木时树根应当在车厢前部，树梢朝后，顺序排列。

b. 车后厢板和枝干接触部位应当铺垫蒲包等物，以防碰伤树皮。

c. 树梢不得拖地，必要时需用绳子围拢吊起来，捆绳子的地方要用蒲包垫上。

d. 装车不要超高，也不要压得太紧。如果超高装苗，应当设明显标志，且与交通管理部门进行协调。

e. 装完后用苫布将树根部位盖严并捆好，以防止树根失水。

（2）运输途中

① 押运人员在运输途中要与司机配合好，检查苫布是否漏风。长途行车在必要时还应当洒水浸湿树根，休息时要防止风吹日晒。

② 卸车时要轻拿轻放，要从上向下顺序拿取，不准乱抽，更不能够整车的推下。

（3）假植　假植苗木运到施工现场，如在 2～4h 以上不能进行栽植，应先用湿土将树根埋严，这种做法就叫做"假植"。

① 裸根苗木短期假植法。此法是在栽植附近选择合适地点挖假植沟，沟宽和沟深应当适合根冠大小，沟长根据苗量自定。再在沟中立一行苗木，而紧靠树根处挖一个同样的横沟，并用挖出来的潮湿细土将第一行的树根埋严，如此循环直至将全部苗木假植完毕。要求每排假植苗木数量要相同，以便在取苗时心中有数。枝条细小苗木可以采取全埋法。

② 如果假植时间较长，可以在四周围堰、灌水。根系要用湿土埋严，不透风，以保证根系不失水。枝干粗大、树冠大的苗木应当在假植期间加盖苫布；小型花灌木应当适时喷水。

4.3.1.4　挖掘树坑

（1）树木种植坑（穴）规格　要求按照设计规定的位置来进行挖坑，坑的大小要根据根系和土质情况确定，一般要比根系直径大 40～60cm 左右，坑的深度为坑径的 3/4～4/5，坑壁应当上下垂直，即坑的上口下底一样大。坑的规格参见表 4-1、表 4-2。

（2）人工挖掘树坑操作程序

① 主要工具。主要工具为锹和十字镐。

② 操作方法。以定点标记为圆心，以规定的坑径为直径，先

表 4-1　裸根乔木挖种植穴规格　　　　　单位：cm

乔木胸径	种植穴直径	种植穴深度
3～4	60～70	40～50
4～5	70～80	50～60
5～6	80～90	60～70
6～8	90～100	70～80
9～10	100～110	80～90

表 4-2　裸根花灌木类挖种植穴规格　　　　单位：cm

乔木胸径	种植穴直径	种植穴深度
120～150	60	40
150～180	70	50
180～200	80	60

在地上画圆，沿圆的四周向内向下直挖，掘到规定的深度将坑底刨松后铲平。栽植裸根苗木的坑底在刨松后，要堆一个小土丘使栽树时树根能够舒展。如果是原有的耕作土，上层熟土放一侧，下层生土则放另一侧，为栽植时分别备用。

刨完后将定点用的木桩仍放在坑内，以备在散苗时核对。作业时应当注意地下各种管线的安全。

（3）挖掘机挖掘树穴　操作挖坑机的种类有很多种，必须选择规格相对应的，操作时轴心一定要对准点位，并挖到规定深度，最后人工辅助修整坑内面及坑底。

（4）挖树坑作业的技术要求

①位置、高程准确，树坑规格准确。新填土方处刨坑应当将坑底夯实。在斜坡挖坑应当先铲一个小平台，再在平台上进行挖坑，坑的深度应以坡的下口计算。

②绿地内自然式栽植的树木，若发现地下有障碍物，且严重妨碍操作时可与设计人员进行协商，适当移动位置，但行列树不能移位，可在株距上进行调整。

③耕作层明显的场地，挖出的表土与底土分开堆在坑边，还土时应当将表土先填入坑底，底土做开堰用。如果土质不好，则应

当把好土与次土分开堆置。行道树刨坑时堆土应与道路平行，不宜把土堆在树行间，以免在栽树时影响测量。

④ 遇到路肩、河堤等三合灰土时，应当加大规格，并将渣土清除，置换成好土。

⑤ 刨坑时如发现电缆、管道等，应当立即停止操作，及时找有关部门协商解决。

4.3.1.5 散苗

将树苗按设计图要求散放于定植坑边叫做"散苗"，具体操作要求如下。

① 护苗木要轻拿轻放，不得损伤树根、根皮和枝干。

② 散苗速度与栽苗速度要相适应，边散边栽，散毕栽完，应当尽量减少树根暴露时间。

③ 假植沟内剩余的苗木，要随时用土埋严树根。

④ 行道树散苗时应当事先量好高度，以保证邻近苗木规格大体一致。

⑤ 对有特殊要求的苗木应当按规定对号入座，不要搞乱。

4.3.1.6 栽苗

将树苗放入坑内然后进行填土、踩实的过程叫做"栽苗"。

（1）栽苗的操作程序 一个人将树苗放入坑中扶直，另一个人将坑边的好土填入坑内，将土填到坑的一半时用手将苗木轻轻往上提，使其根茎部分与地面相平，让根系自然地向下舒展开来，然后用脚踏实土壤，继续填入好土，直至填满后再用力踏实或是夯实一次，用土在坑的外缘做好浇水堰。

（2）栽苗的技术要求

① 平面位置和高程必须要符合设计规定。

② 树身上下垂直，若树干有弯曲，弯应当朝西北方向。行列式栽植必须要保持横平竖直，左右相差最多不超过半个树干。

③ 栽植深度，裸根栽植的乔木应当比原土痕深 5～10cm，灌木与原土痕齐平。

④ 路树等行列树栽植要求，每隔 20 棵应当事先栽好"标杆树"，再以两棵标杆树为瞄准依据栽中间的树。

⑤ 待浇水堰做好后，将捆绕树冠的草绳解开，以便枝条的舒展。

4.3.1.7 立支柱

较大苗木为了防止被风吹倒或是浇水后发生倾斜，应当在浇水前立支柱进行固定支撑，北方春季多风地区和南方台风多发区更应多加注意。

① 单支柱用坚固的木棍或是竹竿斜立于下风方向，埋深30cm，支柱与树干之间用麻绳或是草绳隔开，再用麻绳捆紧。而对于枝干较细的小树，可在侧方埋一根较粗壮的木柱作为依托。

② 双支柱用两根支柱垂直立于树干两侧与树干齐平，支柱顶部捆一横担，用草绳将树干与横担捆紧，捆前应当先用草绳将树干与横担隔开，以免擦伤树皮。行道树立支柱不得影响交通。

③ 三支柱将三根支柱组成三角形，把树干围在中间，用草绳或是麻绳把树和支柱隔开，再用麻绳捆紧。

4.3.1.8 灌水

水是保证树木成活的关键，栽后必须要连灌三次水，栽植灌水不仅能够保证根区湿度，还能夯实栽植土壤。

（1）开堰　在苗木栽好后灌水之前，应当先用土在原树坑的外沿培起高约 15～20cm 的圆形土堰，并用铁锹将土堰拍打牢固，以防跑水。

（2）灌水　在苗木栽好后 24h 内必须浇上水，栽植密度较大的树丛可开片堰进行大水漫灌。在三天后浇第二遍水，苗木栽植 7～10d 内必须要连灌第三遍水，并且第三遍水应浇足。水浇透的目的主要是为了使土壤填实，与树根的紧密结合。

4.3.1.9 扶直封堰

（1）扶直　在第一遍水渗透后的次日，应当检查树苗是否有歪倒现象，发现后应当及时扶直，并用细土将堰内缝隙堵严，将苗木稳定好。

（2）封堰　在三遍水浇完，待水分渗透后用细土将灌水堰填平。封堰土堆宜稍高于地面。南方封堰是为了防止积水，北方封堰则是为了保墒。秋季植树需在树干基部堆成 30cm 高的土堆，有保墒、防寒、防风作用。

4.3.2 带土球苗栽植技术

带土球移植苗木移植时应当随带原生长处土壤，以保护根系。土球用蒲包、草绳或是其他软材料进行包装，称之为"带土球移植"。由于在土球范围内根部不受损伤，并保留了一部分已适应原生长特性的土壤，所以减少了移植过程中水分的损失，对恢复生长有利。但由于土球过于笨重，操作不方便、消耗包装材料、增加运输费用、投入成本加大，所以凡裸根移植可成活者，一般都不要求带土球移植。目前移植常绿树、珍贵落叶树、竹类等都应用此方法。带土球移植的另一个条件限制是土壤的质地，松散的沙质土不宜带土球进行移植。

4.3.2.1 带土球苗的挖掘

（1）带土球苗木掘苗的土球直径

① 乔木为苗木胸径（落叶）或是地径（常绿）的 8～10 倍，土球厚度为土球直径的 4/5 以上，土球底部直径为球直径的 1/3，形状似苹果状。

② 灌木，包括绿篱土球苗，土球直径为高的 1/3，厚度则为球径的 4/5 左右。

表 4-3 中内容为针叶常绿树掘土球苗的规格要求。

表 4-3 针叶常绿树掘土球苗的规格要求   单位：cm

苗木高度	土球直径	土球纵径	备 注
苗高 80～120	25～30	20	主要为绿篱苗
苗高 120～150	30～35	25～30	柏类绿篱苗
	40～50	—	松类
苗高 150～200	40～45	40	柏类
	50～60	40	松类
苗高 200～250	50～60	45	柏类
	60～70	45	松类
苗高 250～300	70～80	50	夏季放大一个规格
苗高 400 以上	100	70	夏季放大一个规格

（2）掘苗前的准备工作

① 号苗。同裸根掘苗。

② 控制土球湿度。土壤干燥，挖掘出的土球坚固、不易散。若苗木生长处的土壤过于干燥，则应提前几天浇水；反之土质过湿则应当设法排水，待较干燥后再进行掘苗作业。

③ 捆拢树冠。对于侧枝低矮的常绿树，为了方便操作，应当先用草绳将树冠捆拢起来，但需注意松紧适度，不要损伤到枝条。捆拢树冠可与号苗结合进行。

④ 将准备好的掘苗工具，例如铁锹、镐、蒲包、编织布、草绳（提前洇湿）等包装材料提前运抵现场。

（3）带土球掘苗程序及技术的要求

① 质量要求。土球规格应当符合规范要求，土球完好，外表平整光滑，形似苹果，包装严紧，草绳紧实不松脱。土球底部也要封严，不能漏土。

② 挖掘土球步骤

a. 以树干为中心画一个圆圈，标明土球直径的尺寸，一般情况下应当比规定大一些，作为掘苗的根据。

b. 去表土（挖宝盖），画好圆圈后，先将圈内表土挖去一层，深度以不伤地表的苗根为度。

c. 沿所画圆圈外缘向下垂直挖沟，沟宽应当便于操作，一般作业沟为 60～80cm，随挖、随修整土球表面，操作时不可以踩踏土球，一直挖掘到规定的深度，即土球高度。

③ 掏底。将球面修整完好后慢慢从底部向内挖称之为"掏底"。直径小于50cm的土球可以直接掏空，将土球抱到坑外"打包"；而直径大于50cm的土球则应当将土球底部中心保留一部分，支撑土球以便在坑内"打包"。土球留底规格见表4-4。

表4-4 土球留底规格　　　　单位：cm

土球直径	50～70	80～100	100～140
留底规格	20	30	40

④ 打包程序。当土球挖掘完毕后要用蒲包等物包严，外面用草绳捆扎牢固，称之为"打包"。打包前应用水将蒲包、草绳浸泡潮湿，以提高它们的强度。

a. 土球直径在 50cm 以下的可以出坑（在坑外）打包。其方法是先将一个大小合适的蒲包浸湿摆在坑边，双手捧出土球轻轻地放入蒲包正中，然后用湿草绳将其包捆紧，捆草绳时应当以树干为起点从上向下，兜底后，从下向上纵向捆绕。绳间距应当小于 8cm。

b. 土质松散以及规格较大的土球，应当在坑内打包。其方法是用蒲包包裹土球，从中腰捆几道草绳使蒲包固定，再按照规定缠绕纵向草绳。纵向草绳的捆扎方法为先用浸湿的草绳在树干基部固定，再沿着土球垂直方向稍成斜角（约 30°）向下缠绕草绳，兜底后向上方树干方向缠绕，在土球棱角处轻砸草绳，使草绳缠绕得更加牢固，每道草绳间隔约 8cm，直至把整个土球缠绕完为止。

c. 根据土球直径大小，决定缠绕强度和密度。

（a）土球直径要小于 40cm，用一道草绳缠绕一遍，被称为"单股单轴"。

（b）土球较大者，用一道草绳，沿同一方向缠绕两遍，被称为"单股双轴"。

（c）土球很大、直径超过 1m 者，须要用两道草绳缠绕，被称为"双股双轴"。

纵向草绳缠绕完一圈后在树干基部收尾捆牢。

d. 系腰绳。直径超过 50cm 的土球，在纵向草绳收尾后，为了保护土球，还需在土球中腰横向捆草绳，称为"系腰绳"。此种方法是用草绳在土球中腰横绕几遍，再将腰绳和纵向草绳穿连起来捆紧，并要根据土球大小，规定腰绳道数（见表 4-5）。

表 4-5　腰绳道数的规定

土球径/cm	50	60～100	100～120	120～140
腰绳道数	3	5	8	10

e. 封底。凡是在坑内打包的土球，在捆好腰绳后用蒲包、草

绳将土球底部包严，称"封底"。此种方法是先在坑的一边（树倒的方向）挖一条放倒树身的小纵向沟，顺着沟放倒树身，再用蒲包将土球底部裸土之处堵严，最后用草绳对兜底的纵向绳进行连接，一般情况下在土球底部连接成五角形。

⑤ 注意事项

a. 当土质过于松散，并不能保证土球成形时，可以边掘土球边用草绳从中间围捆，然后在内腰绳之外打包。

b. 为了保证土球不散，在掘苗、包装全过程中，不管土球大小，在土球上严禁站人。

c. 雨季，土球必须抬出坑外待运，避免被水浸泡。

4.3.2.2　带土球苗的运输与假植

苗木的运输与假植也是影响植树成活的关键。"随掘、随运、随栽、随灌水"，可以减少土球在空气中暴露的时间，对树木成活大有益处。

（1）装车前的检验　在运苗装车前应仔细核对苗木的品种、规格、数量、质量等。待运苗的质量要求为：常绿树主干不得弯曲，主干上无蛀干害虫，在主轴明显的树须有领导干；树冠匀称茂密，不烧膛；土球完整，包装紧实，草绳不松脱。

（2）带土球苗的装车技术要求

① 苗高 1.5m 以下的带土球苗木可以立装，高大的苗木必须要放倒，土球靠车厢前部，树梢向后并用木架将树头架稳，支架和树干接合部加垫蒲包。

② 土球直径大于 60cm 的苗木宜只装一层，而土球小于 60cm 的土球苗可码放 2～3 层，土球间必须排码紧密以防摇摆。

③ 在土球上不准站人和放置重物。

④ 较大土球，防止滚动，两侧应当加以固定。

（3）卸车　在卸车时要保证土球安全，不可提拉土球苗树干。小土球苗应当双手抱起，轻轻放下。较大的土球苗在卸车时，可以借用长木板从车厢上将土球顺势慢慢滑下，土球搬运过程中只准抬起，不准滚动。

（4）假植　土球苗木运到施工现场时如果不能在一两天之内栽完，则应当选择不影响施工的地方，将土球苗木码放整齐，土球四周培土，以保持土球湿润、不失水。假植时间较长时，可以遮苫布防风、防晒。树冠及土球应当喷水保湿。雨季假植应当防止被水浸泡散坨。

4.3.2.3　带土球苗的栽植

（1）树木土球苗种植坑（穴）挖掘　按照设计规定的平面位置以及高程挖坑，坑的大小应当根据土球直径及土质情况确定。注意地下各种管线的安全。

① 规格要求

a. 一般情况下乔木坑穴应当比土球直径放大 40～60cm，坑的深度常为坑径的 3/4～4/5，坑的上口与下底一样大小。

b. 花灌木类土球挖种植穴规格及绿篱苗挖种植穴规格分别见表4-6、表 4-7。

表 4-6　花灌木类土球挖种植穴规格　　单位：cm

灌木高度	种植穴直径	种植穴深度
120～150	60	40
150～180	70	50
180～200	80	60

表 4-7　绿篱苗挖种植穴规格

绿篱苗高度/m	单行式(宽×深)/cm	双行式(宽×深)/cm
1.0～1.2	50×30	80×40
1.2～1.5	60×40	100×40
1.5～1.8	100×40	120×50

② 土球苗木树坑操作程序及技术要求同裸根苗。

（2）散苗　对于较小的土球苗木（指直径50cm 以下的），用人抬车拉的方式将树苗按照图样要求（设计图或定点木桩）散放在定植坑边。大规格土球在吊车配合下一次性完成定植。

① 要轻拿轻放，不得损伤土球；散苗速度与栽苗速度相适应，

散毕栽完。

② 行道树苗木应当事先量好高度、粗度、冠幅大小，进行排队编号，以保证邻近苗木规格大体一致。绿篱苗木散苗时应事先量好高度，分级栽植。

③ 对于有特殊要求的苗木应按照规定对号入座，不要搞错。

④ 散苗后要及时地用设计图样详细核对，及时发现错误及时纠正，以保证植树位置正确。

（3）乔木土球苗栽植程序

① 调整栽植深度。预先量好土球高度，看是否与坑的深度一致，如果有差别应及时挖深或填土，切不可盲目入坑，造成土球来回搬动。土球苗栽植深度适宜略低于地面 5cm，松树类土球苗应当高出地面 5cm，忌讳栽深，影响根系发育。

② 调整树体正直和观赏面朝向。在土球入坑后，应先在土球底部四周垫少量土，将土球固定，注意将树干立直，常绿树树形最好的一面应当朝向主要的观赏面。

③ 去包装、夯实。将包装剪开尽量取出，易腐烂的包装物可以脱至坑底，然后填土至坑的一半，并用木棍夯实，再继续填满、夯实。夯实时不可砸碎土球，随后开堰。

④ 栽苗的注意事项和要求

a. 平面位置和高程必须要符合设计规定。

b. 树身上下垂直，如果树干有弯曲，弯应当朝西北方向。

c. 栽植行列树时，应事先栽好"标杆树"，每隔 10～20 棵栽一株，然后以这些标杆树为瞄准依据，全面开展定植工作。行列式栽植应是横平竖直，左右相差最多不超过半树干。

（4）绿篱及色块苗栽植程序及技术要求

① 掌握好栽植深度，土球和地面持平。

② 选择绿篱苗应当按苗木高度顺序排列，相差不超过 20cm；三行以上绿篱选苗一般可以外高内低些。

③ 解脱包装物，逐排填土夯实，土球间切勿漏空；及时筑堰

浇水，扶直。

④ 粗剪。按照设计高度抹头进行粗剪。缓苗后进行篱形和篱侧面的细剪。

⑤ 色块、色带宽度超过 2m 的，中间应当留 20～30cm 作业道。

（5）栽植后的养护管理工作　基本同上述的裸根苗，对于大土球苗可双堰灌水，即土球本身做第一道堰，坑外沿做第二道堰。立支撑固定后浇外堰，踏实后再浇内堰，为土球补水。

4.3.3　木箱苗栽植技术

4.3.3.1　木箱苗装车

① 钢丝绳在木箱下部 1/3 处左右将木箱拦腰围住。注意树干的角度，使树头稍向上倾斜即可。缓缓的吊起，但在吊杆下面不准站人。

② 在树身躺倒前，用草绳将树冠围拢起来，以保护树冠少受损伤。事先选好躺倒的方向，以尽量不损伤树冠、又便于装车为原则。在树身躺倒后，应在分枝处挂一根小绳，以便在装车时牵引方向。

③ 装车时树梢要向后，木箱上口与卡车后轮轴垂直成一线，车厢板与木箱之间垫两块 10cm×10cm 的方木，长度较木箱稍长但不能超过车厢，分放于钢丝绳前后。木箱落实后用紧线器和钢丝绳将木箱与车厢刹紧，树干捆在车厢后的尾钩上。在车厢尾部用两根木棍交成支架，将树干支稳，支架与树干间垫蒲包，以保护树皮防止擦伤。

4.3.3.2　木箱苗运输

运输大苗必须有专人在车厢上负责押运，押运人员必须要熟悉行车路线、沿途情况、卸车地区情况，并与驾驶人员进行密切配合，以保证苗木质量、行车安全。

① 在装车后、开车前，押运人员必须仔细检查苗木的装车情况，要保证刹车绳索牢固、树梢不得拖地，树皮与刹车绳索、支架

木棍及汽车槽箱接触的地方必须要垫上蒲包等防止损伤树皮。对于超长、超宽、超高的情况，要事先办理好行车手续，还要有关部门（如电管部门、交管部门等）派技术人员随车协作。

② 押运人员必须要随车带有挑电线用的绝缘竹竿，以备途中使用。

4.3.3.3 木箱苗卸车

事先设计好卸车场地以及停车位置。

① 在木箱落地前，在地面上横放一根长度大于边板上口、40cm×40cm 的大方木，其位置应当使木箱落地后，边板上口正好枕在方木上，注意落地时操作要轻，不可猛然触地，振伤土台。

② 用方木顶住木箱落地的一边，以防止立直时木箱滑动，在箱底落地处按 80～100cm 的间距平行地垫好两根 10cm×10cm×200cm 的方木，让木箱立于方木之上，以便栽苗时穿绳操作。此时即可缓缓松动吊绳，按立起的方向轻轻地摆动吊臂，使树身徐徐立直，稳稳地立在平行垫好的两根方木上，到此卸车就顺利完成了。注意当摆动吊臂时，木箱不再滑动时，应当立即去掉防滑方木。

4.3.3.4 木箱苗假植

在掘苗后，如不能入坑栽植，应当找适宜的场地进行假植。

（1）原坑假植 在掘苗 1 个月之内不能运走，则应当将原土填回，并随时灌水养护；如 1 个月之内能运走，则可不回填土，但必须经常在土台上和树冠上喷水养护。

（2）工地假植 苗木运到工地后半个月内如不能栽植者则需要假植。

① 假植地点应当选择在交通方便、水源充足、排水良好、便于栽植之处。

② 假植苗木数量较多时，应当集中假植，苗木株行距以树冠互不干扰、便于随时出苗栽植为原则，为了方便随时吊装栽植，每2～4 行苗木之间应留出 6～8m 的汽车通行道路。

③ 工地假植的具体操作方法是：在木箱四周培土至木箱 1/2

处左右，去掉上板和盖面蒲包，在木箱四周起土堰以备灌水用，而树干用杉篙支稳即可。

④ 假植期间加强养护管理，主要是灌水、防治病虫害、雨季排水和看护管理，防止人为的损坏。

4.3.3.5 木箱苗栽植

① 栽植位置必须要用设计图细致核实，保证无误，地形标高要用仪器复测，因为大树入坑以后再想改动就很困难了。

② 栽植方木箱树，栽植坑应当挖成正方形，每边比木箱宽出 $50\sim60cm$，土质不好的地方还要加大，需要换土的应当事先准备好客土（以沙质壤土为宜），需要施肥的，则应当事先准备好腐熟的优质有机肥料，并与回填土充分拌合均匀，栽植时填入坑内。坑的深度应当比木箱深 $15\sim20cm$，坑中央用细土堆一个高 $15\sim20cm$、宽 $70\sim80cm$ 的长方形土台，纵向与底板方向一致。控制栽植深度的技术要求同土球苗一样。

在挖坑时要注意各种地下管线的安全。

③ 在吊树入坑时，树干上面要包好麻包、草袋，以防擦伤树皮。入坑时用两根钢丝绳兜住箱底，将钢丝绳的两头扣在吊钩上。在起吊过程中注意吊钩不要碰伤树木枝干，木箱内土台如果坚硬，土台完好无损，可以在入坑前，先拆除中间底板，如果土质松散就不要拆底板了。

④ 大树入坑前要注意调整树冠观赏面，以发挥更好的景观效果，如为大树则应保持原生态方向。

⑤ 树木入坑前，坑边和吊臂下不准站人。入坑后为了校正位置，可由 4 个人坐在坑沿的四边用脚蹬木箱的上口，保证树木定位于树坑中心，坑边还要有专人负责瞄准照直，掌握好植树位置和高程，落实并经检查后方可拆除两侧底板。

⑥ 在树木落稳后，要仔细检查一次，认为没有问题后，即可摘掉钢丝绳，慢慢从底部抽出，并用三根杉篙或长竹竿捆在树干分枝点以上，将树木撑牢固。

⑦ 在树木撑稳定后，即可拆除木箱的上板及所覆盖的蒲包，

然后开始进行填土，当填至坑的 1/3 处时，方可拆除四周边板，否则会引起塌坨。每填 20～30cm 厚的一层土，就做一次夯实，保证栽植牢固，直到填满为止。

⑧ 填土以后应当及时灌水，一般应当开双层灌水堰；外层开在树坑外缘，内层开在苗的土台四周。灌水作业程序同土球苗栽植一致。

 ## 4.4 大树移植技术

4.4.1 大树移植的特点和难点

（1）大树移植的特点　大树根系正处在离心生长趋向或是已达到最大根幅，骨干根基部的吸收根多会离心死亡，吸收根主要分布在树冠投影附近。移植所带土球不可能有这么大，所以在一般带土范围内，吸收根就会很少。这样移植的大树将会严重失去以水分代谢为主的平衡。而对于树冠，业主为使其尽早地发挥绿化效果和保持原有的优美姿势，也大多不让进行过重的修剪。因此，只能在所带土球范围内，用预先促发新根的方法为代谢平衡打基础，并配合其他的移栽措施来确保成活。另外，大树移植和一般常规苗木移植相比较，主要表现为被移的对象具有庞大的树体和相当大的质量（主要是土球），所以就需要借助一定的机械力量才能够完成移植。

（2）大树移植的难点　大树移植成活比较困难，主要由以下原因造成。

① 大树年龄大、发育慢、细胞的再生能力也较弱，挖掘与栽植过程中损伤的根系恢复较慢，新根萌生能力较弱。

② 树木在生长的过程中，根系扩展范围很大，而且扎入土层很深，使有效的吸收根能够处于深层和树冠投影附近，在一般必须带土的范围内，吸收根是很少的，并且很多木质化，故极易造成树木移植后失水死亡。

③ 大树的树体高大，枝叶的蒸腾面积大，大多又不能过重地

修剪，因而地上部分的蒸腾面积远远要超过根的吸收面积，难以尽快建立起地上、地下的水分平衡关系，所以树木常因脱水而死亡。

（3）大树移栽可行性　大树移栽其实是古今中外由来已久的一种绿化手段，而且国内外的一些城市也积累了相当丰富的经验，所以形成了比较完整的大树移植的技术措施和规程。无论是从大树移栽的理论基础，还是从这几年移栽大树的实践中，都可以得出结论：只要有资金保证、管理严格、措施到位，大树移栽 90% 以上的成活率是可以得到保证的。

4.4.2　大树移植的准备工作

4.4.2.1　基础资料及移植方案

应当掌握树木情况，如品种、规格、定植时间、历年养护管理情况、目前生长情况、发枝能力、病虫害情况、根部生长情况（对于不易掌握的要做探根处理）。

树木生长和种植地环境必须要掌握下列资料。

① 应当掌握树木与建筑物、架空线、共生树木等间距必须具备施工、起吊、运输的条件。

② 种植地的土质、地下水位、地下管线等环境条件必须要适宜移植树木的生长。

③对土壤含水量、pH 值、理化性状进行分析。

a. 土壤湿度高，可以在根范围外开沟排水、晾土，对于情况严重的可以在四角挖 1m 以下深洞，用于抽排渗透出来的地下水。

b. 含杂质受污染的土质必须要更换种植土。

4.4.2.2　缩根处理

在城市建设的规划和改造中，常常需要扩建道路、调整建筑物的格局，有些原有的绿地被列入新规划的道路和建筑范围，对于其中的大树需要进行移栽处理。在规划实施前，往往要有一段缓冲的时间。在此前提下，可以对大树预先进行一定的技术处理，从而使得移植成功率得以提高。最常见的技术手段就是逐年断根法。此方法又称为缩根法或盘根法，可在 2～3 年中进行。原理是通过断根来刺激主要根系上侧根、支根发育，促使在近树干范围内的根量增加，而掘土球或是土台时相对保存下来的根系增多，从而解决了树木在移植中代谢失衡的问题。具体方法可以按照以下七个步骤来进行。

① 按允许的年限，沿移植树木土球（或箱板土台）的规范直径范围向内缩约 20cm 处挖沟断根，断断续续挖掘的圆弧长度为土球外圆周长的 1/3～1/2。第二和第三年再挖掘剩余的 1/3～1/2。

② 挖掘断根沟的宽度大约为 30～40cm，深度约 60～80cm，沟内填入营养细土。

③ 根部处理。在开挖的过程中，细根及须根可以直接剪断。遇到粗根不能切断，要采用环状剥皮处理，宽度一般为 5～10cm。注意在剥皮时不要伤及粗根的木质部。

④ 在断根操作完成后，要及时在沟内覆土。在覆土前，可在断根和剥除韧皮部以及土壤剖面喷 1000mg/L 生根剂，以刺激生根。覆土踏实，并浇透水。

⑤ 由于部分根系被切断，树木的水分和营养供应将会减少，为了保持树木根、冠部分的生长平衡，必须对地上部分的枝叶进行适度的修剪。修剪原则同移栽苗木相同。此外，局部断根后削弱了树木的抗风能力，因此要及时立好支撑。

⑥ 断根后的大树，要有专人进行松土、除虫、浇水、排涝等养护管理工作，以促进断根大树早发新根，健康生长。

⑦ 经过 1～2 年的分段断根处理，当树势较为稳定后，可进行移植作业，移前修剪可以做简单整理。

4.4.2.3 修剪与扰冠

（1）大树移植前的修剪要求　根据现场和树势情况可以选择在掘苗前或落地后进行修剪。对于落叶树原则上要采取重短截直至抹头。适用于容易萌芽抽枝的树种，例如悬铃木、槐树、柳树、元宝枫等。在分枝点上部留 3～5 个主枝，每个主枝留 50～60cm 的长度，并立即用截口封闭剂或是愈伤涂膜剂涂刷截口，也可在涂刷愈伤涂膜剂后采用塑料薄膜扎好锯口，以减少水分的蒸发和雨水侵蚀伤口，其余的侧枝、小枝一律在齐萌发处锯掉。银杏大树是以疏枝为主，短截为辅，不要伤害主尖。修剪时要注意不要造成枝干劈裂。

（2）拢冠作业　江南常用的常绿树木例如广玉兰、乐昌含笑、桂花、雪松等，树冠较大，为便于吊装，防止枝干的受损，在起掘前要对树冠进行束冠处理。根据现场和树势情况可以选择在掘苗前或是落地后进行。操作时首先要将绳一端扎在大树主干上，再横向卷绕，将外伸的枝干收紧，再将绳尾在主干上扎紧。用另一根绳纵向将横向卷绕的绳子固定，使树冠不至于散开。

4.4.2.4 树穴准备

① 树穴大小、形状、深浅应当根据树根挖掘范围、泥球大小形状而定，应每边留出 40cm 的操作沟。

② 树穴必须要符合上下大小一致的规格，对含有建筑垃圾、有害物质的均必须放大树穴，清除废土换上种植土，并及时地填好回填土。

③ 树穴的基部必须施基肥。

④ 地势较低处种植不耐水湿的树种时，应当采取堆土种植法，堆土的高度要根据地势而定，堆土范围：最高处的面积应小于根的范围（或是泥球大小 2 倍），并分层进行夯实。

4.4.2.5 土壤的选择和处理

要选择通气、透水性好，并有保水保肥能力，土内水、肥、气、热状况协调的土壤。经多年的实践，用泥沙拌黄土（以 3∶1 为佳）作为移栽后的定植用土比较好，它有三大好处。第一是和树根有"亲和力"。在栽培大树时，根部和土往往有无法压实的空隙，经过雨水的侵蚀，泥沙拌黄土易与树根贴实。第二是通气性好，能增高地温，并促进根系的萌芽。第三是排水性能好，雨季能够迅速排掉多余的积水，免遭水沤造成根部的死亡，在旱季浇水能迅速吸收、扩散。

在挖掘的过程中要有选择的保留一部分树根际的原土，以利于树木的萌根。同时必须在树木移栽半个月前对穴土进行杀菌、除虫处理，可以用 50％多菌灵粉剂或 50％托布津拌土杀菌，用 50％面威颗粒剂拌土杀虫（以上药剂拌土的比例均为 0.1％）。

4.4.3 大树移植技术

4.4.3.1 木箱包装移植法

木箱包装法适用于胸径 15～30cm 的大树，可以确保吊装运输安全而不散坨。它适用于雪松、华山松、白皮松、桧柏、龙柏、云杉、铅笔柏等常绿树。

（1）移植时间 由于利用木箱包装，相对来说保留了较多根系，并且土壤与根系接触紧密，水分供应较为正常，除了新梢生长旺盛期外，一年四季均可以进行移植。但为了确保成活率，还是应该选择适宜季节来进行移植。

（2）机具准备 掘苗前应准备好需要的全部工具、材料、机械和运输车辆，并由专人管理。木箱包装移植法所需的材料、工具和机械详见表 4-8。

表 4-8 木箱包装移植法所需的材料、工具和机械

名 称		数量与数据	用 途
木板	大号	上板长 2.0m,宽 0.2m,厚 3cm 地板长 1.75m,宽 0.3m,厚 5cm 边板上缘长 1.85m,下缘长 1.75m,厚 5cm 用 3 块带板(长 50m,宽 10～15cm) 钉成高 0.8m 的木板,共 4 块	包装土球用
	小号	上板长 1.65m,宽 0.2m,厚 5cm 底板长 1.45m,宽 0.3m,厚 5cm 边板上缘长 1.5m,下缘长 1.4m,厚 5cm 用 3 块带板(长 50m,宽 10～15cm) 钉成高 0.6m 的木板,共 4 块	—
方木		10cm×(10～15)cm,长 1.5～2.0m,需 8 根	吊运做垫木
木墩		10 个,直径 0.25～0.30m,高 0.3～0.35m	支撑箱底

名　称	数量与数据	用　途
垫板	8 块,厚 3cm,长 0.2～0.25m,宽 0.15～0.2m	支撑横木、垫木墩
支撑横木	4 根,10cm×10cm 方木,长 1.0m	支撑木箱侧面
木杆	3 根,长度为树高	支撑树木
铁皮 (铁腰子)	约 50 根,厚 0.1cm,宽 3cm,长 50～80cm; 每根打孔 10 个,孔距 5～10cm	加固木箱钉钉用
铁钉	约 500 个,长 3～3.5m	钉铁腰子
蒲包片	约 10 个	包四角,填充上下板
草袋片	约 10 个	包树干
扎把绳	约 10 根	捆木杆起吊牵引用
尖锹	3～4 把	挖沟用
平锹	2 把	削土台,掏底用
小板镐	2 把	掏底用
紧线器	2 个	收紧箱板用
钢丝绳	2 根,粗 1.2～1.3cm,每根长 10～12m,附卡子 4 个	捆木箱用
类镐	2 把,一头尖,一头平	刨土用
斧子	2 把	钉铁皮,砍树根
小铁棍	2 根,直径 0.6～0.8cm,长 0.4m	拧紧线器用
冲子、剁子	各 1 把	剁铁皮,铁皮打孔用
鹰嘴钳子	1 把	调卡子用
千斤顶	1 台,油压	上底板用
吊车	1 台,载质量视土台大小而定	装卸用
货车	1 台,车型、载质量视树大小而定	运输树木用
卷尺	1 把,3m 长	量土台用

（3）掘苗及包装

① 土台（块）规格。土台大，固然有利于成活，但给起、运带来很大困难。因此，在确保成活的前提下，应当尽量减小土台的大小。一般土台的上边长为树木胸径的 7～10 倍，见详表 4-9。

表 4-9　土台规格

树木胸径/cm	木箱规格/m	树木胸径/cm	木箱规格/m
15～18	1.5×0.6	25～27	2.0×0.7
18～24	1.8×0.7	28～30	2.2×0.8

② 挖土台

a. 画线。先以树木为中心，以边长尺寸加大 5cm 画正方形，作为土台的范围。同时，做出南北方向的标记。

b. 挖沟。沿正方形外线挖沟，沟宽则应满足操作要求，一般应为 0.6～0.8m，一直挖到规定的土台厚度。

c. 去表土。为了能适当的减轻质量，可将根系很少的表层土挖去，以出现较多树根处开始计算土台厚度，可使土台内含有较多的根系。

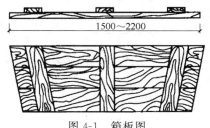

图 4-1　箱板图

d. 修平挖掘到规定深度之后，用锹修平土台四壁，并使四面中间部位略为凸出。如遇粗根则可用手锯锯断，并使锯口稍陷入土台表面，不可外凸。修平过后的土台尺寸应稍微大于边板规格，以便续紧后使箱板（图 4-1）与土台靠紧。土台应呈现上宽下窄的倒梯形，与边板形状一致。

③ 立边板、上紧线器及钉箱

a. 立边板。土台修好之后，应立即上箱板，用以避免土台坍塌。先将边板沿土台四壁放好，使每块箱板中心对准树干中心，并使箱板上边低于土台顶面 1～2cm，作为吊装时土台下沉的余量。两块箱板的端头应该沿土台四角略为退回，如图 4-2 所示。随即用蒲包片将土台四角包严，两头压在箱板下。然后在木箱边板距上、下口 15～20cm 处各环绕钢丝绳一道。

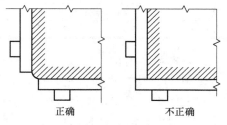

图 4-2　箱板端部的安装位置

b. 上紧线器。在上下两道钢丝绳各自的接头处装上紧线器并使其处于相对方向（东西或南北）中间板带处（图4-3），同时紧线器从上向下转动。首先松开紧线器，再收紧钢丝绳，使紧线器处于有效工作状态。收紧紧线器时，必须保证两个同时进行，收紧

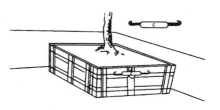

图 4-3　紧线器的安装位置

速度下绳应当稍快于上绳。收紧到一定程度的时候，可用木棍锤打钢丝绳，譬如发出嘣嘣的弦音则表示已经收紧，即可停止。

c. 钉箱。待箱板被收紧之后，即可在四角钉上铁皮（铁腰子）8～10道。每条铁皮上面至少要有两对铁钉钉在带板上。钉子要稍向外侧倾斜，用以增加拉力，见图4-4。四角铁皮钉完后用小锤敲击铁皮，发出"当当"的弦音时表示铁皮已经紧固，即可松开紧线器，取下钢丝绳，加深边沟，沿木箱四周继续将边沟下挖30～40cm，以便于掏底。

d. 支树干用3根木杆（竹竿）来支撑树干并绑牢，保证树木直立。

④ 掏底与上底板。用小板镐和小平铲将箱底土台大部掏挖空，称之为"掏底"，如此以便于钉封底板，如图4-5所示。

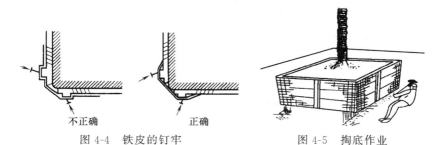

图 4-4　铁皮的钉牢　　　　图 4-5　掏底作业

a. 掏底应当分次进行，每次掏底宽度应等于或稍大于欲钉底板每块木块的宽度。待掏够一块木板宽度后，应当立即钉上一块底板。底板间距一般为10～15cm，应排列均匀。

b. 在上底板之前，应按量取所需底板长度（与所对应木箱底口的外沿平齐）下料（锯取底板），并且在每块底板两头钉铁皮。

c. 上底板时，先将一端贴紧边板，并将铁皮钉在木箱带板上，底面则用圆木墩顶牢（圆木墩下可垫以垫木）；另一头用油压千斤顶顶起与边板贴紧，并用铁皮钉牢，再撤下千斤顶，支牢下墩。两边底板上完后，再继续向内掏挖。

d. 在掏挖箱底中心部位之前，为了防止箱体的移动，保证操作人员安全，应将箱板的上部分用横木支撑，使其固定。支撑横木时，先于坑边挖穴，穴内置入垫板，将横木一端支垫，而另一端顶住木箱中间带板并用钉子钉牢固。

e. 掏中心底时要特别注意安全，操作人员身体严禁伸入箱底，必须派人在旁监视，防止事故发生。当风力达到四级以上时，应立即停止操作。

底部中心也应当略凸成弧形，以利于底板靠紧。粗根应锯断并稍陷入土内。

掏底过程中，如若发现土质松散，应当及时用窄板封底；如有土脱落时，应迅速用草袋、蒲包填塞，再上底板。

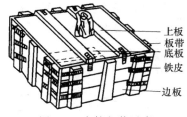

图 4-6　木箱包装示意

⑤ 上盖板。于木箱上口钉木板拉结，称为"上盖板"。在上盖板前，将土台上表面修成中间略高于四周，并于土台表面铺一层蒲包片。树干两侧应当各钉两块木板，其间距为 15～20cm。木箱包装如图 4-6 所示。

（4）吊装运输　木箱包装移植大树，因为其质量较大（单株质量在 2t 以上），必须使用起重机械吊装。在生产中常用汽车吊装，其优点是机动灵活，行驶速度快，而且操作简单。

① 装车。运输车辆一般为大型货车，遇到树木过大时，可以用大型拖车。在吊装前，用草绳捆拢树冠，以减少损伤。

a. 先使用一根长度适当的钢丝绳，在木箱下部 1/3 处将木箱拦腰围住，再将两头绳套扣在吊车的吊钩上，轻轻起吊，待木箱离地前停车。用蒲包片或是草袋片将树干包裹起来，并于树干上系一根粗绳，另一端则扣在吊钩上，以防止树冠倒地。

b. 继续起吊。当树身躺倒时，在分枝处要拴1～2根绳子，以便于用人力来控制树木的位置，避免损伤树冠，有助于吊装作业。

c. 装车时应当木箱在前，树冠在后，且木箱上口与后轴相齐，木箱下面用方木铺垫稳当。为使树冠不拖地，在车厢尾部用两根木棍绑成支架将树木支起，并且在支架与树干间塞垫蒲包或草袋并用绳子捆牢，用以防止树皮被擦伤。捆木箱的钢丝绳应用紧线器绞紧。

② 运输。大树运输，必须有专人在车厢上押运，用以保护树木不受损伤。

a. 开车前，押运人员必须仔细谨慎地检查装车情况，如绳索是否牢固，树冠是否拖地，与树干接触的部位是否都用蒲包或草袋隔垫等。如果发现问题，应当及时果断地采取措施解决。

b. 对超长、超宽、超高的情况，事先应有处理措施和方案，必要时，事先办理行车手续。对于需要进行病虫害检疫的树木，要事先办理检疫证明。

c. 押运人员应随车携带绝缘竹竿，以备途中遇到需要支举架空电线的情况。押运人员应站在车厢内，便于随时监视树木状态，出现问题应及时通知驾驶员停车处理。通常情况下一辆汽车只装一株树。

③ 卸车

a. 卸车前，要先解开捆拢树冠的小绳，再解开大绳，将车停在预定位置，准备卸车。

b. 起吊用的钢丝绳和粗绳与装车时的相同。在木箱吊起后，马上将车开走。

c. 木箱应当呈倾斜状，落地前在地面上横放一根40cm×40cm的大方木，在木箱落地时作为枕木。木箱落地时要轻柔缓慢，以免震松土台。

d. 用两根方木（10cm×10cm，长 2m）垫在木箱下，方木间距为 0.8~1.0m，以方便栽吊时穿绳操作。松缓吊绳，轻摆吊臂，使得树木慢慢立直。

④ 栽植

a. 用木箱移植大树，坑（穴）亦应挖成方形，并且每边应比木箱宽出 0.5m，深度大于木箱高 0.15~0.20m。在土质不好的情况下，还应加大坑穴规格。需要客土或施底肥时，应事先备好客土和有机肥。

b. 树木起吊前，检查树干上原包装物是否严密，以防止擦伤树皮。在入坑时，要用两根钢丝绳兜底起吊，注意吊钩不要擦伤树木枝、干。

c. 树木就位前，按照原标记的南北方向找正，以满足树木的生长需求。同时，在坑底中央堆起高 0.15~0.2m、宽 0.7~0.8m 的长方形土台，并使其纵向与木箱底板方向一致，便于两侧底板的拆除。

d. 拆除中心底板，如土质已经松散，可不必拆除。

e. 严格掌握栽植深度，应当使树干地痕与地面平齐，切不可过深或是过浅。木箱入坑后，经检查即可拆除两侧底板。

f. 树木落稳之后，抽出钢丝绳，把 3 根木杆或是竹竿绑在树干分枝点以上部位，起支撑作用。为了有效地防止磨伤树皮，木杆与树干之间应以蒲包或是草绳进行隔垫。

g. 拆除木箱的上板及其覆盖物。填土至坑深的 1/3 时，方可拆除四周边板，以防散坨。以后每层填土 0.2~0.3m 厚即夯实一遍，确保栽植牢固，并要注意保护土台不受破坏。当需要施肥时，应与填土拌匀后再填入。

h. 大树栽植应当筑双层灌水堰（外层土堰筑在树坑外缘，内层土堰筑在土台四周），土堰高为 0.2m，拍实。内外堰同时灌水，以灌满土堰为准。水渗后，将堰内填平以后，紧接着灌第二遍水。以后灌水视需要而定，每次灌水后待表土稍干，均应当进行松土，以利于保墒。

4.4.3.2 软材包装移植法

（1）移栽工具准备　掘苗的准备工作与方木箱的移植十分相似，但不需要木箱板、铁皮等和某些工具材料，只要备足蒲包片、麻袋、草绳等物即可。

（2）起（掘）苗　掘苗操作土球的大小，可以按照树木胸径7～10倍来确定，开挖之前，以树木为中心，按比土球直径大3～5cm的规格划一圆圈，紧接着沿着圆圈挖一宽60～80cm的操作沟，土球厚度应不小于土球直径的1/3。挖到底部应当尽可能向中心刨圆，一般土球的底径不小于球径的1/4，形成上部塌肩形，底部锅底形。这样便于草绳包扎芯土。起挖时如果用手锯锯断支撑根，切不可用锹断根，以避免将土球震散。

土球包扎是将要预先湿润过的草绳在上球中部缠腰绳，两个人合作一边拉绳，一边用木槌敲打草绳，使绳略嵌入土球为宜。为使每圈草绳紧靠，总宽要达土球高的1/4～1/3（约20cm）并系牢即可。在土球底部刨挖一圈底沟，宽度为5～6cm，这样有利于草绳绕过底沿不易松脱，然后用蒲包、草绳等材料包装。草绳包扎的方式包括橘子式、井字式、五角式三种方式，如图4-7所示。

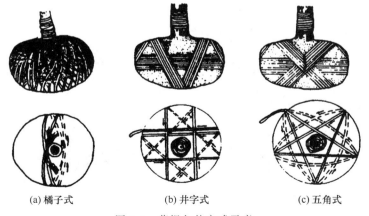

(a) 橘子式　　　　(b) 井字式　　　　(c) 五角式

图 4-7　草绳包扎方式示意

（3）吊装运输　吊装运输大树移植中的关键之处是吊装，如起吊不当往往造成泥球损坏、树皮损伤、甚至移植失败。通常采用吊杆法起吊，可最大限度地保护根部，但是尤其应该注意对树皮采取一定的保护措施。通常情况下，用麻袋对树干进行双层包扎，包扎高度从根部向上 1.5m，然后用 150cm×6cm×6cm 的木方或是木棍紧挨着树干围成一圈，再用钢丝绳进行捆扎，并一定要用紧线器收紧捆牢，以免在起吊时因松动而造成树皮损伤。起吊时将钢丝绳和拔河绳用活套结固定在离土球 40～60cm 树干处，并且在树干上部系好揽风绳，以方便控制树干的方向和装车定位。还有一种吊装方法是土球起吊法，先用拔河绳打成"O"形油瓶结，托于土球下部，然后将拔河绳绕到树干上方进行起吊，但这种方法起吊时土球容易损坏。

（4）栽植　栽植方法与木箱栽植方法基本相同，区别是树木定位后要先用揽风绳临时固定，剪去土球的草绳，剪碎蒲包片，然后再分层填土夯实，浇水三次。

4.4.3.3　大树移植后的管理

（1）支撑高大乔木　栽植后应当立即立支柱支撑树木，以防止风大松动根系。

（2）浇水　对常绿乔木可在树干上部安装喷雾装置，以减少叶面蒸腾，防止因地上部失水过多而影响成活。

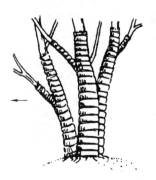

图 4-8　包扎树干

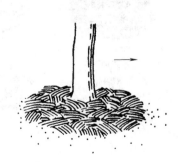

图 4-9　铺稻草

（3）树干包扎　可以用草绳将树干全部包扎起来，每天早、晚各喷 1 次水。保持草绳湿润即可，如图 4-8 所示。

（4）搭棚　遮阳夏季要搭建阴棚，以防日晒过于强烈。

（5）地面覆盖　在根的附近敷上堆肥或稻草、草帘等材料，厚度为 5cm 左右，目的是为了保湿防寒，如图 4-9 所示。

（6）修补、包扎损伤的树皮　对残枝、伤枝进行合理疏剪，以保持树形完整。

4.5　非正常季节树木移植技术

4.5.1　非正常季节树木移植的应对措施

4.5.1.1　护根系的技术措施

为了保护移栽苗的根系完整性，使移栽后的植株在短期内迅速恢复根系吸收水分和营养的功能，而在非正常季节进行的树木移植，移栽苗木必须要采用带土球移植或箱板移植。在正常季节移植的规范基础之上，再放大一个规格。原则上根系保留得越多就越好。

4.5.1.2　抑制蒸发量的技术措施

抑制树木地上部分的蒸发量的主要手段有以下几种。

（1）枝条修剪

① 非正常季节的苗木移植前应当加大修剪量，以抑制叶面的呼吸和蒸腾作用。对于落叶树可以对侧枝进行截干处理，留部分的营养枝和萌生力强的枝条，修剪量可以达树冠生物量的 1/2 以上。常绿阔叶树可以采取收缩树冠的方法，截去外围的枝条，并适当疏剪树冠内部不必要的弱枝和交叉枝，多留强壮的萌生枝，修剪量可达树冠生物量的 1/3 以上。针叶树则以疏枝为主，如松类可以对轮生枝进行疏除，但必须要尽量保持树形，柏类最好不进行移植修剪。

在江南地区对于移栽成活率较低的香樟、榉树、杨梅、木荷、青冈栎、楠树等阔叶常绿树和一些落叶的树种，修剪应以短截为主，以大幅度降低树冠的水分蒸发量。而短截应以尽量保持树冠的基本形状为原则，非不得已的情况下，不应采取截干措施。

②　对于易挥发芳香油和树脂的针叶树、香樟等，应当在移植前一周进行修剪，凡是 10cm 以上的大伤口应当光滑平整，经过消毒，并涂刷保护剂。

③　珍贵树种的树冠适宜做少量疏剪。

④　带土球灌木或是湿润地区带宿土裸根苗木、上年花芽分化的开花灌木不适宜做修剪，可以仅将枯枝、伤残枝和病虫枝进行剪除；对于嫁接灌木，应当将接口以下砧木萌生枝条进行剪除；当年花芽分化的灌木，应顺其树势适当地进行强剪，可以促生新枝，更新老枝。

⑤　苗木修剪的质量要求：剪口应当平滑，不得劈裂；留芽位置要规范；剪（锯）口必须要削平并涂刷消毒防腐剂。

（2）摘叶　对于枝条再生萌发能力较弱的阔叶树种以及针叶类树种，不宜采用大幅度修枝的操作。为了减少叶面水分蒸腾量，可以在修剪病、枯枝、伤枝以及徒长枝的同时，采取摘除部分（针叶树）或是大部分（阔叶树）叶子的方法来抑制水分的蒸发。摘叶可以采用摘全叶和剪去叶的一部分两种做法。摘全叶时应当留下叶柄，以保护腋芽。

（3）喷洒药剂　用稀释 500～600 倍的抑制蒸发剂对移栽树木的叶面实施喷雾，可以有效地抑制移栽植物在运输途中和在移栽初期叶面水分的过度蒸发，以提高植物移栽成活率。抑制蒸腾剂分为两类。一类是属物理性质的有机高分子膜，相当于盖了一层不透气的布，能保持叶片水分。高分子膜容易破损，需要 3～5 天喷一次，下雨后补喷一次。另一类则是生物化学性质的，可以促使气孔关闭，以达到抑制水分蒸腾的目的。

（4）喷雾　控制蒸腾作用的另一措施是采取喷淋的方式，增加树冠局部湿度。根据空气湿度的情况来掌握喷雾频率。喷淋可以采用高压水枪或是手动或机动喷雾器，为了避免造成根际积水烂根，要求雾化程度要高，或是在移植树冠下临时以薄膜覆盖。

（5）遮阳　搭棚遮阳，降低叶表温度，可以有效地抑制蒸腾强度。在搭设的井字架上盖上遮阳度为 $60\%\sim70\%$ 的遮网，在夕阳（西北）方向应当置立向遮网。遮网应当与树冠有 50cm 以上的距离空间，以有利于棚内的空气流通。而一般的花灌木，则可以按一定间距打小木桩，然后在其上覆盖遮网。

（6）树干保湿　对于移栽树木的树干进行保护也是必要的。常用的树干保湿方法主要有两种。

① 绑膜保湿。绑膜保湿是指用草绳将树干包扎好，将草绳喷湿，然后用塑料薄膜包于草绳之外捆扎在树干上的做法。树干下部靠近地面，让薄膜铺展开，薄膜周边要用土压好，此做法对树干和土壤保墒都有好处。为了防止夏季薄膜内温度和湿度过高而引起树皮霉变受损，可以在薄膜上适当扎些小孔来透气；也可采用麻布来代替塑料薄膜包扎，但其保水性能则稍差，所以必须适当地增加树干的喷水次数。

② 封泥保湿。对于非开放性的绿化工程，可以在草绳的外部抹上 $2\sim3cm$ 厚的泥糊，由于草绳的拉结作用，土层不会脱落。当土层变得干燥时，就要喷雾保湿。用封泥的方法投资很少，既可以保湿，又能够透气，是一种比较经济实惠的保湿手段。

4.5.1.3　促使移植苗木恢复树势的技术措施

非正常季节的苗木移植气候环境恶劣，首要的任务是保证树苗的成活，在此基础上则要促使树势尽快地恢复，应尽早形成绿化景观效果。树势恢复的技术措施主要如下。

（1）苗木的选择　在绿化种植的施工中，苗木基础条件的优劣对于移栽苗后期的生长发育有着至关重要的作用。为了使非正常季节种植的苗木能够正常生长，必须要挑选长势旺盛、植株健壮、根系发达、无病虫害并且经过两年以上断根处理的苗木；灌木则要选用容器苗。

（2）土壤的预处理　非正常季节移植的苗木根系遭到机械破坏，急需恢复生机。此时根系周围土壤理化性状是否有利于促生发根至关重要。要求种植土要湿润、疏松、透气性和排水性良好。可以采取相应的客土改良等措施来进行改良土壤的状况。

（3）利用生长素来刺激生根　移植苗在挖掘时根系受损，为了促使萌生新根可以利用生长素。具体措施可以采用在种植后的苗木土球周围打洞灌药的方法。洞深应为土球的 1/3，施浓度 1000mg/L 的生根粉 APT3 号或是浓度 500mg/L 的 NAA（萘乙酸），生根粉要用少量酒精将其溶解，然后再加清水配成额定浓度进行浇灌。

另一个方法则是在移植苗栽植前剥除包装，在土球立面喷浓度 1000mg/L 的生根粉，使其能够渗入土球中。

（4）加强后期的养护管理　俗话说"三分种七分养"，在苗木成活后，必须要加强后期养护管理，应及时进行根外施肥、抹芽、支撑加固、病虫害防治以及地表松土等一系列复壮养护措施，促进新根和新枝的萌发。后期养护应当包括进入冬季的防寒措施，使得移栽苗木能够安全过冬。常用的方法有风障、护干、铺地膜等。

4.5.1.4　抗寒措施

对于那些在本地不耐寒的树种，非正常季节移植的当年应当采取适当的防寒措施。例如北方的一些引自南方的树种，江南地区的例如罗汉松、枇杷、槭树类、重阳木、夹竹桃等。

4.5.2　应用容器囤苗技术进行非正常季节树木移植

4.5.2.1　硬容器囤苗技术

常用的有：木桶、木箱、筐、瓦盆等硬质容器进行春季囤苗，正常肥水进行养护，生长季节要从容器中移入绿地。该工艺投入成本比较高，水肥管理也较为费工、费力，但安全可靠，常用于规格较小苗木。

（1）箱板囤苗　利用箱板来移植树木，适用于规格较大的苗木。在选择合适的地点后将箱板苗进行长时间假植，可以达到半年以上。因为箱体坚固，土方体积相对较大，所以根系可以自由发育。箱板苗养护要点是：将土堆到箱体高度的近 2/3 处，围堰浇水。箱内也必须浇水，以保证根区湿润。箱内苗木在抽枝展叶后，非季节的移植随时都可进行。

（2）大筐囤苗 大筐囤苗适用于落叶乔木的囤苗。在囤苗区挖掘出比筐宽 20cm、与筐的高同深的沟。筐内可以铺垫蒲包，春季休眠期将修剪整理好的乔木裸根苗栽入筐中，筐内外都要填满土，灌水，扶直。为了防止倒伏现象，可以在树间架横杆，互相扶协。可以进行正常的养护管理，在抽枝展叶后可随时栽植。筐苗在经二三个月土埋后可能会腐朽。在移植时应当对筐苗重新用草绳打包。吊运栽植技术要求同土球苗一同移植。少数根系可能会伸出筐外，但对成活影响不大。

（3）木桶囤苗 木桶囤苗，因为成本较高，所以常用于 2～3m 高的常绿树。根据苗的规格来选择木桶的大小，常用的有 70cm 和 100cm 两种规格，特殊规格可以向厂家定做。在春季或雨季将常绿乔木土球装入桶中，空隙中填满土，在灌水后再次填实，留出 10～15cm 桶沿，以供浇水用。按照正常程序养护。木桶苗可用于租摆。在栽植时可将桶带（铁皮）切断，桶板可以回收重装。

（4）瓦盆囤苗 瓦盆囤苗是中国传统花卉栽培常用容器。常用于小型花灌木，例如月季、牡丹、迎春、杜鹃等花卉。在非正常季节进行扣盆栽植。

（5）塑料桶囤苗 塑料桶分硬质厚壁和薄壁软皮两种材质，国外育苗制作有各类的规格。塑料硬质厚壁容器用法同木桶相同。因成本较高，所以推广面小。而塑料薄壁软皮用法同瓦盆，因其重量轻、价格便宜，在市场上应用广泛。

4.5.2.2 软容器囤苗技术

相对于硬质容器而言，软容器是没有自己的固有形状的，主要是包装别的物体而成形的，如土球苗的包装。从习惯用的材料上来分可分为蒲包草绳包装和无纺布包装。

（1）蒲包草绳包装囤苗

① 掘苗打包。在休眠期挖掘土球苗，并用蒲包草绳进行打包。技术要求在土球苗移植一节中已论述。有所不同的是，可以做较长时间的假植，一般为 3～6 个月。

② 囤苗假植。依据土球苗大小来挖适当宽和深的沟，将土球苗排在其中，土球部分全部进行埋严、灌水，相当于栽植，然后进行正常的养护管理。

③ 对于已经抽枝、展叶、开花的软容器苗在非季节栽植时，应当从一侧挖掘，露出容器位置，在松动周围床土后，容器土球可自动与床土分开。注意要保护土球不散。

④ 以蒲包草绳进行的土球包装可能会腐朽，所以在掘出后必须重新打包。吊运、栽植的技术要求同土球苗移植一样。

（2）可溶性无纺布包装囤苗

① 用于乔木的非正常季节移植。和乔木土球苗移植不同的是在包装材料上有所创新，采用拉力较强的、可在一年左右降解的可溶性无纺布（能在 90℃水中溶解）和用聚丙烯多股小绳，取代了传统的蒲包草绳，同时解决了草绳蒲包腐朽的问题，和周围土壤通透性更好，水肥管理也更容易。其中一些根系可能会长到包装外，因为量较少，所以无碍大局。

② 用于花灌木非正常季节移植的做法

a. 根据花灌木的根系大小，将可溶性无纺布剪裁后做成规格不同的袋状。为了便于剪裁，可以按 1/2 周长×高来标定，基质充满后自然形成圆柱体。

b. 软容器苗制作。对于休眠期将裸根小苗栽于无纺布袋中，袋中的土壤可以用园田耕作土，也可以用经过改良的花卉用的盆土。基质装填应当充实，上口留 1～2cm，提拉镦实。栽苗应当居中正直，栽入布袋前，对于移植苗枝干及根系应当按作业规范来进行适当的修剪。

c. 布袋小苗囤栽作业。已栽入无纺布袋的苗木按照规范行株距的要求，栽于苗床里定植，进行常规养护，栽植时布袋上口应当略低于床面 3～5cm，便于在中耕除草养护作业时不伤及布袋。

③ 软容器袋装苗掘苗出圃。生长季节容器苗已经青枝绿叶，从一侧进行挖掘，露出容器位置，松动周围床土，容器土球便可自动与床土分开。在移栽前 3～5 天要进行浇水，控制土坨湿度适中。将突出布

袋的个别大根剪除，粗壮枝条可以疏剪。软容器袋规格见表 4-10。

表 4-10 软容器袋规格（1/2 周长×高）及适用对象

规格/cm	适 用 对 象
10×10	花卉、草本地被
25×20	50cm 以下小规格花灌木，2～3 年生小苗
40×25	50～80cm 大规格花灌木，3～4 年生苗

④ 起苗时运输作业的要求。运输、假植过程应当给土坨喷水保湿，严禁扯拉容器和苗木干茎，应以手托起容器、轻拿轻放，以保护袋装土坨不散，因绝大部分根系受到保护，所以成活率得到保证。

软容器苗木非正常季节移植时期多处于高温季节，蒸腾量大，所以很容易造成失水。应当计划周密，尽可能地缩小出土、起运、栽植中间的环节。容器苗出土后应当进行表面喷水，并尽量减少软容器包装的土球失水，及时地进行栽植。有条件的可以在容器表面喷施保水剂和生根剂。

⑤ 软容器苗的应用时限。反季节的移植，一般是在春季休眠期进行软容器囤苗，而后保养 3～5 个月的时间，在雨季进行绿化施工栽植。囤苗养护对超过一年的软容器苗，应当在第二年休眠期重新进行软容器苗制作。

⑥ 可溶性无纺布规格和应用。可溶性无纺布，分为 $40g/m^2$ 和 $25g/m^2$ 两种规格。小苗可用 $25g/m^2$ 规格，大规格苗木例如大灌木、落乔等可用 $40g/m^2$ 规格无纺布。该可溶性无纺布的主要特点是能够在 1～2 年内降解，并对根系无伤害。

4.6 竹类移植技术

4.6.1 华北地区竹类移植技术

4.6.1.1 竹苗选择

北京地区的竹类主要是散生竹，有刚竹、淡竹、水竹、紫竹及其变种，而混生型竹种有箬竹。散生竹的移栽常选择一二年生、生长健壮、无病虫害、分枝低、枝叶繁茂、鞭色鲜黄、鞭芽饱满、根鞭健全、无开花枝的母竹。

4.6.1.2　移植时机

在华北地区是以 3 月中旬至 4 月上旬和雨季 7 月中下旬为宜，其间为竹子的年生长休眠期。春季在 3～4 月竹笋尚未萌发拔节。到了 7 月竹竿、枝叶已成形，地上部暂缓生长，正值雨季空气湿度大比较适合移植。在 4 月底至 5 月上旬正是竹笋出土拔节的高生长阶段，最好不进行移植，以免破坏其生长。中原地区的秋季移植方法，对北京地区冬季低温、风大、干燥气候是很不适宜的。

4.6.1.3　竹苗挖掘及竹苑搬运的技术要求

（1）母竹挖掘　掘苗要带好竹鞭，尤其是要带好去鞭。中、小型散生竹留来鞭 30cm，去鞭 40～50cm。首先要确定竹鞭的方向，一般情况下竹鞭的走向和第一层枝盘方向是一致的。在挖竹时，在距母竹 40cm 处用锄轻轻地挖开土层，找到竹鞭，按来鞭 30cm、去鞭 40cm 截断竹鞭，再沿着母竹来去鞭的方向呈椭圆形挖好。厚度一般为 20～25cm，可视笋的位置适当加厚。要保护好竹鞭，以确保母竹与竹鞭的良好接合。尽量少伤竹鞭、鞭根和笋芽，不能强行用力摇动竹竿，以免损伤笋竿的连接点。

（2）竹苗移植修剪　在北京地区干旱的条件下，在春季移植时，常规要求必须打尖，留枝 4～5 盘去梢。在夏季移植时，近距离移植可以不打尖。打尖目的是为了控制母株的蒸腾量，如果是为了保持景观，又有喷水保湿的养护条件，也可以不进行打尖修剪处理。

（3）包装运输　常用蒲包片、草绳来进行包扎，喷水保湿。长途运输必须用篷布遮盖，中途要进行喷水。上下车搬运时必须对竹苑采用双手抱起或多人抬起的方法，严禁拉扯竹竿。要轻搬轻放以保护芯土不散。

4.6.1.4 竹苗的栽植

（1）栽植地准备

① 竹林地选择。要选背风向阳、光照充足、排水良好的位置。土壤要求富含有机质、肥沃、疏松透气，土层深度达到 50cm 以上的沙质壤土为好。

② 整地。采用全垦整地，深度为 30～40cm，筛土，清除绿地中的建筑垃圾和生活垃圾。现场土壤质地较差应当先进行土壤改良，掺加一定比例的草炭土、腐叶土或是松针土。栽植穴挖好后将表土回填底部。

（2）栽植坑的规格及栽植密度　栽植穴的规格长宽不宜统一，可以按竹蔸大小决定，也可按设计图的丛植范围来决定，但深度应当达到 40cm 并换成耕作土，若有条件的应多加有机肥、草炭、腐叶土等。

散生竹（坨）种植间距视竹竿多少、蔸坨大小而定，一般大型散生竹间距为 3～4m，小型散生竹间距为 2～3m。可自然式种植，不一定都等距离栽植。应注意不要定植过密，给成活以后为行鞭留下适当的空间。

（3）栽植技术要领　栽竹不同栽树，栽竹成活的关键在于竹鞭；竹鞭是地下茎，在土中横向生长，故不宜栽深，否则容易影响竹鞭的生长行鞭；移栽时要注意保护竹鞭，切忌损伤鞭根、芽，也不可损伤竹鞭与竹竿连接处。

具体操作如下。先把表土填于穴底，使之深浅适宜。解除包扎物，将母竹蔸放入穴中，使竹鞭及竹根舒展，下部与土壤密接，种竹的深度一般以竹鞭埋在土中 20～25cm 为宜，覆土深度比母竹原土部分高 3～5cm。四周均匀踏实，浇足"定蔸水"后，再行覆土。覆土下层宜紧，上层宜松。

4.6.2 岭南地区竹类移植技术

4.6.2.1 竹类掘苗技术

（1）散生竹的掘苗程序及技术要求　岭南地区竹类繁育有三种

常见方法：一是利用母竹；二是利用根株；三是利用竹笋。

① 母竹挖掘技术

a. 母竹的选择。选择在竹园边缘便于挖掘搬运的母竹，母竹要求生长旺盛、分枝节位低、无病虫害。

b. 挖掘母竹的技术要求。先在要挖的母竹周围表土层浅挖，找出竹鞭，寻找竹鞭是按竹株最下一盘枝杈生长方向找，需分清来鞭和去鞭。通常来鞭留 20～30cm，去鞭留 40～50cm，切断的竹鞭截面要求完整光滑，不致竹鞭劈裂。然后沿竹鞭两侧挖至 40cm深，截断母株底根，保护好竹根的完整，将竹鞭、根与母竹一起挖出。

c. 母竹根部保护。挖出的母竹要用稻草捆扎绑好，维护好竹鞭与母竹的竹蔸，尽量不受机械损伤、不失水。

d. 母竹的修剪。挖出的母竹应至少留枝 4～5 盘，即可将顶梢截去，切口保持平滑。

② 根株挖掘技术。选取二年左右生长旺盛的竹株，离地面35～40cm 截竿，仅留竹桩及竹鞭，先在苗地或容器培育成苗然后移植于施工现场。其挖掘技术要点要求与母竹挖掘基本相同。

③ 竹笋挖掘技术

a. 竹笋选择。在竹笋出土时，选取体形较小、粗壮、无病虫害，露出地面不足 30cm 的竹笋作为育苗材料。

b. 挖掘程序。先沿着生笋的竹鞭挖开表土，让竹鞭露出，然后在竹笋来鞭与去鞭处各留长 50cm，挖掘竹笋必须多带宿土，保留更多的须根。

（2）丛生竹掘苗的技术要求　丛生竹母竹挖掘要掌握技术环节如下。

① 挖掘范围。挖掘时要在母竹株 25～30cm 的外围，扒开表土处，由远至近逐渐挖深。

② 确定母竹位置，分株。挖掘时要在母竹一侧找准母竹竿柄与老竹竿基的连接点后，用刀或利锯切断母竹的竿柄，连竹蔸一起挖起，在切断操作时要防止劈裂或撕裂竿柄基，防止损伤竿基部的

芽眼，竿基部的须根应尽量保留。

③ 每苑分株根数。每苑挖掘母竹的竿数及带土量需要根据竹的品种、生长特性和茎竿粗细来确定，一般根径较长或较粗大茎竿的品种如麻竹、撑篙竹、梨竹、绿竹、慈竹等可采用单株挖苑的方法。小型竹如孝顺竹、观音竹、凤尾竹因其株形细小、密集丛生，可 3～5 株成墩挖掘。

④ 母竹修剪。母竹挖起后，竹竿留 2～3 盘枝，在靠近节间处斜向将顶梢截除。切口保持平滑呈马耳形。

⑤ 包装。当竹苑掘起后要用稻草或麻布将竹苑连土包扎好，防止损伤芽眼并保证宿土不至于脱落，根系不失水。

4.6.2.2　竹类栽植技术

（1）散生竹移植方法　岭南地区散生竹分为两大类：一类是从竹林分株移植；另一类是在苗圃利用根株法和竹笋法培育成容器苗后下地移植。两种移植法各有长处。

① 母竹移植方法。多采用直接从竹园中挖取母竹移植到施工现场的方式。散生母竹移植技术的方法如下。

a. 挖掘栽植技术要领。要掌握深挖穴、浅栽竹、高培土这三项关键要点。

b. 栽植适宜季节。散生竹 2～5 月为出笋期，4～7 月为幼竹生长期，11 月至翌年 1 月整个竹株处于休眠期，此时移植有利于提高成活率。

c. 整地改土。以深厚、肥沃湿润的壤土最为适宜，栽植前要施放基肥，不适宜的土壤要预先进行改良。栽植地应排水良好。

d. 精心组织、精心施工。在母竹挖好后要做到随挖随运随种。栽植时切口用泥浆涂封，以防失水干枯。母竹放好后分层填土，踏实，埋深比母竹原土痕深 10cm，将土堆成馒头形。

② 苗圃容器苗移植法。容器苗基本不受季节限制，便于施工。移植成活率较高。栽植程序及技术要求与散生竹移植方法基本相同。

a. 根株法。仅留竹桩及鞭根采用容器或在苗圃苗地预先培植成母竹进行移植。

b. 竹笋育苗法。采用挖好的竹笋进行埋植于容器或是苗地培育成母竹进行移植。

（2）丛生竹的移植方法 丛生竹栽培移植常采用三种基本移植方法：母竹移植法、带蔸（根）埋竿法和插枝育苗法。

① 母竹移植的技术关键

a. 丛生竹移植需选好季节，丛生竹移植最适宜在 1～3 月在竹竿茎笋萌动期前进行移植最为适宜。

b. 做到随挖随运，在搬运过程中应当注意保护竹竿表皮和竿基笋目，运输前要盖上篷布以减少水分蒸发，运到现场后若不能及时种植应放置阴凉避风处，并遮盖好。

② 带蔸（根）埋竿移植的栽植技术

a. 将母竹倾斜地面 45℃ 放置穴中种植，并将茎竿切口向上。

b. 切口灌以泥浆，防止竹竿迅速干枯。

c. 夯实蔸（根）际的填土，种植后充分浇水。

③ 插枝育苗的关键技术

a. 选择母竹最适是二年生，竹直径 4～6cm 的茎竿，无病虫害。

b. 母竹插枝两端要求竹节端切口呈马耳环形。切口平滑，无裂缝。

c. 将母竹倾斜地面 45° 放置穴中种植，将茎竿切口向上。夯实填土，种植后浇足水。

4.6.3　江南地区竹类移植技术

江南地区属于混合竹区，既有刚竹属、箬竹属和苦竹属的散生竹，又有慈竹属、箣竹属等丛生竹的分布。

4.6.3.1　丛生竹移植技术

（1）换土、整地　竹子地要求既有灌溉条件，又要排水良好。由于丛生竹类地下茎竿入土较浅，出笋期在夏秋，新竹当年并不能充分木质化，经不起寒冷干旱，它们对土壤的要求高于一般树木。

按照丛生竹喜酸、喜肥、喜温湿、怕水涝的生长特性，移栽丛生竹应选用略偏酸性、肥沃疏松、土层深厚、排水良好的沙质土壤。

在大多数情况下，移栽地的土壤理化性质并不适宜丛生竹的生长要求，这时就需要对土壤进行换土处理。先清除垃圾，清除过于黏重的土壤和盐碱土，换上松针土、草炭土、腐叶土等 pH 值在 4.5～7.0、疏松肥沃、适宜作物生长的较优质土壤，为增加土壤渗水和排水性能还可适当掺加河沙。

大多数丛生竹生长的过程中需要大量的水分来满足其生长发育的需要。但又怕地下积水，引起地下根蔸的缺氧窒息死亡。故移植地应事先改造成有利于排水的微地形。

（2）移植时间　丛生竹一般在 3～4 月份发芽，而后 6～8 月份发笋。因此移植时间最好选在 1～3 月间竹子的休眠期进行，此时气温低，叶面水分蒸发少，非常有利于移植成活。当年即可出笋，2 年内即可形成景观效果。

此外，在江南地区的梅雨季节移栽作物也较适宜，因为此时空气湿度高，母竹资源丰富，成活率也很高。但近年来因为全球气候变化异常，梅雨季节延续时间变化很大，会对移栽竹子带来一定的风险。

尽管江南地区因平均气温适宜，在其他月份也可以进行移植，但和一般树木的移栽相同，在夏季的 6～8 月份气温过高、湿度偏低，移竹的难度增大，成活率很低，一般应避免在此季节移栽。

（3）移植程序及技术要求　作为园林景观的种植，需要立即见效，故而一般竹林只采用移植法进行栽植。移竹栽植又称分蔸栽植，种植程序一般分为选竹、挖竹、运输、栽植四个阶段。

① 选择母竹的要点。一般要求母竹必须是生长健壮、枝叶繁茂、节间匀称、分枝较少、无病虫害、无开花枝、竿基的芽眼肥大充实、须根发达的 1～2 年生的竹竿。此类竹竿发笋力极强，栽后易成活，是丛生竹移栽最理想的母竹。2 年生以上的竹竿，竿基芽眼因为已有部分发笋成芽，残留下来的也基本趋于老化，提早失去了萌发能力，而且根系也开始衰退，并不适宜选作母竹。1～2 年

生的健壮竹株一般都着生在竹丛边缘。

此外，选择母竹还要形体大小适中，一般大竿竹种要选胸径为 3~5cm、小竿竹种胸径为 2~3cm、竿基上至少有健壮芽 4~5 个的成竹。如果母竹过于细小，根茎生长点再生能力差，会影响成活；过于粗大的话，挖掘、搬运、栽植都不方便，并且移栽后抗风能力较差，也不宜选作母竹。

② 挖掘母竹（分株）。丛生竹的竹蔸部分（即竹子的竿基和竿柄）就是地下茎，竹蔸节间短缩，形似烟斗形状，只有竹根，没有竹鞭。竿柄细小而无根，是母竹和子竹的联系部分。丛生竹的竿柄一般较短，节数也较多，相当于散生竹的竹鞭。竿基肥大多根，每节着生 1 芽眼，又叫笋目，交互排成 2 列，芽眼数目按不同的竹种分类而有变化。大型丛生竹较多，小型丛生竹较少。因此在掘苗时必须选择生长旺盛的 1~2 年生竹丛，在离其竹丛中心 25~30cm 左右的外围，由远到近，逐渐深挖。尽量防止损伤竿基部的芽眼，竿基部的须根应尽量保留。在靠近老竹的一侧，找出母竹竿柄与老竹竿基的连接点，然后用利刃、山锄或快刀切断母竹竿柄，连竹带土一并挖起。在切断母竹竿柄时应当小心，防止劈破或撕裂竿柄或竿基，否则会影响新竹的抽生和生长，严重的甚至使母竹的根系因受伤而导致腐烂，造成移栽后死亡。

挖掘时，要根据竹种的特性和竹竿大小，决定竹子的带土量和母竹竿数。一般较大竹种譬如银丝大眼竹（斑坭竹），因其竹株大、根系发达，可采用单株挖掘，带土要尽量多一些；小型竹种如孝顺竹、凤尾竹等，竹株较小，密集丛生，竹根分布也较集中，可以一次性选择 3~5 株，成丛状挖起栽植。并且为了保证移栽的成活率，竹蔸掘起后要用稻草或麻布将竹蔸连土包扎好，可以防止损伤芽眼并保证宿土不脱落。

③ 竹苗运输。竹苗起掘后应尽快运输到位。如运输路途较远，要使用编织袋或草袋将竹苗包裹好，并用绳子扎紧。上下车要注意轻搬、轻装、轻卸，不要使竹苗受损或宿土脱落。丛生竹苗装车应直立，以防止运输途中因苗木堆压造成损伤，因为竹叶较薄，易风

干失水，故运输车厢必须要用篷布覆盖，防止风吹日晒而使竹苗失水降低成活率。长途运输时，还应在途中适当喷水保湿，减少水分蒸发。

④ 栽植方法。由于丛生竹的地下茎节间短缩，不能在土中长距离地蔓延生长，为了加快生长速度、尽快形成景观效果，栽植密度要适当大些。一般在溪流两岸，平坦而肥沃的土壤上，栽植的行株距可大些，而在丘陵起伏土壤条件较差的地方，株行距就要小些。对于需要点景布置的部位，可以 20～30 竿呈丛状种植。

在土质疏松肥沃的地方，只需将地面按设计要求整形而不需要整地，即可开穴栽竹；而在土壤条件较差的地方，要先实施客土更换，经过土壤改良后再进行整形、挖穴。种植穴的大小根据母竹根蔸的大小而定，应大于母竹根蔸的 1～2 倍，以使根系舒展，一般为 50cm×70cm、深 30cm 左右。因丛生竹喜肥，并且在萌发竹笋时也需要消耗大量养分，因此可在开挖的穴底部事先施用一些腐熟的农家肥作底肥，在肥料层上需覆盖 20cm 左右的疏松土壤作为隔离层。然后将母竹植于穴中，母竹竿基的两侧芽眼应垂直重叠，顺其自然。调整好母竹的种植位置后，分层填入表土压实，使竹子的根系与土壤紧密接触，灌水，最后覆土要以超过母竹原入土深度 3cm 左右为宜。覆土表面应塑成馒头形，以防止积水而导致烂根。

4.6.3.2 散生竹移植技术

（1）换土、整地　为了培育大批速生优质的竹林景观，在散生竹移栽前，必须根据竹子对土地条件的要求，选择适宜散生竹生长的土壤和地形条件。

散生竹生长速度快，因为有强大的地下竹鞭系统。散生竹在碱性土上生长不良，因此，移栽散生竹的土壤一般要求深度在 50cm 以上，肥沃、湿润、排水和透气性能良好的酸性、微酸性或中性沙质土或是沙质壤土，pH 值以 4.5～7 为宜。散生竹大都不耐水湿，所以种植地的地下水位应以 1m 上下为宜。此外，过于黏重瘠薄的红土、黄土以及盐碱土等，会对竹子生长不利，尽量不种植散生竹。如必须种植，要先进行客土更换，因为散生竹生长土层深度要求较高，因此换土厚度必须至少达到 50cm。

在移栽竹子前，还应对移栽地全面翻土，深度在 30～50cm 左右，筛土清除建筑垃圾和生活垃圾，将表土翻入土壤底层，有利于有机物质的分解；而且将底土翻到表层，有利于矿物质的风化。

和丛生竹生态习性一样，散生竹也不能在积水中正常生长，故移植地必须做有利于排水的粗略整形，整成自然坡地以利自然排水。尤其是在比较平坦的地块上。毛竹的移植一般还需要在种植带沟底设置碎石等自然滤排水系统，在其上铺设 1～2 层土工布，在土工布上回填 30cm 以上的优质松散微酸性黄土。滤排水系统必须和种植区域内的总排水系统做有效连接，确保雨季积水能迅速有效排除。

（2）适宜移植的时间　在江南地区，散生竹一般在 3～5 月出笋，6～7 月新竹生长旺盛，8～10 月行鞭成熟，11 月至翌年 2 月是竹子生长比较缓慢的时期，故冬季至早春（即 11 月至翌年 2 月，除冰冻期外）是散生竹比较适宜的移栽季节。

散生竹近距离移栽，只要在挖母竹时注意保护鞭根、多带宿土，一年中除高温伏天和冬天冰冻期以外，都可进行移栽。

（3）移栽方法　散生竹移栽方法有很多，如移母竹、移鞭、截竿移蔸鞭、实生苗移栽等多种方法。如作为景观栽竹，需要立即见效，因此在园林种植上通常采用移母竹法和实生苗移栽法。

① 母竹的选择。母竹质量的优劣对移栽成活的质量影响很大。散生竹的母竹质量主要反映在年龄、粗度和生长势等方面。1～2 年生的母竹所连竹鞭，一般处于壮龄阶段（3～5 年生），鞭色鲜黄，鞭芽饱满，鞭根健全，因而容易栽活和长出新竹、新鞭；而 3 年生以上的竹子已趋于老龄，老竹必定连着老鞭，鞭色一般为黄棕或深棕色，而鞭芽也已多数腐烂，鞭根也明显稀疏，不易栽活。有的虽能栽活，但因竹鞭上活芽不多，出笋和行鞭都比较困难，故而不宜选作母竹。另外，园林应用的母竹不宜过粗或过细，因为粗大的竹竿，易受风吹摇晃，扰乱根系不易栽活；过细的竹子往往生长不良，出笋行鞭能力弱，生长速度缓慢，景观效果差，也不宜选作母竹。

根据各地的实践经验，毛竹的母竹直径以 3～6cm 左右为宜。刚竹、淡竹、早园竹等中小型散生竹的母竹根际直径 1～3cm 左右为宜。造林母竹应该生长健壮、分枝较少、枝叶繁茂、竹节正常、无病虫害。在竹林中选定了一定数量的合格的母竹后，可在竹竿上做好标志。

② 竹苗起掘。竹苗挖掘前要先观察确定竹鞭走向，竹鞭走向大致和竹子最下一层枝条走向平行。然后用山锄挖开土层，找到竹鞭，再沿母竹的来鞭和去鞭两侧 20～50cm 处小心截断竹鞭。一般大型竹保留来鞭 30～40cm，去鞭 70～80cm；而中小型竹只需保留来鞭 20～30cm，去鞭 50～60cm。断鞭操作时，要正面朝着母竹，用山锄或是快刀斩断竹鞭，要求截断面光滑平整，鞭蔸多留宿土。然后沿着与竹鞭平行的两侧逐渐挖深，掘出母竹。挖掘时一定不能动摇竹竿，以确保母竹竹蔸与竹鞭的良好接合，因为竹鞭与竹竿的连接处很细弱，俗称"螺丝钉"，极易受损伤乃至断裂，使得竹鞭与根的输导组织被破坏，在栽植后不易成活或无法萌发新竹；起苗时还需要尽量多保留鞭蔸上的宿土。土球直径以 25～30cm 为宜。

例如早园竹、黄纹竹、花竿早竹、筇竹、罗汉竹、箬竹等中小型散生竹，经常有几株母竹靠近生长在同一鞭上的现象，所以挖母竹时，可将 3～5 株一同挖起为一"丛"母竹，使得造景效果更好更自然。如每丛株数过多时，可挑选疏去一些生长较弱的竹子，留 3～5 株健壮竹苗即可。

为了不影响栽植后的观赏效果，挖掘的母竹不应立即去梢，还要加强母竹的运输过程和栽培管理，采取遮盖和多喷雾化水来减少叶面水分蒸发。

③ 竹苗运输。运输母竹首先必须包扎好土球并保持直立。大型竹如毛竹一般可用稻草或蒲包、麻袋等将竹鞭和宿土一并包扎好，将竹鞭全部顺着同一方向层层叠放在车厢内。车厢内最好垫一层草包，以防鞭芽和竿根部细弱的"螺丝钉"处折断或宿土震落。中小型竹可将竹苗 10～20 株扎成捆，将竹苗直立放在竹筐里或直接装车运输。为确保竹苗不失水，可在竹筐或车底垫一层湿草包或

湿苔藓并加以遮盖。竹苗放置时应竹鞭对竹鞭、竹梢对竹梢分层放，上面再用适当湿草包覆盖，并在根部填放一些湿润的苔藓、稻草等物，以防根部快速失水枯死。装车时，还应适当露出竹竿，以利通气。装卸过程不准拉扯竹竿，应搬移土球。如果运输线路较长，途中就要对母竹覆盖并且要对竹叶喷水，以减少水分的蒸发。

④ 栽植。栽植散生竹首先要控制好栽植的密度。为了考虑尽快形成绿化景观，栽植散生竹之间的间距可控制在 (50～80)cm×(50～80)cm 左右。为达到期望中自然竹林的景观效果，栽植时应疏密有致，不能按规则阵列式种植，同时还应做到随到随植等要点。栽植穴的规格，视竹种不同和母竹土球大小而异，一般情况下，毛竹移植，穴长 1.0m，宽 0.5～0.6m，深 0.4m 左右；刚竹、淡竹、早竹中小型散生竹移栽，穴长 0.8～1.0m，宽 0.4～0.5m，深 0.3～0.4m 为宜。挖穴时，先要把下层土和表土分别放置于穴的两侧；而在坡地上挖坑时，应着重注意坑的长边与等高线平行。坑的尺寸一般应不小于宿土和鞭根直径的 1.5 倍，以栽植后鞭根舒展为最终原则。常规的要求是：深挖穴、浅栽竹、下层紧、表土松、水浇足。可以具体为：栽植前先在穴底垫 15cm 左右种植土，如果有条件可在栽植穴底部铺施一层有机肥，厚度为 10～15cm，然后覆盖一层厚度适宜的种植土。栽植时解除包装，深度适中，鞭根舒展，覆土的深度比母竹原来的入土部位稍深 3～6cm，上部土壤培成馒头形，填土时要防止踏伤鞭根和笋芽。均匀踩实后起围堰、浇透水。待水渗入后，再加盖一层松土，并将包扎母竹的稻草等物，小心覆盖在母竹周围，以减少土壤水分蒸发。然后用竹、木桩和麻绳等架设支撑架，支撑架可扎成水平方向的网格状，即可使新移栽的竹子形成一个稳定的整体，以防止风吹摇晃或倒伏。

在景观绿地或庭院中栽种散生竹时，应注意与其他植物的生长关系，尤其要注意散生竹强大的地下竹鞭生长时对地面设施、铺装及其他植物生长的影响。必要的话，可在栽种前按其发展控制面积预先埋下隔离板，隔离板的预埋深度最好在 30～40cm 左右，上口不要露出地面。

风景树栽植技术

4.7.1 孤立树栽植

孤立树可能经常被配植在草坪上、岛上、山坡上等处，一般是作为重要风景树栽种。被选用作为孤立树的树木，要求树冠广阔或是树势雄伟，或树形美观、开花繁盛也可以。当栽植孤立树时，具体技术要求与一般树木栽植基本相同；但种植穴应挖得更大更深一些，土壤要更肥沃一些。并且根据构图要求，要调整好树冠的朝向，把最美的一面向着空间最宽、最深的一方。还要调整好树形姿态，树形适宜横卧、倾斜的，就要将树干栽成横、斜状态。栽植时对树形姿态的处理，一切应以造景的需要为准。树木栽好后，还要用木杆支撑树干，以防树木倒下，一年以后方可以拆除支撑。

4.7.2 树丛栽植

风景树丛一般是用若干株乔、灌木配植在一起；树丛可以由 1 个树种构成，当然也可以由 2 个以上直至 7 个或 8 个树种构成。选择构成树丛的材料时，首先要注意选择树形有对比的树木，如柱状的、伞形的、球形的、垂枝形等树木，各自都要有一些，在配成完整树丛时才好使用。一般来讲，树丛中央要栽最高的和直立的树木，树丛外沿可点缀着配较矮的伞形、球形的植株。当树丛中个别树木采取倾斜姿势栽种时，一定要尽量向树丛以外倾斜，不得反向朝树丛中央斜去。树丛内最高、最大的主树，切记不可斜栽。树丛内植株间的各自株距不应一致，要有远有近，有聚有散。植株栽得最密时，可以一个土球挨着一个土球栽，不留缝隙。植株栽得稀疏时，可以和其他植株相距至少 5m 以上。

4.7.3 风景林栽植

在风景林栽植施工中，应当注意以下三方面的问题。

（1）林地整理　在绿化施工开始的时候要仔细清理林地，地上地下的废弃物、杂物、障碍物等都要清除出去。通过整地，顺势将杂草翻到地下，把地下害虫的虫卵、幼虫和病菌翻上地面，通过低温和日照将其杀死，一并减少病虫对林木危害，提高林地树木的成活率。遇到土质瘦瘠密实的，要结合翻耕松土，在土壤中掺进有机肥料。林地要略为整平，还要整理出1％以上的排水坡度。

（2）林缘放线　在林地申请准备好之后，应根据设计图要求将风景林的边缘范围线大概测设到林地地面上。放线方法可采用较为通用的坐标方格网法。林缘线的放线一般所要求的精确度不是很高，有一些误差还可以适当在栽植施工中进行调整。林地范围内树木种植点的确定有规则式和自然式两种不同的方式。规则式种植点可以按设计株行距以直线定点，而自然式种植点则允许在现场施工中灵活定点。

（3）林木配植　在风景林内，大部分树木可以按规则的株行距栽植，这样成林后林相比较整齐；但在林缘部分，少量树木还是不宜栽得很整齐，更不宜栽成直线形；要使林缘线栽成自然曲折的形状。部分树木在林内也可以不按规则的株行距栽，而是在$2\sim 7m$的株行距范围内有疏、有密地栽成自然式；这样成林后，大体上树木的植株大小和生长表现就比较不一致，但却有了自然美丽的丛林般的景观。栽于树林内部的树，可选树干通直的苗木，即使枝叶稀少一点也可以；而处于林缘的树木，则树干可不必很通直，但是枝叶还是应当适当茂密一些。风景林内还可以留几块小的空地搭配着不栽树木，而是铺种上草皮，作为林中空地通风透光用。林下还可选耐阴的灌木或草本植物覆盖地面，巧妙地增加林内景观内容。

4.7.4　水景树栽植

水景树是用来陪衬水景的风景树，由于一般栽在水边，所以应当选择耐湿地的树种。如果所选树种并不能完全耐湿，但又一定要用它，就需要在栽植中做一些精妙的处理。对这类树种，其种植穴的底部高度一定要在平均水位线之上。种植穴要比一般情况下挖得更深一些，便于树木不被轻易冲刷根部，穴底可垫一层厚度 5cm 以上的透水材料，如炭渣、粗砂粒等；透水层之上再填一层厚度适中的壤土，厚度一般可在 8～20cm 之间；其上再按一般栽植方法栽种一部分树木。树木可以栽得高一些，使其根茎部位高出地面稍许，高出地面的部位进行壅土，把根茎旁的土壤堆积起来，使种植点整个都抬高。水景树的这种栽植方法对根系较浅的树种效果较好，但对于深根性树种来说，就只在两三年内有些效果，时间一长，效果就不那么明显了。

5 园林草坪种植

 草坪草种的应用选择

5.1.1 选择应用的原则

① 在草坪设计中，草种的选择主要是取决于草种的综合抗性的强弱。综合抗性是指草种对环境的适应能力。其中包括草种耐旱、耐寒、耐热、耐湿、耐阴、耐瘠薄土壤、耐酸碱等多种抗性。

② 应当根据草坪设计的使用功能不同、草坪的建植环境要求、草坪的建植费用以及后期对草坪养护技术的掌握、管护费用四个方面来综合考虑草坪草种的选用。

5.1.2 草坪草种选择要点

（1）根据生态环境不同选择草种

① 温度条件。根据本地区的气候因子，来选择适应本地区的具有耐寒、耐热习性的草种。

② 光照条件。根据草坪建植立地光照条件来选择阳性或是耐阴习性的草种。

③ 环境湿度条件。要根据本地区全年降雨量多少，栽植的立地潮湿、排水是否困难以及养护的供水条件，来选择耐旱或者耐水湿的草种。

④ 土壤条件。根据本地区的土壤化学性质，来选择耐酸性土壤草种、耐盐碱性土壤草种，还是土壤适应性强的草种；选择喜肥草种还是耐土壤瘠薄的草种。

（2）园林绿化功能要求　园林观赏草坪：北方要选绿色期长的、色彩翠绿的冷季型草；南方要选草叶细腻、坪面整齐的草种。

运动场草坪：选择耐践踏，恢复力强的草种。

环保草坪：主要目的是为防风固沙、防水土流失；应当选对当地环境适应性强，可以粗放管理，根系发达，地上匍匐茎和地下根茎发达，扩展性、覆盖能力强的草种，要选择病虫害少的草种。

（3）养护管理条件不同，要求标准不同　若养护条件充分，投入高，可以选择档次高的观赏草坪。若缺乏养护条件，则水、肥、修剪、防病等管理就跟不上，对于养护投入低的场所要选择可以粗放管理的草坪。

5.1.3　常见草坪草种生长习性对比

常见暖季型草种见表 5-1。

表 5-1　常见暖季型草种

草种 生长习性	野牛草	结缕草	狗牙根	钝叶草	地毯草	假俭草
扩展性	强	强	强	强	强	中
叶片质地	细	粗至中	细至中	粗糙	粗糙	中
草层密度	高	中至高	高	中等	中等	中等
土壤适应性	强	强	强	强	酸性土	酸性土
建成速度	快	很慢	很快	快	中等	中等
恢复能力	中	中慢	优	好	不好到中	不好
耐践踏性	中	优	优	中等	差到中	差
耐寒性	强	中	差至中	弱	很差	很差
耐热性	优	优	优	优	优	优
耐旱性	优	优	优	中等	差	差

续表

生长习性＼草种	野牛草	结缕草	狗牙根	钝叶草	地毯草	假俭草
耐阴性	中至差	好	很差	优	中等	中等到好
耐盐碱	好	好	好	好	差	差
潜伏病害	低	中	高	高	低	低
耐水渍	中	差	优	中	中	差
线虫问题	—	严重	严重	—	—	严重
养护水平	低	中	中到高	中	低	低

常见冷季型草种见表 5-2。

表 5-2　常见冷季型草种

生长习性＼草种	匍匐剪股颖	草地早熟禾	多年生黑麦草	高羊茅	羊胡子草
扩展性	强	稍强	丛生	丛生	丛生
叶片质地	细致	细至中	细至中	粗至中	细致
草层密度	高	中至高	中	低至中	中
土壤适应性	中	中至强	中至强	强	强
建植速度	中	慢至中	快	中至快	中
恢复能力	最好	好	不好至中	不好至中	不好至中
耐践踏	差	中等	中等	好	中等
耐寒性	强	强	中到差	中	强
耐热性	中	中到差	中到差	好	中至差
耐旱	差	好	中	很好	很好
耐阴	中至好	差	差	中至好	好
耐盐	最好	差	中	好	好
养护水平	高	中至高	中	低至中	低至中
潜伏病害	高	中	中	低	低

 5.2　草坪用地整理

5.2.1　坪床的清理

植草的土壤要求疏松、肥沃、表面平整；对于妨碍草坪建植和影响草坪养护的各种杂物、园林垃圾原则上要采取过筛处理。例如土壤中含有砖石，会伤害到草坪上活动和休憩的游人，在养护修剪时还会使剪草机受到损伤，故土壤处理厚度为 20~30cm。

坪床上的许多多年生杂草（如茅草）会对新建植的草坪带来严重危害，即使是在深翻土壤后用铁耙也难以将其清除干净。残留在土壤中的根、根茎、茎、块茎等将仍会再次蔓延。而控制杂草最有效的方法是在草坪建植前两周使用熏蒸剂和非选择性、内吸型的除草剂，被毒害的杂草应当及时清理干净。

5.2.2 坪床的压实及平整

对于局部的"动土"即"活方"地段必须用水夯（灌大水）或是机械来进行夯实，以防止地面的塌陷。对于进行过深的地表耕作土层要用压辊将其压实，其密实度应当达到人进入时踏不出脚窝；小型作业车辆进入时压不出车道沟。滚压应当掌握适度，不得造成土壤结构板结。整地时常用 60~200kg 人力推动的压辊，或是选用 80~500kg 的机动压辊。

在苗床基础和地表压实的基础上进行整平，应当做到地表面平展、无凸凹不平的情况，有利于播种、铺草作业及后期的养护管理。

5.2.3 坪床土壤的改良

草坪土壤应当具有良好的物理、化学性质，对土质较差的土壤应当加以改良。

5.2.3.1 物理性质改良

对于过黏、过沙性土壤应进行客土改良。专用草坪和运动场草坪土壤基质有其自身的特殊要求，例如高尔夫球的发球台和果岭必须覆沙，要选用通气、透水良好的沙性基质。而一般的园林绿地草坪土质和肥力达到农田耕作土标准就可以了。

常用的改良土壤肥力的方法是增加土壤中的有机质含量。掺加适量的草炭、松林土或是腐叶土，均匀地施腐熟的有机肥（例如家禽粪、各种饼肥等）。但无论施用何种肥料，都必须先粉碎撒匀再翻入土中，否则会使同一地块的草坪长势不一致、高矮、颜色不均，影响到景观的效果。施用的肥料不宜选用牛、羊或马的粪便，因为其中含有大量杂草种子，会造成草坪杂草丛生的现象，严重破坏草坪的纯净度，也会给后期养护工作带来一定的困难。而施入未被腐熟的有机肥，会招致地下严重虫害。为了防止土壤中潜伏的害虫危害草坪，在施有机肥的同时应当施以适量的农药进行杀虫。

5.2.3.2 土壤化学性质改良

不良的土壤化学性质严重影响草坪小草的出土和草坪的后期存活，酸性土和盐碱较重的土壤必须要进行改良。

(1) 酸性土壤改良 在我国南方草坪建植中，改良酸性土壤是必要的一项措施，常用的方法是用石灰（生石灰、熟石灰和石灰石）来中和土壤的活性酸和潜性酸，从而生成氢氧化物沉淀，消除铝毒。酸性土在施用石灰后，土壤胶体会由氢胶体变为钙胶体，使土壤胶体凝聚，这样有利于水稳定团粒结构的形成，可以改善土壤的物理形状。表 5-3 是使某酸性土壤的 pH 值向中性变化所需的石灰石用量。

表 5-3 使某酸性土壤的 pH 值向中性变化所需的石灰石用量 单位：kg/1000kg

土壤质地	腐殖质含量			
	缺乏(5%)	丰富(5%～10%)	很丰富(10%～20%)	20%以上
沙土	0.56	1.13	1.5～2.25	—
沙壤土	1.13	1.69	2.25～3	—
壤土	1.69	2.05	3～3.75	—
黏壤土	2.20	2.87	3.75～4.5	—
黏土	2.81	3.38	4.5～5.25	—
腐殖质土	—	—	—	4.5～7.5

注：施用生石灰按上述数字的 60% 计算；施用熟石灰按上述数字的 80% 计算。

(2) 碱性土壤改良 北方土壤在浇水干燥后表层常有一层盐皮，这表明表层盐分浓度比较大，会严重影响到种子的发芽和小苗的存活。常采用施石膏、磷石膏的方法去除地表的盐渍，保护草籽的发芽。常采用施 120g/m² 磷酸石膏粉，旋耕入 10cm 厚土壤中的效果快，在播种前施用能保护草籽出全苗；若施用硫黄粉改良则作用比较慢。施用硫酸亚铁一般碱性土中施 $30\sim50g/m^2$，重盐碱的可分批分次的施入。化学方法改良土壤只能是局部（表层）的和短期的，一旦草苗出土成坪后，表层盐害也会自动减轻。

 ## 5.3 草坪的建植

5.3.1 土地整理

草坪建植，首先要根据草坪的类型来进行地形整理，例如自然式游憩草坪，地形可以适当的起伏，而规则式的草坪则要求地形平整，但要有一定的坡度（一般情况下为 $0.3\%\sim0.5\%$），以利于排水。

草坪建植地土壤土层的厚度应至少达到 40cm，有条件的可以加深土层。首先要将土层全面翻耕至少 30cm 左右，并捡出瓦砾石块等杂物。视土壤状况，结合翻耕施入足量的腐熟有机基肥，然后耙细、整平、压实，但要切忌图一时的省工，而不全面翻耕，在简单推平后随即播种，这样的草坪往往会生长不良，比较容易造成秃斑累累的现象，而且难以补救。另外，在整地时还要彻底杀灭地下害虫、杀灭杂草，必要时还要进行全面的土壤消毒。

在土地整理的过程中，应当同时铺设供电线路、给排水管道、自动喷头以及草坪灯等。草坪灯从电源来说大体有两类，一类是由交流电作为电源，而另一类则是以太阳能作为电源，就是现在推广的太阳能地插式草坪灯。这种草坪灯常设置在观赏草坪中，适合于城市广场上的绿化、住宅小区绿地、别墅庭院花园、企事业单位以及大专院校的绿地和旅游开发区的草坪装饰和照明用，可以随意地插入所需的草坪、绿地或是沙滩等地，不仅使用非常方便，而且也能节约能源。

在一些绿化环境中，还可以在园路旁的绿地或草坪内设置音箱，该音箱要求造型小巧、别致，可以播放轻音乐，音量可大可小，在一般情况下播放的音量较小。而当人们走近，距此音箱大约2m 时，便可听到轻音乐，使人的心情欢畅，进入一种优雅的环境之中。在必要时，使用音箱还可向以人们传达一些信息。

如果想要在荒芜多年或是撂荒多年的土地上建设绿地或草坪，但由于多年杂草丛生，在整理土地时如果不能彻底地清除杂草，建成绿地或是草坪后会隐患无穷。若要想彻底地清除杂草，可以采用除草剂。

5.3.2　草坪种植

5.3.2.1　播种繁殖

（1）播种法　新鲜的草籽可以直接播种，播种时间春、秋两季皆可。秋播可以避免春季、夏季杂草的侵袭，秋播的草籽经过一个冬季的生长发育，来年可以提高与杂草的竞争能力，到播种后第二年的冬季即可初步成坪。特别是冷季型的草种更适合于秋播。如要尽快成坪，则播种量宜多不宜少。一般情况下是使用播种器播种，应当力求均匀。在播种前一日，视土壤的墒情，需要灌足底水，播后需覆盖薄土，然后用滚筒进行滚压。为了保持土壤的湿润，其上亦可覆盖上草苦子，待出草苗基本齐整后，再逐渐撤除。以后视情况的需要，进行日常以养护管理。

在播种时，可以播单一种草种，形成纯一草坪，亦可以两三种草种按一定比例进行混播，就形成混合草坪。草坪混播草种组合应当符合性状互补的原则，重点要依据成坪的速度、生长的速度、耐阴性、抗病性、绿色期等指标来进行组合。这些草种优势互补，不仅能够延长草坪的绿色观赏期，而且还能提高草坪的使用效果和保护功能，例如将夏季耐热的和冬季耐寒的草种混合、耐践踏的和耐修剪的草种混合、细叶的草种和宽叶的草种混合等，都能够起到更好的效果。

（2）三维植被网播种法　本法适合于公路、铁路和江河堤岸的护坡绿化。护坡绿化的方法主要有石驳拱圈植草法、空心混凝土预制块植草法和三维植被网植草法三种方法。其中三维植被网植草法成本低，生态效益好。

采用三维植被网植草，首先除了要进行坡面清杂整平和必要的土壤处理外，主要的是使用三维植被网，其网格规格是 6cm×6cm 或是 8cm×8cm，网厚 1.5cm×1.8cm，网幅宽 20～40m。具体在施工时，可以根据实际的长度到厂家定做所需要的尺寸。将裁剪后的三维植被网平铺于坡面上，以专用钢钉来固定网的一边后用力拉网将网眼充分地张开，使三维网网格的立体性充分地体现出来，再用专用钢钉沿着网的四周按照 1m 间距来进行固定，如图 5-1 所示。上述工作完成之后，再进行坡顶、坡脚处的收边即进一步加固，有条件的可以将上下边缘多余部分的网边用泥土盖住并压紧。然后就可用播种机或是手工撒播草籽入三维植被网格中，一般采用高羊茅

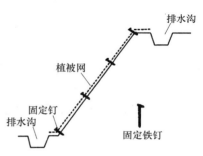

图 5-1　三维植被网固定示意

35g/m² ，也可选用狗牙根，待秋季再补播多年生的黑麦草，以此保证四季常绿。在播种后，要将种植土均匀地撒入三维网格内，然后用无齿耙拉平、镇压，之后浇水。在浇水时，要用洒水车高压水枪呈水雾状进行喷洒，不可以直接冲洗，应当使泥土充分湿润，直至出苗。

（3）草籽喷播法　草籽喷播法是利用专用的草坪喷播机去喷播草籽而建植草坪的一种方法。将草坪种子与纸浆纤维、复合肥料、防土壤侵蚀剂、保水剂、染色剂和水等一同放入草坪喷播机的料罐中，经过充分地均匀混合成浆状后再经过高压泵的作用，将混合物通过输送管的喷头均匀地喷洒在坪床上的一种草坪建植的技术措施。喷播技术是集合机械能、生物能、化学能于一体的科技含量很高的一种建植技术，它一次性完成混种、播种、覆盖等各项工序，提高了草坪建植的速度和质量。喷播法主要是用于城市大面积草坪、高尔夫球场草坪、运动场草坪以及难以进行施工的陡坡地区中的草坪建植。

（4）铺植生带法　所谓植生带，就是指采用自动化设备将精选

的草坪种子和肥料均匀地"播种"到两层无纺布的中间，并用黏合剂滚压胶结复合而成，一般的规格为宽 1m、长 100m（这样的一卷质量约为 7kg）或是宽 2m、长 100m。将植生带铺在整平的种植地上，每隔一定的距离就使用"n"形钉来进行固定，经过覆土、碾压、喷水、保湿，很快便可以整齐、均匀地出苗，形成幼苗坪，这就是铺植生带法。实际上，铺植生带法还是属于播种繁殖的范畴之内的。植生带是由工厂来生产的，要注意生产日期，种子是否新鲜、发芽能力的强弱等因素。若这些都能够保证的话，铺植生带法比直接播种法有一定的优越性，但成本稍高一些。植生带中的大部分物质在腐烂之前，有利于保湿和控制杂草的发生，而在腐烂之后，可以成为肥料被吸收和利用。

5.3.2.2 营养繁殖

（1）铺设草皮块法　铺设草皮块法是将已经生长成坪的草皮，用专用的起草皮机，铲起厚度约为 3cm 的草坪宽带，再切成 30cm×30cm 或是其他规格的方块，运送到整理好的场地进行铺设。它的优点是能够很快地成坪。在铺栽草块时，块与块之间应当保留 1cm 的间隙，以防止遇水膨胀、边缘重叠不平的情况。铺后用滚筒进行滚压，然后浇水，以后每周进行浇水一次，直到草坪能够正常生长为止。

现在，市场上推出了室内或室外生产的地毯式无土草坪，在运输、铺设上更加方便。

（2）分株法　对于丛生、分蘖性较强的草类，可采用此法，例如细叶结缕草、莎草、苔草等。首先将草丛刨起，一簇一簇地将它们整理好后，再按照一定的株行距进行行栽或穴栽即可。栽后要浇水保湿。此法应当适当加大密度，否则成活后容易造成不均匀的状况。

（3）撒茎法　具有匍匐茎或根状茎的草类，可采用此法，例如狗牙根、野牛草、假俭草、结缕草、匍匐剪股颖等。首先将草丛的匍匐茎或是根状茎刨起，再将其切成 5～10cm 的有节小段，然后将其均匀地撒播在已经整平、耙细的土面上，随即进行均匀覆土、镇压、浇水等动作，以后每日早晚均需喷水，直到生根发芽。此法在春、秋两季均可进行。

对于建植镶花草坪，可以先按设计的要求将需点缀木本植物例如金叶女贞、紫叶小檗等，或是草本植物例如韭兰、葱兰、红花酢浆草、石蒜等的地域，进行放样栽植，然后在其余的地域进行种植或铺植草坪。这里应当要强调的是，在点缀的木本或草本植物与草坪之间应选用植物隔离板进行隔离。因为如果不用植物隔离板进行隔离的话，往往草坪中草生长会延伸至点缀的植物丛里面，而且没办法进行修剪，就会显得杂乱无章，这将大大降低景观效果，因此要加以注意。

6 园林花卉栽植

花卉的栽植与整形

6.1.1　花卉的栽植技术

6.1.1.1　种子直播

　　种子直播大都选用于草本花卉。首先要做好播种床的准备。

　　① 在预先已经深翻、粉碎和耙平的种植地面上铺设上 8～10cm 厚的配制营养土或是成品泥炭土，然后稍压实，并用板刮平。

　　② 用细喷壶在播种床的床面浇水，要一次性的浇透。

　　③ 小粒种子可以撒播，大、中粒种子可以采取点播。如果种子较贵或是较少应当点播，这样出苗后的花苗长势好。点播时，要先横竖划线，在线的交叉处播种。也可以条播，条播可以控制草花猝倒病的蔓延。此外，在斜坡上大面积地播花种也可以采取喷播的方法。

　　④ 精细播种，用细沙性土或是用草炭土将种子覆盖。覆土的厚度原则上是种子粒径的 2～3 倍。为掌握厚度，可以用适宜粗细的小棒放置于床面上，覆土的厚度只要和小棒平齐即能达到均匀、

合适的覆土厚度。覆好后拣出木棒，轻轻地刮平即可。

⑤ 秋播花种，应当注意采取保湿保温措施，在播种床上进行覆盖地膜。例如晚春或是夏季的播种，为了降温和保湿，应当薄薄盖上一层稻草，或者用竹帘、苇帘等进行架空，用于遮阳。待出苗后再撤掉覆盖物和遮挡物。

⑥ 对床面撒播的花苗，为培养壮苗，应当对密植苗进行间苗的处理，间密留稀，间小留大，间弱留强。

6.1.1.2　裸根移植

花卉的移栽可以扩大幼苗的间距，促进根系发达，防止徒长。因此，在园林花卉的种植中，对于比较强健的花卉品种，可以采用裸根移植的方法来进行定植。但常用草花会因植株小、根系短而娇嫩，移栽时稍有不慎，即可能造成失水死亡。因此，在花卉、特别是在对草本花卉进行裸根移植时，应当注意以下几点要求。

① 在移植的前两天应当先将花苗充分灌水一次，让土壤有一定湿度，以便起苗时容易带土、不至于伤根。

② 花卉裸根移植应当选择阴天或是傍晚时间进行，便于移植缓苗，并随起随栽。

③ 起苗时应当尽量保持花苗的根系完整，用花铲尽可能带土坨掘出。应选择花色纯正、长势旺盛、高度相对一致的花苗来进行移栽。

④ 对于模纹式花坛，栽种时应当先栽中心部分，然后向四周退栽。如果属于倾斜式花坛，可按照先上后下的顺序来进行栽植；宿根、球根花卉与一、二年生草花混栽者，应当先栽培宿根、球根花卉，后栽种一、二年草花；对于大型花坛可分区、分块地进行栽植，尽量做到栽种的高矮一致，自然匀称。

⑤ 栽植后应当稍镇压花苗根际，使根部与土壤充分密合；浇透水使基质沉降至实。

⑥ 如遇高温炎热天气，要遮阳并适时喷水，保湿降温。

6.1.1.3　钵苗移植

草花繁殖常选用穴盘播种，长到4～5片叶后移栽钵中，分成品或是半成品苗下地栽植。这种工艺移植成活率比较高，而且无需经过缓苗期，养护和管理也比较容易。

钵苗移植方法与裸根苗相似，在具体移栽时还应注意以下几点。

① 成品苗在栽植前要选择规格统一、生长健壮、花蕾已经吐色的营养钵培育苗，而且运输必须采用专用的钵苗架。

② 栽植可以采用点植，也可选择条植；挖穴（沟）的深度应比花钵略深；栽植的距离则视不同种类植株的大小及用途而定。在钵苗移栽时，要小心脱去营养钵，植入预先挖好的种植穴内，尽量要保持土坨不散；用细土堆于根部，并轻轻压实。

③ 在栽植完毕后，应当以细孔喷壶浇透定根水。保持栽植基质的湿度，进行正常养护。

6.1.1.4　球根类花卉种植

球根类花卉大都花茎秀丽、花多而艳美、花期较长，在花坛、花境布置中应用得十分广泛。

球根类花卉一般都采用种球栽植，不同品种栽植要求略有些差别。

① 球根类花卉的培育基质应当松散而有较好的持水性，常用加有1/3以上草炭土的沙土或是沙壤土，提前施好有机肥。可以适量加施钾、磷肥。栽植密度可按设计要求来实施，按成苗叶冠大小来决定种球的间隔。按点种的方式进行挖穴，深度宜为球茎的1～2倍。

② 种球埋入土中，围土压实，种球芽口必须朝上，覆土厚度约为种球直径的1～2倍。然后喷透水，使土壤和种球充分接触。

③ 球根类花卉在种植后水分的控制必须适中，因生根部位于种球底部，所以要控制栽植基质水分不能过湿。

④ 如果属于秋栽品种，在寒冬季节，还应当覆盖地膜、稻草等物保温防冻。当嫩芽刚出土展叶时，可施一次腐熟的稀薄饼肥水或是复合肥料，现蕾初期至开花前的期间应施1～2次肥料，这样可以使花苗生长健壮、花大色艳。

6.1.2　花卉的整形技术

在花卉栽培中经常会采用人为的机械处理措施来控制株型，以收取更佳的观赏效果、控制花期或是种实的产量和质量。常用的措施有摘心、修剪、摘叶、摘花与摘果、抹芽去蕾、绑扎支缚和人工造型等方式。

（1）摘心、打头　摘心、打头可以消除顶端优势，促进侧芽、侧枝的生长发育，增加花枝数量，使植株矮化，株型更加丰满、更加圆整；也有抑制生长、推迟开花的作用。但是，当花穗长大或是自然分枝能力较差的花卉就不宜摘心打头，例如鸡冠花、三色堇、凤仙花、翠菊等。

（2）修剪　修剪这种整形方式在枝条坚硬的木本花卉整形中常用，分疏剪和短截两种方式，如图 6-1、图 6-2 所示。疏剪主要是为了去除病枝、虫枝、重叠枝、过密枝、细弱枝、徒长枝以增加内部通光透风量，使枝条分布均匀，养分集中在有效的枝条上，有利于花株的生长和开花，能使枝叶生长充实健壮，花多、花大而色艳；短截则主要是为了截短大部分枝条以促进萌发新枝，从而保持住一定的株型。此外，大苗或是大树在移栽时也常用到修剪。

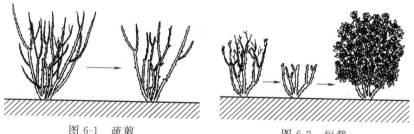

图 6-1　疏剪　　　　　　　　　图 6-2　短截

（3）摘叶、摘花、摘果　摘叶是指摘除生长已老化、徒耗养分的叶片以及影响花芽光照的叶片。摘花是指摘除残花和生长过多以及有碍观赏的花朵。摘果是指摘除过多而不需要的幼果，以保证子实的数量与质量。

（4）抹芽、去蕾　抹芽是指将枝条上部发生的幼小侧芽抹除，避免生出过多的侧枝，以免阻碍到通风和透光，还可以集中养分而提高开花质量。去蕾是指在花蕾形成后为保证主要花蕾的营养而剥去侧蕾，从而保证了花大色艳，提高花株的品质质量。

（5）绑扎支缚　对于花枝比较柔软、易弯曲或是倒伏，或是茎秆细长质脆，或是花朵非常大与数量较多的花卉，在栽培管理中通常要进行绑扎支缚，尤其在盛花期，以保持其良好的形态，例如大花牡丹、惠兰、独头大菊花（即品种菊）等。

（6）造型　造型主要是指利用盘曲、修剪、绑缚、嫁接等手段，按照栽培使用者预先设计好的造型方案来进行机械改造而成为各种几何图案或是动物形状。

6.2　花期控制方法

6.2.1　生长期控制法

在花卉栽培中是可以通过控制播种期、种植期、萌芽期、上盆期等来控制花期的。一般通常情况下早播种、早栽种的花卉植物开花早。例如四季秋海棠播种后 12～14 周即可开花；风信子、水仙的花芽分化完成后，冬季水养的时间先后就决定了其开花时间的先后。根据这一原则，通常会采取分批种植、分批播种来达到分批开花、分期应用的目的。例如万寿菊春播可以用于"五一"布置花坛；夏播则可以在"十一"期间应用。唐菖蒲 3 月栽种可以在 6 月开花，7 月栽种在 10 月开花，正因为这样，唐菖蒲、百合等一年四季都有花上市。

6.2.2　温度调控法

温度调控法包括提高温度和降低温度两种。对于冬性花卉、春季开花的低温温室花卉、原产暖温带和热带、亚热带的性喜温暖的花卉以及经过低温休眠的露地花木，通常会采用提高环境温度的方法来加速生长，从而使得花期提前。但对于各种耐寒性花卉、阴性宿根花卉、球根花卉以及木本花卉这几种花卉而言，可以在春季回暖之前对尚未解除休眠的花株给予 1～4℃ 的低温处理，则可以延长花期。此外，为了延长开花期，在花蕾形成或是初开时，给予低温处理，可以推迟开花并能延长开花期。一般常用的处理温度有 5℃、10℃ 和 12℃ 三种。

6.2.3　光照处理法

光照处理法主要包括缩短光照时间、延长光照时间、控制光照强度、昼夜颠倒处理以及用人工光照中断黑夜等几种方式。例如在香石竹、月季、茉莉等栽培中常在花开之后做部分遮阳处理，以减弱光照强度，从而达到延长开花期的目的。

6.2.4　水肥控制法

对于具有经常开花习性的花卉来说，若在开花末期及时进行剪除残花败叶，并施肥给水，就可以延缓它的衰老，并促进其再度开花，从而延长观赏期，例如高山积雪、凤仙花、一串红等。但是，一定要注意所施用肥料配比的适宜。

6.2.5　植物生长调节物质处理法

这是一种新型的花期调节手段。在花卉的栽培中的应用较多、效果较好的是赤霉素（GA_3 等）、矮壮素（CCC）、乙烯利等。例如牡丹、芍药，在用 $500\sim1000\mu g/g$ 的赤霉素点浸其休眠芽，可以促进其萌发，几天即可萌发。若是将赤霉素点在花蕾上还可以增强花蕾的生长势，使花朵增大，并且有利于第二次开花。

6.2.6　机械处理控制法

在花卉的栽培中也常用摘心、打顶、摘蕾、摘叶、抹芽、修剪、环割、嫁接等措施来控制花株的生长速度，在花期上也能起到一定程度的调节作用。如一串红、万寿菊、大丽花、孔雀草、矮牵牛等，在栽培中常采用摘心或是摘除嫩茎等机械处理方式来延缓开花，也有利于提高开花品质。

花坛栽植施工

6.3.1　花坛施工准备

在开辟花坛之前，一定要先整地，将土壤深翻 $40\sim50cm$，挑出当中的草根、石头及其他杂物。如果栽植深根性花木，还要翻得更深一些；如果土质很坏，则应当全都换成好土。要根据需要，施加适量肥性平和、肥效长久、经充分腐熟的有机肥作底肥。

为便于观赏和有利于排水，花坛表面应当处理成一定坡度，可以根据花坛所在位置来决定坡的形状，若是从四面观赏，可以处理成尖顶状、台阶状、圆丘状等形式；如果只是单面观赏，则可以处理成一面坡的形式。

花坛的地面应当高出所在地平面，尤其是当四周地势较低之处更应该如此。同时，应做边界，以固定土壤。

6.3.2 花坛栽植施工

6.3.2.1 定点放线与图案放样

种植花卉的各种花坛（花带、花境等），应当按照设计图进行定点放线，在地面准确地画出位置、轮廓线。而面积较大的花坛，可以选用方格线法，按照比例放大到地面。

在放样时，若要等分花坛表面，可以从花坛的中心桩牵出几条细线，分别拉到花坛边缘的各处，用量角器确定各线之间的角度，这样就能够将花坛表面等分成若干份。以这些等分线作为基准，比较容易放出花坛面上对称、重复的图案纹样。而有些比较细小的曲线图样，可以先在硬纸板上放样，然后将硬纸板剪成图样上的模板，再依照模板把图样画到花坛土面上。

6.3.2.2 花坛边缘石砌筑

（1）基槽施工 沿着已有的花坛边线开挖边缘石基槽；基槽的开挖宽度应当比边缘石基础宽 10cm 左右，深度则可以在 12～20cm。槽底土面要进行整平、夯实；有松软处还要进行加固，不得留下不均匀沉降的隐患。在砌基础之前，槽底还应当做一个 3～5cm 厚的粗砂垫层，作基础施工找平用。

（2）矮墙施工 边缘石多是以砖砌筑 15～45cm 高的矮墙，其基础和墙体可以选用 1：2 水泥砂浆或是 M2.5 混合砂浆砌 MU10

标准砖做成。当矮墙砌筑好之后，要回填泥土将基础埋上，并夯实泥土。再用水泥和粗砂配成1：2.5的水泥砂浆，对边缘石的墙面进行抹面，抹平即可，但不可以抹光。最后，按照设计，用磨制花岗石石片、釉面墙地砖等贴面装饰，或者用彩色水磨石、干粘石等方法来饰面。

（3）花饰施工　对于设计有金属矮栏花饰的花坛，应当在边缘石饰面之前安装好。矮栏的柱脚要埋入边缘石，并用水泥砂浆浇筑固定。待矮栏花饰安装好之后，才进行边缘石的饰面工序。

6.3.2.3　栽植施工

（1）起苗

① 裸根苗。应随栽随起，并尽量保持根系完整。

② 带土球苗。如果花圃土地干燥，应当事先灌水。起苗时要保持土球完整，根系丰满；如果土壤过于松散，可以用手轻轻地捏实。在起苗后，最好于阴凉处囤放一两天，再运苗去进行栽植。这样，既可以保证土壤不松散，又可以缓缓苗，有利于苗的成活。

③ 盆育花苗。在栽时最好将盆退去，但应当保证盆土不散。也可以连盆一起栽入花坛。

（2）花苗栽入花坛

① 一般花坛。如果小花苗就具有一定的观赏价值，可以将幼苗直接定植，但应当保持合理的株行距；甚至还可以直接在花坛内直接播花籽，在出苗后及时地进行间苗管理。这种方式既省人力、物力，而且也有利于花卉的生长。

② 重点花坛。一般应事先在花圃内培育苗。待花苗基本长成后，于适当的时期，选择符合要求的花苗，栽入花坛内。这种方法虽然比较复杂，各方面的花费也较多，但是可以及时发挥效果。

宿根花卉和一部分盆花，也可以按照上述方法来进行处理。

（3）栽植方法

① 在从花圃挖起花苗之前，应当先灌水浸湿圃地，起苗时根土才不易松散。同种花苗的大小、高矮应当尽量保持一致，过于弱

小或是过于高大的都不要选用。

② 花卉栽植时间，在春、秋、冬三季基本上没有限制，但夏季的栽种时间最好选在上午 11 时之前和下午 4 时以后，因为要避开太阳的曝晒。

③ 当花苗运到后，应当即时栽种，不要放了很久才栽。在栽植花苗时，一般的花坛都从中央开始栽，等到栽完中部图案纹样后，再向边缘的部分扩展栽下去。在单面观赏花坛中进行栽植时，则要从后边栽起，逐步栽到前边。当宿根花卉与一二年生花卉进行混植时，应先种植宿根花卉，后种植一二年生花卉；对于大型的花坛，宜分区、分块地进行种植。若是模纹花坛和标题式花坛，则应当先栽模纹、图线、字形，后栽底面的植物。在栽植同一模纹的花卉时，若植株稍有高矮不齐的现象，应当以矮植株为准，对于较高的植株则栽得深一些，以保持顶面的整齐。立体花坛在制作模型后，要按照上述方法种植。

④ 花苗的株行距应当随植株大小高低而确定，以成苗后不露出地面为宜。植株小的，株行距可以为 15cm×15cm；而植株中等大小的，可以为 20cm×20cm 至 40cm×40cm；对较大的植株，则可以采用 50cm×50cm 的株行距，五色苋及草皮类植物是覆盖型的草类，可以不用考虑株行距，密集铺种即可。

⑤ 栽植的深度，对于花苗的生长发育有着很大的影响，若栽植过深，花苗根系就生长不良，甚至会腐烂死亡；若栽植过浅，则不耐干旱，而且容易倒伏。通常情况下栽植深度以所埋之土刚好与根茎处相齐为最好。而球根类花卉的栽植深度，应当更加严格掌握，一般覆土厚度应该为球根高度的 1～2 倍。

⑥ 在栽植完成后，要立即浇一次透水，使花苗根系与土壤密切接合，并应当保持植株的清洁。

7 园林立体绿化工程

 垂直绿化工程

7.1.1 垂直绿化的形式

垂直绿化的形式有很多，在选择植物材料时首先应当充分利用当地植物资源，这不仅因为从生态的适应性而言，这些植物最适于本地生长，而且从园林的艺术角度上考虑，极易形成地方特色。

7.1.1.1 棚架式

棚架式的绿化在园林中可以单独使用，也可以用作由室内到花园的类似建筑形式的过渡物，一般是以观果遮阳为主要目的。卷须类和缠绕类的攀缘植物，木质的例如猕猴桃类、葡萄、五味子类、木通类、山柚藤、菝葜类、木通马兜铃等，草质的例如西番莲、蓝花鸡蛋果、观赏南瓜、观赏葫芦、落葵等均可以使用。花格、花架、绿亭、绿门一类的绿化方式也属于棚架式的范畴，但在植物的材料选择上应当偏重于花色鲜艳、枝叶细小的种类，例如铁线莲、三角花、双蝴蝶、蔓长春花、探春等。部分蔓生的种类也可以用作棚架式，例如木香和野蔷薇及其变种七姊妹、荷花、蔷薇等，但前期应当注意设立支架、人工绑缚以帮助其攀附。

7.1.1.2　凉廊式

凉廊式绿化是以攀缘性植物覆盖长廊的顶部以及侧方，从而形成绿廊或是花廊、花洞。应当选择生长旺盛、分枝力强、叶幕浓密而且花朵秀美的种类，一般情况下多用木质的缠绕类和卷须类的攀缘植物。因为廊的侧方多设有格架，不必急于将藤蔓引至廊顶，否则容易造成侧方的空虚。在北方则可选用紫藤、金银花、南蛇藤、木通、太行铁线莲、蛇葡萄等落叶种类，在南方则有三角花、鸡血藤、炮仗花、常春油麻藤、龙须藤、使君子、红茉莉、串果藤等多种可供应用。

7.1.1.3　篱垣式

篱垣式主要是用于矮墙、篱架、栏杆、铁丝网等处的绿化，以观花为主要目的。由于一般高度有限，所以对植物材料的攀缘能力的要求不太严格，几乎所有的攀缘植物均可以用于此类的绿化，但不同的篱垣类型也各有适宜材料。铁丝网、竹篱、小型栏杆的绿化以茎柔叶小的草本种类为宜，例如牵牛花、香豌豆、月光花、倒地铃、打碗花、海金沙、金钱吊乌龟等植物，在背阴处还可以选用瓜叶乌头、荷包藤、两色乌头、竹叶子等植物；而普通的矮墙、钢架等可以选植物更多，例如蔓生类的野蔷薇、藤本月季、云实、软枝黄蝉，缠绕类的使君子、金银花、探春、北清香藤，具卷须的炮仗藤、甜果藤、大果菝葜，具吸盘或是气生根的五叶地锦、蔓八仙、凌霄等植物都十分适合。

7.1.1.4　附壁式

附壁式绿化只能选用吸附类攀缘植物，是可以用于墙面、裸岩、桥梁、假山石、楼房等设施的绿化。较粗糙的表面可以选择枝叶较粗大的种类，例如有吸盘的爬山虎、崖爬藤，有气生根的薜荔、珍珠莲、凌霄、常春卫矛、钻地枫、海风藤、冠盖藤等植物；而表面光滑、细密的墙面例如马赛克贴面则适宜选用枝叶细小、吸附能力强的种类例如络石、石血、紫花络石、小叶扶芳藤、常春藤等。在华南地区，在阴湿环境中还可以选用蜈蚣藤、崖角藤、量天尺、绿萝、球兰等植物。

7.1.1.5 立柱式

随着城市的建设，各种立柱如电线杆、灯柱、高架桥立柱、立交桥立柱等不断增加，它们的绿化已经成为垂直绿化的重要内容之一。另外，在园林中一些枯树如果能加以绿化也可以给人一种枯木逢春的感觉。从一般的意义上讲，缠绕类和吸附类的攀缘植物均适用于立柱式绿化，可以选用五叶地锦、常春油麻藤、常春藤、木通、南蛇藤、络石、金银花、南五味子、爬山虎、软枣猕猴桃、蝙蝠葛、扶芳藤等耐阳种类。一般对于电线杆及枯树的绿化，可以选用观赏价值比较高的如凌霄、络石、素方花、西番莲等。植物材料适宜选用常绿的耐阳种类例如络石、扶芳藤、常春藤、南五味子、海金沙等，以防止内部空虚的状况，影响到观赏效果。

7.1.2 垂直绿化的植物配置

（1）景观协调 应用攀缘植物来造景时，要考虑其周围的环境进行合理配置，在色彩和空间大小、形式上协调要一致，并努力实现品种丰富、形式多样的综合景观效果。

（2）丰富观赏效果 草、木本应当混合地进行播种，例如地锦与牵牛、紫藤与茑萝。以丰富季相变化、远近期结合。开花品种与常绿品种相结合。包括攀援植物的叶、花、果、植株形态等合理搭配，能够丰富观赏效果。

（3）配置形式多样

① 点缀式。点缀式是以观叶植物为主，点缀观花植物，以实现色彩的丰富性。例如在地锦中点缀凌霄，在紫藤中点缀牵牛等。

② 花境式。花境式是几种植物的错落配置，观花植物中穿插着观叶植物，呈现植物的株形、姿态、叶色、花期各异的观赏景致。例如大片地锦中有几块爬蔓月季；杠柳中有茑萝、牵牛等。

③ 整齐式。整齐式体现出有规则的重复韵律和同一的整体美，

成线成片，但是花期与花色不同。如红色与白色的爬蔓月季、紫牵牛与红花菜豆、铁线莲与蔷薇等。应力求在花色的布局上达到艺术化，创造出美的效果。

④ 悬挂式。在攀缘植物覆盖的墙体上悬挂应季花木，以达到丰富色彩，增加立体美的效果。需用钢筋焊铸花盆套架，并用螺栓固定，托架形式应当讲究艺术构图，花盆套圈的负荷不宜过重，应当选择适应性强、管理粗放、见效快、浅根性的观花、观叶的品种。在布置上要简洁、灵活、多样，富有特色（例如早小菊、红鸡冠、紫叶草、石竹等）。

⑤ 垂吊式。在立交桥顶、墙顶或平屋檐口处，放置种植槽（盆），种植花色艳丽或是叶色多彩、飘逸的下垂植物，让枝蔓垂吊于外，这样既充分利用了空间，又美化了环境。可以选用单一品种，也可以选用季相不同的多种植物混栽。例如凌霄、木香、蔷薇、地锦、紫藤、菜豆、牵牛等。容器底部应设有排水孔，式样轻巧、牢固，不怕风、雨的侵袭。

7.1.3 垂直绿化前的准备

7.1.3.1 基本准备

垂直绿化施工前应当实地了解土质、水源、攀缘依附物等情况。若依附物表面光滑，则应当设牵引铅丝。

木本类的攀缘植物应当栽植 3 年生以上的苗木，宜选择生长健壮、根系丰满的植株。从外地引入的苗木应当仔细检疫后再使用。草本类的攀缘植物应备足优良种苗。

在栽植前应整地翻地且深度不少于 40cm，石块、砖头、瓦片、灰渣过多的土壤应当在过筛后再补足种植土。如果遇到含灰渣量很大的土壤，筛后不能使用时，要清除 40～50cm 深、50cm 宽的原土，且要换成好土。在墙、围栏、桥体及其他构筑物或是绿地边种植攀缘植物时，种植池宽度应不少于 40cm。地形起伏时应当分段整平，以利于浇水。

在人工叠砌的种植池内种植攀缘植物时，种植池的高度不宜低于 45cm，内沿宽度应当大于 40cm，并要预留排水孔。

7.1.3.2 各种垂直绿化栽植前准备

（1）墙面绿化 爬附能力较强的地锦、岩爬藤、凌霄、常春藤等常被作为绿化材料。表面粗糙度大的墙面有利于植物的爬附，垂直绿化容易取得成功。当墙面太光滑时，植物不能爬附墙面，就只能在墙面上均匀地钉上水泥钉或是膨胀螺钉，用铁丝贴着墙面拉网，以供植物攀附。

在墙脚留种植带或是建种植槽，种植带宽度常为 50～150cm，土层厚度在 50cm 以上；种植槽的宽度为 50～80cm，高 40～70cm，槽底每隔 2～2.5m 留出 1 个排水孔。

种植土宜选用疏松肥沃的壤土。

（2）阳台绿化 阳台绿化一般采用比较灵活的盆栽或是花槽栽植方式。盆栽主要是布置在阳台栏板顶上，一定要有围护的措施。花槽要注意底部钻若干孔眼，以排除多余的水分，防止植物根系的腐烂。

花槽、花盆装土不要太满，应留有 1～2cm 余边，防止溢水，也便于疏松土壤。

（3）棚架 在花架边上栽植藤本植物或是攀援植物，种植穴应当确定在花架柱子的外侧，穴深为 40～60cm，穴径为 40～80cm，穴底垫 1 层基肥并覆盖上 1 层壤土，然后再栽种植物。

当不能挖种植穴时，也可以在花架边缘用砖砌槽填土，种植槽净宽度为 35～100cm，深度不限，但槽顶与槽外地平之间的高度应当控制在 30～70cm。种植槽内所要填土壤，一定要是肥沃的栽培土。

7.1.4 垂直绿化栽植

7.1.4.1 栽植季节

大部分木本攀缘植物应当在春季栽植，且要在萌芽前栽完。落叶树种在春季解冻后，发芽前或是秋季落叶后、冰冻前栽植；常绿植物栽植在春季解冻后，发芽前或是在秋季新梢停止生长后、降霜前进行。

为特殊需要，雨季可以少量的栽植，应采取先装盆，或是强修剪、起土球、阴雨天栽植等措施。

7.1.4.2 栽植间距

① 根据品种、大小及要求见效的时间长短，来确定栽植间距，一般间距宜为 40～50cm。

② 墙面贴植，间距宜为 80～100cm。

③ 垂直绿化材料要靠近建筑物的基部栽植。

7.1.4.3 栽植方法

① 按照种植设计所确定的坑（沟）位，定点、挖坑（沟），坑（沟）穴应当四壁垂直、低平，坑径（或沟宽）大于根径 10～20cm。不得采用一锹挖一个小窝，将苗木根系外露的栽植方法。栽植工序应当紧密衔接，要做到随挖、随运、随种、随灌，裸根苗不能长时间曝晒或是长时间脱水。

② 栽植穴大小要根据苗木的规格来确定，一般情况下为长 20～35cm，宽 20～35cm，深 30～40cm。在栽植前，可以结合整地向土壤中施基肥。肥料应当选择腐熟的有机肥，每穴施 0.5～1.0kg。将肥料与土拌匀，然后施入坑内。

③ 在运苗前需验收苗木，对于太小、干枯、根部腐烂等植株不可以进行验收装运。将苗木运至施工现场后，若不能立即栽植，应先用湿土假植。假植超过两天时应进行浇水管护。苗木的修剪程度视栽植时间的早晚确定，栽植早宜留蔓长，栽植晚则宜留蔓短。

④ 苗木在摆放时应将较多的分枝均匀地与墙面平行放置，在栽植时的埋土深度应比原土痕深约 2cm。埋土时应当舒展植株根系，并分层踏实。栽植后需要做树堰，树堰应当坚固，用脚踏实土埂，以防出现跑水。在草坪地栽植攀缘植物时应当先起出草坪。

⑤ 苗木在栽植后应当随即浇水，次日再复水一次，两次水均要浇透。在第二次浇水后要进行根际培土，要做到土面平整、疏松。

7.1.4.4 枝条固定

在栽植无吸盘的绿化材料时，应当予以牵引和固定。固定植株枝条应根据长势分散固定。固定点位置可以根据植物枝条的长度和硬度来定。枝条应当紧靠墙面贴植，并剪去内向、外向的枝条，保存可以填补空档的枝条，要按照主干、主枝、小枝的顺序来进行固定，固定好后还要修剪平整。

 ## 7.2 屋顶绿化工程

7.2.1 屋顶绿化的形式

现在，屋顶绿化一般有简单式和花园式两种形式。

7.2.1.1 简单式屋顶绿化与轻型简单式屋顶绿化

利用低矮灌木或是草坪、地被植物来进行屋顶绿化，一般不设置园林小品等设施。通常情况下，不允许非维修人员进入的屋顶绿化区域的绿化，为简单式屋顶绿化，又称为地毯式屋顶绿化。现状建筑静荷载大于等于 $100kg/m^2$ 而小于 $250kg/m^2$ 的，皆可以进行简单式屋顶绿化。简单式屋顶绿化所用植物的基质厚度要求为 $20\sim50cm$，以低成本、低养护为原则，所用植物的滞尘和控温能力要强。依据建筑自身条件，应尽量达到植物种类多样，绿化层次丰富，生态效益突出的效果。这种屋顶绿化造价较低，目前大约为 $200\sim300$ 元/m^2。

有人认为原先的建筑没有考虑到屋顶绿化这个问题，是不能搞绿化的。这类屋顶称为轻型屋顶，也就是现状建筑静荷载一般小于 $100kg/m^2$，然而佛甲草轻型屋顶绿化却解决了这个问题。轻型屋顶绿化种植的植物材料为佛甲草或是垂盆草等景天科景天属的一些植物。这些植物极耐干旱和高温又抗低温，无需厚的基质就可以种植。以每立方米土重 2t 计，一般情况下屋顶只能放置 5cm 左右的土层，种植佛甲草等已经足够了，每平方米增加负荷小于 40kg，适用于现有的各类轻型屋顶的绿化，而且无需对屋顶进行特殊处理，只要是不渗水的屋顶都可进行，一次建植立即成景，而且根系无穿透力，基本无需管理可自生自繁。当建成后，在不浇水、不修剪、不施肥、不除草等情况之下，也能保持常年景观效果。如果稍加进行管理，景色会更好。为了解决其色彩单调的问题，可于生长季节种植马齿苋科的有艳丽花朵的草花，以增加色彩效果。

7.2.1.2　花园式屋顶绿化

　　根据屋顶的具体条件，选择配置小型乔木、低矮灌木和草坪、地被植物进行屋顶绿化，并同时设置园路、座椅和园林小品等，能够提供一定的游览和休憩活动空间的较为复杂的绿化，被称为花园式屋顶绿化。如果要进行花园式屋顶绿化，在进行建筑设计时就应当统筹考虑，以满足不同绿化形式对于屋顶荷载和防水的不同要求。建筑静荷载≥250kg/m² 的现状建筑，根据具体的情况，可以考虑进行花园式屋顶绿化。其内容主要有，通过适当的微地形处理，以植物造景为主，采用乔、灌、草相结合的复层植物配置方式，并有适量的乔木、园亭、花架、山石等园林小品，以产生较好的生态效益和景观效果。而乔木、园亭、花架、山石等较重的物体应当设计在建筑承重墙、柱、梁的位置之上，以有利于荷载安全。花园式屋顶绿化植物基质厚度要求≥60cm。但是这种形式的屋顶绿化造价较高，目前单价大约为 500～800 元/m²。

7.2.2　屋顶绿化植物种类的选择

　　（1）要选择耐旱、抗寒性强的矮灌木和草本植物　由于屋顶绿化夏季的气温高、风大、土层保湿性能差，冬季则是保温性差，因而应当选择耐干旱、抗寒性强的植物为主要绿化植物，同时，因为考虑到屋顶的特殊地理环境和承重的要求，所以应当注意多选择矮小的灌木和草本植物，以有利于植物的运输、栽种和管理。

　　（2）要选择阳性、耐瘠薄的浅根性植物　屋顶绿化大部分地方为全日照直射，光照的强度大，所以植物应当尽量选用阳性植物，但是在某些特定的小环境中，例如花架下面或是靠墙边的地方，日照时间就比较短，可以适当选用一些半阳性的植物种类，以丰富屋顶花园的植物品种，屋顶的种植层较薄，所以为了防止根系对屋顶建筑结构的侵蚀，应当尽量选择浅根系的植物。因施用肥料会影响周围环境的卫生状况，故而屋顶绿化应当尽量选择种植耐瘠薄的植物种类。

（3）要选择抗风、不易倒伏、耐积水的植物　在屋顶上空风力通常与地面相比比较大，特别是在雨季或有台风来临时，风雨交加对植物的生存危害最大，再加上屋顶种植层薄，土壤的蓄水性能差，一旦下暴雨，较易造成短时积水，故应当尽可能地选择一些抗风，不易倒伏，同时又能耐短时积水的植物。

（4）要选择以常绿为主，冬季能够露地越冬的植物　营建屋顶绿化的目的是为了增加城市的绿化面积，美化"第五立面"，所以屋顶绿化的植物应当尽可能以常绿为主，适宜用叶形和株形秀丽的品种，为了使屋顶绿化能够更加绚丽多彩，体现绿化的季相变化，还可以适当栽植一些色叶树种；另外在条件许可的情况下，可以选择布置一些盆栽的时令花卉。

（5）要尽量选用乡土植物，可以适当引种绿化新品种　乡土植物对当地的气候有着高度的适应性，在环境相对恶劣的屋顶绿化，选用乡土植物来进行种植有事半功倍之效，同时考虑到屋顶绿化的面积通常较小，为将其布置得较为精致，可以选用一些观赏价值较高的新品种，以此来提高屋顶绿化的档次。

7.2.3　屋顶绿化种植区构造层

屋顶绿化种植区构造层由下至上分别由原屋顶、防水层、分离滑动层、隔根层、排（蓄）水层、隔离过滤层、基质层、植被层八个部分组成，如图 7-1 所示。

7.2.3.1　屋面防水层

在屋顶绿化之前应当进行防水检测。在进行施工时，首先要将屋顶清理干净，平整顶面，有龟裂或者是凹凸不平的地方应当先修补平整，并及时进行补漏，如果必要则需进行二次防水处理。应当选择耐植物根系穿刺的防水材料，在铺设防水材料应当向建筑侧墙面延伸，并且要高于基质表面 15cm 以上。

如果原屋顶为预制空心板情况的应当先在其上铺三层沥青、两层油毡，避免渗漏现象的发生。

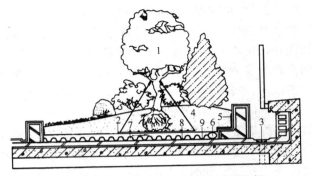

图 7-1 屋顶绿化种植区构造层剖面示意

1—乔木；2—地下树木支架；3—排水口；4—基质层；5—隔离过滤层
6—渗水管；7—排（蓄）水层；8—隔根层；9—分离滑动层

7.2.3.2 分离滑动层

一般情况下会采用无纺布或是玻纤布等材料，用于防止隔根层和防水层材料之间粘连。分离滑动层搭接缝的有效宽度宜达到 10～20cm，并应向建筑侧墙面延伸 15～20cm 的距离。

7.2.3.3 隔根层

一般情况下有橡胶、合金、PE（聚乙烯）和 HDPE（高密度聚乙烯）等几种材料类型，用来防止植物的根系穿透防水层。隔根层应当铺设在排（蓄）水层下，搭接宽度应不小于 100cm，并同时向建筑侧墙面延伸 15～20cm。

7.2.3.4 排（蓄）水层

排（蓄）水层的作用主要是吸收种植层中渗出的降水，并继续将其排到排水装置中，同时可以防止其阻塞后变得潮湿。

一般包括排（蓄）水板、陶粒（在荷载允许时使用）与排水管（在屋顶排水坡度较大时使用）等不同的排（蓄）水形式，用于改善基质的通气状况，迅速排出多余的水分，有效缓解瞬时压力，并可以蓄存少量的水分。

排（蓄）水层铺设在过滤层下，应当向建筑侧墙面延伸至基质表层下方5cm处。屋顶绿化排（蓄）水板的铺设方法如图7-2所示。

在施工时，应当根据排水口设置排水观察井，并定期检查屋顶排水系统的通畅情况；及时清理枯枝落叶，防止排水口堵塞造成壅水倒流。

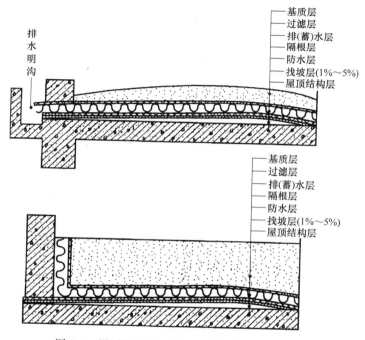

图 7-2　屋顶绿化排（蓄）水板的铺设方法示意

注：挡土墙可砌筑在排（蓄）水板上方，多余水分可通过排（蓄）水板排至四周明沟。

在大部分时候，如果所用的材料可以贮存水，那么排（蓄）水层就很容易被根系穿透。

（1）由天然矿物质制成的排（蓄）水层　全部多孔的天然石，例如砂砾和碎石，都适合用于屋面的绿化，因为这种材料的密度较高，几乎不贮藏水，除此之外，还应当附加一个保护层。

（2）由组合矿物质制成的排（蓄）水层　这些排水建筑材料一般由添加有机材料的黏土烧制而成，它们孔隙体积大，但由于其密度较低，所以特别适合作为排（蓄）水层，特别是在排水量大和降水多的地区，大多采用它们来作为排（蓄）水层。

（3）由矿质再循环材料所制成的排（蓄）水层　在进行屋面绿化的时候，应该有节制地使用天然资源，因为天然资源是有限的。如果使用一些建筑或是工业废料来代替天然资源，在达到预期目的的基础之上，同时也可以节约开支。

在用渣滓做排（蓄）水层材料时，要使用多孔材料，例如火力发电厂的渣滓相应的粒度组成就比较合适。如果单从贮水能力来看，应当选用破碎的材料，例如垃圾焚化炉的渣滓，由于其成分上的原因，所以就很适于屋顶绿化。

泡沫玻璃仅能吸收少量的水分，所以属于最轻的排水建筑材料，非常适合用于较小的净荷载，也可以用来做植物生产平面的模型。在用泡沫玻璃做排（蓄）水层时，还具有了一定的保温功能，可以作为衬垫的下部结构来使用。

（4）由塑料制成的排（蓄）水层　通常用出售的塑料制成的垫和板吸水能力都比较小，而且主要是由再循环材料所组成。而与矿质松散材料不同的是，排（蓄）水层的厚度是取决于产品的加工厚度。塑料排水建筑材料很容易加工，还可以起到一定的保温作用，而贮水的作用很小，几乎是可以忽略的。

7.2.3.5　隔离过滤层

过滤层的任务是滤除被水从种植层冲走的泥沙，因此，过滤层除了具有保证排水层的功能之外，还具有防止排水管泥沙淤积的功能。过滤层在一般情况下采用的是既能透水又能过滤的聚酯纤维无纺布等材料，用于阻止基质进入排水层。隔离过滤层是铺设在基质层下，搭接缝的有效宽度应当达到10～20cm宽，并应向建筑侧墙面延伸至基质表层下方5cm处。

（1）由纺织品制成的过滤层　此种纺织品主要来自聚丙烯或聚酯，它们是通过热或者机械的加工而形成毛垫。这种毛垫通常情况下具有很强的渗透性和根系穿透性，并且很耐用，由于根系的穿透作用，所以就会有新的缝隙在毛垫上产生。

（2）由有机材料制成的过滤层 当在农田和体育场建筑上进行屋顶绿化时，可以使用有机材料作为过滤层，可以选择使用稻壳、椰壳纤维和有机废料，它们能有效地发挥作用。

这样的有机材料在开始时防止淤积很好，但是在以后由于淤泥阻塞会使透水性下降，对此，可以通过矿化作用来使有机物质分解，以便能产生新的空隙，而且可以逐渐通过泥浆物质形成新的矿质过滤层。

7.2.3.6 基质层

基质层是指能够满足植物生长条件，并具有一定的渗透性能、蓄水能力和空间稳定性的轻质材料层。基质主要包括改良土和超轻量基质两种类型，其中，改良土是由田园土、排水材料、轻质骨料和肥料混合而成的；而超轻量基质则是由表面覆盖层、栽植育成层和排水保水层三部分所组成。

屋顶绿化基质荷重应当根据湿密度来进行核算，不宜超过$1300kg/m^3$。常用的基质类型和配制比例参见表 7-1 中的内容，但也可以在建筑荷载和基质荷重允许的范围内，根据实际酌情来进行配比。

表 7-1 常用基质类型和配制比例参考

基质类型	主要配比材料	配制比例	湿密度/(kg/m³)
改良土	田园土,轻质骨料	1:1	1200
	腐叶土,蛭石,沙土	7:2:1	780～1000
	田园土,草炭,(蛭石和肥)	4:3:1	1100～1300
	田园土,草炭,松针土,珍珠岩	1:1:1:1	780～1100
	田园土,草炭,松针土	3:4:3	780～950
	轻砂壤土,腐殖土,珍珠岩,垤石	2.5:5:2:0.5	1100
	轻砂壤土,腐殖土,垤石	5:3:2	1100～1300
超轻量基质	无机介质	—	450～650

注：基质湿密度一般为干密度的 1.2～1.5 倍。

7.2.3.7 植被层

植被层是指通过移栽、铺设植生带和播种等形式种植的各种植物，主要包括小型乔木、灌木、草坪、地被植物、攀缘植物等几类。对于植被层的要求较多，首先要满足植物生长的条件，例如贮水能力、孔隙容积和营养物质，还要保证有很好的渗透性，以便在强降水时不至于淹没表面。另外，还需要有一定的空间稳定性，即要有一个长期充分的根生长空间。屋顶绿化植物种植方法如图7-3、图 7-4 所示。

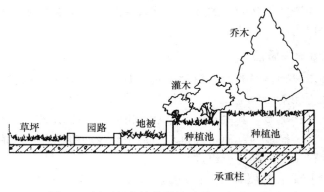

图 7-3　屋顶绿化植物种植池处理方法示意

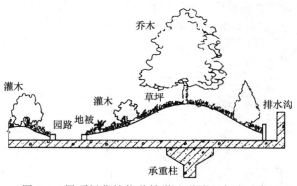

图 7-4　屋顶绿化植物种植微地形处理方法示意

7.2.4　屋顶绿化施工

7.2.4.1　顶绿化种植

屋顶绿化种植是指在建筑物荷载允许范围内进行绿化种植，并应符合下列规定。

① 应当具有良好的排灌系统，不得导致建筑物漏水或渗水。

② 应当采用轻质栽培基质，冬季应当有防冻措施。

③ 绿化种植材料应当选择适应性强、耐旱、耐贫瘠、抗风、喜光、不易倒伏的植物。一般情况下选择姿态优美、矮小、浅根性花灌木与球根花卉。

④ 种植植物的容器适宜选用轻型塑料制品。

7.2.4.2　屋顶绿化施工

① 在紧贴屋顶，应当垫一层 3～7cm 厚度的排水层，排水层一般采用透水的粗颗粒材料，如蛭石、炉炭渣、粗沙等平铺而成，并且在其上面还要铺一层玻璃纤维布和塑料窗纱网，来作为滤水层。在滤水层上，就可填入栽培基质。栽培基质，一般情况下多采用人工配制，可以选择用一份壤土、一份多孔页岩沙土和一份腐殖土混合的混合土，也可以用腐熟过的锯末或是蛭石等。

② 要施用足够的有机肥作为基肥，必要时也可以进行追肥，草坪每年需要覆 1～2 次肥土，肥土是用一份壤土和一份腐殖土混合晒干后打碎而成的，然后用筛子均匀地筛撒在草坪上。

③ 给水的方式可以分为土下给水和土上表面给水两种。一般草坪和较矮的花草可以用土下管道给水，利用水位调节的装置把水面控制在一定位置，并利用毛细管原理以保证花草水分的需要；土上给水可以采用人工喷浇，也可以采用自动喷水器，依土壤湿度的大小来决定给水的多少。要特别注意土下排水必须要保持流畅，绝不能在土下局部积水，以免植物受涝。

7.3　城市桥体绿化工程

7.3.1　桥体种植

桥侧面的绿化类似于墙面的绿化。桥体绿化植物的种植位置主要是在桥体的下面或者是桥体的上面。在建设桥梁和道路时，可以在高架路或者立交桥体的边缘预留狭窄的种植槽，填上种植土，藤本植物可以在其中生长，其枝蔓从桥体上垂下，由于枝条自然下垂，基本不需要各种固定方法。

另外的种植部位是在沿桥面或者是高架路下面种植藤本植物，在桥体的表面上则设置一些辅助设施，钉上钉子或者是利用绳子牵引，让植物从下往上地攀缘生长，这样也可以覆盖整个桥的侧面，这类绿化常用一些吸附性的藤本植物。对于那些没有预留种植池的高架桥体或者是立交桥体，可以在道路的边缘或者是隔离带的边缘设置种植槽。

桥体绿化还可以在桥梁的两侧栏杆基部进行设置花槽，种上木本或草本攀缘植物，例如蔷薇、牵牛花或者金银花等，使植物的藤蔓沿栅栏缠绕生长。由于铁栏杆要定期进行维护，所以这种绿化方式对铁栏杆不适用，而适用于钢筋混凝土、石桥以及其他用水泥建造的桥栅栏。

在桥面两侧栏杆的顶部设计长条形小型花槽，长 1m，深 30～50cm，宽 30cm 左右。主要是用于栽种草本花卉和矮生型的木本花卉，如一年或是多年生草本花卉、矮生型的小花月季或是迎春、云南迎春等中小灌木，这种绿化方式特别适用于钢筋混凝土的桥体。

7.3.2 桥侧面悬挂

在一些过街天桥和立交桥上，由于桥体的下方是和桥体交叉的硬化道路，没有能够让植物生存的土壤，而桥下又不能设置种植池，对这类桥梁的绿化可以采取悬挂和摆放的形式来进行。在桥梁的护栏上设置活动种植槽，并把它固定在栏杆上，也可以在护栏的基部上设置种植池或者是种植槽。在种植池内种植地被植物，而在种植槽内种植一些垂枝的植物，让植物的枝条自然下垂。植物材料的选择要考虑到种植环境，采用植物的抗性要强。另外也可以采取摆放的方式来进行绿化，在天桥的桥面边缘设置固定的槽或者平台，并在上面摆设一些盆花。可以在桥面配置开花植物，但要注意避免花色与交通标志的颜色混淆，应当以浅色为好，既不会刺激驾驶员的眼睛，也可以减轻司机的视觉疲劳。

7.3.3 桥体立体绿化

高架路众多的立柱为桥体垂直绿化提供了许多可以利用的载体。高架路上有各种立柱，例如电线杆、路灯灯柱和高架路桥柱，另外立交桥的立柱也在不断增加，它们的绿化已经成为垂直绿化的重要内容之一。绿化效果最好的是边柱、高位桥柱以及车辆较少的地段。从一般的意义上来讲，吸附类的攀缘植物最适于立柱造景，不少缠绕类植物也可以应用此方法。上海的高架路立柱主要是选用五叶地锦、常春油麻藤、常春藤等，另外，还可以选用木通、南蛇藤、络石、金银花、爬山虎、蝙蝠葛和小叶扶芳藤等耐阴植物。

在进行柱体绿化时，对那些攀缘能力强的树种可以任其自由地攀缘，而对吸附能力不强的藤本植物，则可以在立柱上用塑料网和铁质线围起来，让植物沿网自行攀爬。对处于阴暗区的立柱的绿化，还可以采取贴植方式，例如用 3.5～4m 以上的女贞或是罗汉松。因为考虑到塑料网的老化问题，为了达到稳定依附的目的，可以在立柱顶部和中部各加一道用铁质线编结的宽 30cm 的网带。铁质线是外包塑料的铁丝，相对来说具有较长的使用寿命。

7.3.4 中央隔离带绿化

在大型的桥梁上通常建造有长条形的花坛或是花槽，可以在上面栽种园林植物，例如黄杨球，还可以间种美人蕉、藤本月季等作为点缀。也有在中央隔离带上设置栏杆的情况，可以种植藤本植物任其攀缘，这样既可以防止绿化布局呆板，又可以起到隔离带的作用。中央隔离带的主要功能就是防止夜间灯光炫目，并起到诱导视线以及美化公路环境、提高车辆行驶的安全性和舒适性、缓和道路交通对周围环境的影响以及保护自然环境和沿线居民的生活环境的作用。

中央隔离带的土层一般情况下比较薄，所以在绿化时应该采用那些浅根性的植物，同时植物必须具有较强抗旱、耐瘠薄能力。

7.3.5 桥底绿化

立交桥部分桥底部也需要绿化，但因光线不足，干旱，所以栽植的植物必须要具有较强的耐阴、抗旱、耐瘠薄能力，常用的植物有八角金盘、桃叶珊瑚、各种麦冬等耐阴性植物。

8 园林绿化植物养护管理

 园林树木的养护管理

8.1.1 水肥管理

8.1.1.1 喷水保湿

（1）喷水时间　宜在早 10 时前或是在下午 4 时后进行。

（2）喷水量　喷水时水量不宜过大，但要求雾化程度高，喷到为至。为防止喷水后树穴土壤过湿，喷水时也可以在树穴上覆盖塑料布或是厚无纺布，防止水大而导致烂根。如因喷水不当而造成树穴土壤过湿时，应当适时地进行开穴晾坨。

（3）喷水方式　在喷水时不可以近距离管口直冲树冠，应当尽可能将水管举高，让水成雾状落下，以免对幼嫩枝叶造成伤害，特别是在常绿针叶树种新梢伸展时，例如云杉、雪松等，不正确的喷水方式常常会发生苗木落梢、落叶等状况。

8.1.1.2 灌水

灌水也是绿化植物养护的重要环节之一。灌水不足常常会导致苗木萎蔫,当严重缺水时苗木即死亡。但灌水过多或是长时间土壤过湿,是造成苗木不生新根或是烂根死亡的主要原因。灌水次数和灌水量,应当视苗木耐旱能力、不同季节、不同气候条件、不同土质和不同生长发育时期对水的需求量而定。

(1) 根据不同苗木生长习性

① 一般浅根性、花灌木及喜湿润土壤植物,灌水次数应当比深根性及耐旱树种要多些,例如枫杨、花叶芦竹等应当适当地保持土壤湿润。而耐旱类,如枣树、旱柳、金叶莸、扁担木、沙枣等,可以适当减少灌水次数和灌水量。

② 枫杨、红瑞木等,在缓苗期内表土需要保持适当潮湿。

(2) 根据不同季节和气候的条件 例如在干旱少雨季节应当及时灌水,以保证植物的正常生长。当进入雨季时,可以减少灌水次数和灌水量,如遇大旱之年,也应当及时进行补水。

(3) 根据苗木不同的发育时期 苗木在萌芽展叶时、枝叶旺盛生长时,是其营养生长期,需水量较大,所以应当及时地灌水,保证土壤水分的充分供应。而在花芽分化期、果实膨大期,是苗木生殖生长期,也应当及时适量地进行灌水。

(4) 根据不同土质 黏质土的保水性强,但排水困难,在灌透水后应当控制灌水,以避免土壤湿度过大而导致烂根。沙质土的保水性差,所以水流失严重,每次应灌大水,并且灌水次数应当增多。盐碱土在返盐季节要灌大水、灌透水,在小雨过后补灌大水,避免返盐及次生盐渍化。

(5) 适时灌水 在定植后,应当根据苗木需水的情况,视天气及土壤干湿的程度,适时开穴进行灌水。通常新栽植乔木类需要连续灌水 3~5 年,而灌木类则需要 5 年。

8.1.1.3 施肥

苗木在生长发育的过程中,需要消耗肥力,而适时补肥是保证苗木健壮生长的重要环节。为降低养护成本,不施肥或是少施肥,常会导致苗木生长势衰弱、易遭受病虫的危害和观赏效果差。

(1) 叶面追肥

① 需要进行叶面追肥的类别。在大树移植的初期，未经提前断根处理以及不耐移植的苗木，生长势较弱的落叶大乔木和常绿阔叶树属于这一类别。

② 肥液种类以及浓度

a. 乔灌木类喷施磷酸二氢钾、磷酸二铵等，浓度适宜 0.1％～0.3％，尿素 0.2％～0.5％。

b. 常绿针叶树喷洒 0.1％～0.2％硫酸铜。

③ 追肥时期。依据树势可以使用单肥或是速效复合肥，追肥时间要巧，应当在植物需肥前喷施。

a. 果树类追肥应当在开花前、花期、花后、壮果期进行。而做好花前、花后的追肥，有利于果实发育和提高坐果率。

b. 反季节移植大规格苗木，在栽植一个月后即可进行。

c. 未经提前断根处理的大规格苗木，在展叶后可以进行追肥。

④ 叶面追肥的注意事项。叶面喷施浓度要适宜，不可以过大或是过小，以免造成叶面灼伤或是肥效不佳。喷施宜选择无风的晴天或是阴天，在清晨无露水或是傍晚时进行，严禁在强光照射时、大风天气、雨前进行施肥。

（2）土壤施肥

① 施肥时期。基肥为腐熟的厩肥、堆肥、鸡粪、人粪尿、绿肥等迟效性有机肥，过磷酸钙（80～100g/m²）、氯化钾（30～50g/m²）可以作为基肥与有机肥进行混合使用。基肥需要提前施用，通常多在休眠期或是发芽前施入。

② 施肥方法。可以采用环状施肥、放射状施肥、条沟状施肥、穴施、撒施、水施等方式来进行。

③ 施肥注意事项

a. 不要过量施肥，不能施用未经腐熟的有机肥，以免对植物发生肥害，并减少地下害虫的危害。

b. 施肥范围和深度。应当根据肥料的性质、树龄以及树木根系分布特点而定。有机肥应当埋施在距根系集中分布层稍深、稍远的地方，过近施肥会造成"烧根"的现象。

c. 施肥应当与深翻、灌水相结合，施肥后必须及时进行灌水。

d. 树木生长后期应当控制灌水和施肥，以免造成枝条徒长，降低抗寒的能力。若乔灌木类土壤施速效肥，最晚应当在 8 月上旬前结束。

④ 不同类型树种施肥

a. 乔木类。绿地内大树以及景区内不便于采用穴施和沟施的，可以采用打孔施肥和树穴透气管的方式来进行灌施。在树冠投影的位置，打 4～6 个深度 50～70cm 的孔，将肥料灌入孔内，然后灌水。

b. 花灌木类。要施好花前肥和花后肥，以促进花芽健康分化、开出大花、开出标准花。

c. 果树类。在 10 月中旬，苹果树、梨树、桃树、杏树等果树，每株应当施入 40kg 的腐熟有机肥、0.5kg 的碳酸氢铵混合肥；而枣树则于秋冬季节，采用环状沟施有机肥 30kg/株、磷肥 0.5kg/株；柿树施肥适宜在 3 月或是 10 月，以果实采摘前施入有机、无机混合肥为最好的时机。

8.1.2 中耕除草

（1）中耕　中耕是指采用人工方法促使土壤表层松动。它可以增加土壤的透气性，促进肥料的分解，并有利于根系生长；中耕还可以切断土壤表层的毛细管，增加孔隙度，以减少水分的蒸发和增加透水性。

园林绿地需要经常进行中耕，尤其是街头的绿地、住宅小区的绿地和小游园等，因为游人多，而土壤受践踏会板结，所以久而久之，就会影响树木的正常生长。中耕深度要依栽植树木而定，浅根性的中耕深度宜浅，而深根性的则宜深，通常在 5cm 以上。如果结合施肥则可以加深深度。中耕宜在晴天，或是雨后的 2～3 天进行，土壤含水量在 50%～60%时是最好。关于中耕次数：花灌木一年内至少要进行 1～2 次；小乔木一年至少要进行 1 次；大乔木要隔年 1 次。夏季中耕要结合除草同时进行，宜浅些；而秋后的中耕宜深些，可以结合施肥进行。

（2）除草　除草时要本着"除早、除小、除了"的原则。初春杂草生长就要进行铲除，但杂草种类繁多，不可能一次除尽的，所以春夏季要进行2～3次。杂草切勿让其结籽，否则翌年又会大量的滋生。

风景林或是片林内以及自然景观区的杂草，可以增加地表绿地覆盖率，使黄土不见天，并减少灰尘，减少地表径流，防止水土流失，同时也可以增加生物多样性，增添自然风韵，可以不进行除草，但要进行适当的修剪，尤其要剪掉过高的杂草，高度应保证在16～20cm之间，使之整齐美观。

选用化学除草剂除草方便、经济、除净率高，但对环境就会产生污染，所以要尽量少用。

8.1.3　防寒防冻

某些树木，尤其是南方树种北移时，难以适应种植地的气候，或是在早春树木萌发后，遭受晚霜之害，而使植株枯萎。为了防止冻害发生，常采取以下几种措施。

（1）要加强栽培管理　适量的施肥、灌水，能够增加树木抗寒能力。

（2）灌冻水与春灌　可以使土壤中有较多水分，则土温波动较小，冬季土温不致下降过低，早春也不致很快升高。在北方早春土壤解冻及时灌水，能够降低土温，推迟根系的活动期，并延迟花芽萌动和开花，以免使其受到冻害。

（3）保护根颈和根系　通常堆土要堆40～50cm高，并且要堆实。

（4）保护树干　在入冬前用要稻草或是草绳将不耐寒树木的主干包起来，包裹高度达1.5m或包至分枝处；也可以用涂白剂涂白树干，以减少树干对太阳辐射热的吸收，降低树体昼夜温差，避免树干的冻裂。

（5）包裹树冠　因为棕榈科、苏铁类等树冠不太大，并且没有分枝，可以用塑料进行包裹防冻。

（6）搭风障　对于新种植和引进树种或是矮小的花灌木，在主风侧可以搭塑料防寒棚，或用秫秸来设防风障防风。

（7）打雪　要及时打落树冠上的积雪，特别是冠大枝密的常绿和针叶树，能够防止发生雪压、雪折、雪倒，同时也可以防止树冠顶层和外缘的叶子受冻枯焦。

8.1.4　保护和修补

树体的保护应该贯彻"防重于治"的精神，尽量防止各种灾害的发生。对树体上已经造成的伤口，应该早治，防止伤口的扩大，应当根据树干上伤口的部位、轻重和特点，采用不同的治疗和修补方法。

（1）树干伤口治疗　树木的伤口包括自然灾害、机械伤害和人工修剪所形成的三类，对于树木伤口的治疗应当先用锋利的刀刮净削平伤口四周，使皮层边缘呈弧形，然后用药剂进行消毒处理。

对于修剪造成的伤口，应当先将伤口削平然后涂以保护剂。大量应用时也可以选用黏土和鲜牛粪加以少量的石硫合剂的混合物作为涂抹剂。在消毒后用激素涂剂涂在伤口表面这样可以促进伤口愈合。

对于风吹使树木枝干折裂的情况，应当立即用绳索捆缚进行加固，然后消毒并涂保护剂；而由于雷击使枝干受伤的树木，应当将烧伤部位锯除并涂以保护剂。

（2）补树洞　补树洞是为了防止树洞的继续扩大和发展，其方法主要有三种。

① 开放法。具体方法就是将洞内腐烂木质部彻底的清除干净，同时刮去洞口边缘的死组织，直至露出新的组织为止。再用药剂进行消毒并涂防护剂，同时改变洞形，也可以在树洞最下端插入排水管，以利于排水。

② 封闭法。当树洞经处理消毒后，在洞口表面钉上板条，并以油灰涂抹，再涂以白灰乳胶，倾斜粉面，以增加美感，还可以在上面压出树皮状纹或是钉上一层真树皮。

③ 填充法。填充物最好是选用水泥和小石砾的混合物，可以就地取材。填充物从底部开始，每 20～25cm 的距离为一层并用油毡隔开，每层表面都向外略斜，以利于排水。为了加强填料与木质部连接，洞内可以钉若干电镀铁钉，并在洞内两侧挖一道深约 4cm

的凹槽。填充物边缘不应超出木质部，使其形成层能在它上面形成愈伤组织，外层用石灰、乳胶、颜色粉来进行涂抹。为了增加美观，富有真实感，可以在最外面钉上一层真树皮。

（3）涂白　将树干涂白，目的是为了防治病虫害和延迟树木的萌芽，避免日灼伤害。涂白剂配制成分有很多，常用的配方是：水10份，生石灰3份，石硫合剂原液0.5份，食盐0.5份，油脂少许。在配制时要先化开石灰，把油脂倒入后充分搅拌，然后再加水拌成石灰乳，最后加入石硫合剂和盐水，也可以添加黏着剂，能延长涂白存在的时间。

 园林树木的整形修剪

8.2.1　整形修剪的作用

（1）协调比例　在园林景点中，园林树木有时起着陪衬的作用，并不需要过于高大，以突出某些建筑或是景点，或形成强烈的对比，而在园林中放任生长的树木往往树冠都比较庞大，这就必须通过整形修剪来加以控制，及时地调节树木与环境的比例，以保持树木在景观中应有的位置。在建筑物窗前布置绿化，不仅要美观大方，还要利于采光，因此常配置灌木或是通过修剪适当地加以控制。再如，在假山上配置的树木，也常通过整形修剪，来控制其高度，使其以小见大，以衬托和突出山体的高大。

另外，从树木本身上来说，往往通过整形修剪，调节树体的冠干比例，或者使各级枝序、分布、排列更加合理、更有层次，使主从关系明确，这既符合了其生长的规律，又确保了观赏的需要。

（2）景点美化的需要　应该这样说，自然生长的树形是一种自然美，应当尽量地发挥这种自然美。但是，从园林景点上来看，单纯的自然树形有时不能够满足要求，往往使树木在自然美的基础上，通过整形和修剪，创造出人工参与后的一种自然与加工相结合的新树形。例如在规则式园林中，配置的树木往往被整形修剪成规则式的形体，才能使建筑中的线条美进一步发挥出来，以达到"曲尽画意"的境界。

（3）调节矛盾　在城市中由于市政设施复杂，常会与树木发生矛盾，尤其是行道树，上面有架空线路、地面有行人车辆、下面有管道电缆等设施，为了解决这些矛盾，往往会对行道树进行整形修剪，以适应这种环境。应该说，在现代化的城市不应再有架空线路，都应当埋入地下。

原先在建设绿地时，为了尽快出绿化效果往往会密植，但是在若干年后园林树木的生长就非常拥挤了，整形修剪可以调节这一矛盾。对于主栽树种、主景树种要突出，对于临时性的填充树种则要进行控制性修剪，并加以限制。

（4）调整树势

① 控制生长。因环境的不同，园林树木的生长情况各异。孤植的树木由于周围的空间大，其生长不受影响，则树冠比较庞大，而主干就相对低矮；而生长在丛植片林中的树木，虽然同一树种、相同的树龄，但是由于生长的空间小，而接受上方光线多，往往树干高而主侧枝短，树冠瘦长。为了避免以上情况的出现，可以通过整形修剪来加以控制。

② 调整局部生长。树体上由于枝条位置的各异，枝条生长就有强有弱，通过整形修剪可以使强壮枝条转弱，同时也可以使弱枝强壮起来，以起到调整树势的作用。

对于树体上潜伏芽寿命长的衰老树木可适当地进行重剪，结合浇水、施肥，可使之萌发抽枝生长，更新复壮、返老还童。

③ 改善通风透光条件。自然生长的树木，有时枝条会过密、树冠郁闭，内膛枝细弱，以造成树冠内通风、透光差，为病虫例如蚜虫、蚧壳虫等害虫的孳生提供了条件。通过整形修剪，可以改善树冠的通风透光条件，并减少病虫害的发生，使树木健康生长。

④ 增加开花结果量。对树进行正确的修剪，可使新梢生长充实，并促进短枝和抚养枝成为花果枝，以形成较多的花芽，从而达

到花开满树、硕果丰收的目的，不仅可以增加观赏性，还有一定的经济收益。通过修剪，可以调整营养枝和花果枝的比例，并促其适龄开花结果，还可克服开花结果大小年的现象，使树体正常健康的生长。

8.2.2　整形修剪的原则

（1）依据不同树种的生长习性　不同的树种其生长习性也是不同的，因此在整形修剪时必须采用不同的措施来进行。

① 依据树冠的生长习性进行。中心干非常明显的树种，例如银杏、毛白杨等，其顶芽生长旺盛，主枝与侧枝的从属关系分明，对于这样的树种在进行整形修剪时，应当强化中心干的生长，以便于形成圆锥形、尖塔形树冠。凡是干扰中心干生长的枝条，要及早发现、及早控制。一定要避免双中心干树形的形成。而对于一些顶端生长势不太强，但发枝力很强、易于形成丛状树冠的树种，例如国槐、桂花、榆叶梅等，可整形修剪成圆球形或是半球形的树冠。一些喜光的树种，例如梅花、桃、樱花等，为了让其多开花结果，往往会采用自然开心形的整形修剪方式。再如，龙爪槐等具有开展、垂枝的习性，在进行整形修剪时，应当使其成为树冠开张的伞形，并且使其树冠不断地扩展。

常绿裸子树种除了有特殊园林用途的，一般不整形修剪或是会进行极轻微修剪。这是由于这类树种的生长习性所决定的。

② 依据树种的萌芽力和发枝力的习性来进行。具有很强的萌芽力和发枝力的树种，大都能耐多次修剪，例如悬铃木、大叶黄杨、女贞、紫薇等；而萌芽力和发枝力弱或是愈伤能力弱的树种，例如玉兰、梧桐、桂花、构骨等，则应当少进行修剪或只进行轻度的修剪。

③ 通过整形修剪调整主枝的生长势，应当按照树木主枝间生长的规律来进行。在同一植株上，主枝越粗壮那么其上的新梢就越多，则叶面积就会更多，制造有机养分、吸收无机养分的能力就越强，因而主枝生长就会更加粗壮；反之，在同一植株，主枝弱则新

梢就会比较少，同样叶面积也少，营养条件就差，而主枝生长就会越渐衰弱。若要通过整形修剪来调整各主枝间的生长平衡，则应当对强的主枝加以控制，以抚养弱的主枝。其原则是，对强主枝进行强修剪，即要留得短一些，使其开张角度要大一些；而对于弱主枝要弱修剪，即留得要长一些，使其开张角度要小一些，这样在几年之后，就可以明显地获得平衡树势的效果。

④ 通过整形修剪调整侧枝的生长势，应当按照树木侧枝间生长的规律来进行。对于调节侧枝的生长势，其原则是，对强侧枝要进行弱剪，对弱侧枝要进行强剪。侧枝是开花结果的基础，所以对强侧枝弱剪，可以适当地抑制生长而有利于养分的集中，还有利于花芽的分化，产生较多的花果，则对强侧枝产生了抑制生长的作用。对弱侧枝进行强剪，可以使养分集中，并借助顶端优势的刺激可以产生强壮的枝条，从而使弱侧枝变得强壮起来，这样就起到了调节侧枝生长的效果。

⑤ 依据不同树种的花芽和开花的习性来进行。树木的花芽有的是纯花芽，有的则是混合芽，有的花芽着生在枝条的中下部，有的则着生在枝梢，而开花有的是先花后叶，有的则是先叶后花，还有的是花叶同放等，因为这些差异，在进行修剪时应当充分地考虑，否则会造成损失。例如先花后叶的树种，其花芽的分化往往是在开花前一年的夏秋季节就开始进行了，而先叶后花的树种，其花芽分化有的则是当年进行分化的类型，因此对于它们的修剪应当采取不同的方法来进行。

⑥ 依据植株的不同年龄时期来进行。因为树木的年龄时期不同，其生长的特性就不同。树木在幼年期具有旺盛的生长能力，在此期间不宜强修剪，否则会更加促进枝条的营养生长旺盛，而抑制向生殖生长的转化，则会一再推迟开花的年龄时期。所以对于幼年树，只宜弱剪，而不可强剪。成年树正处于旺盛开花结果阶段，此阶段的树木具有优美的树形，而整形修剪的目的在于保持植株的健壮完美，使之持续地开花结果，长期繁茂，同时应当配合其他养护措施，运用修剪方法来达到调节均衡的目的。

衰老的树木，生长势衰弱，每年的生长量小于死亡量，处于向心更新加速阶段，在此期修剪应当以强剪为主，以刺激隐芽的萌发，使其恢复生长势，并且善于应用徒长枝达到更新复壮的目的，推迟衰老。一般情况下会认为，园林树木的衰老过程是可以逆转的。这是因为在早年生长的树干上所形成的潜伏芽，一旦萌发，则形成的枝条是处于幼年的阶段；而在树冠外围枝条的枝龄虽短，但是却已经处于成年、壮年阶段。这就是所谓的"干龄老、阶段幼；枝龄小，阶段老"。因此，将已衰老的树木，通过回缩重剪的方式，使其潜伏芽萌发，就可以使其衰老过程逆转，返老还童，大大延长其生长的寿命。

（2）体现园林绿化对树木的要求　同一树种有着不同的绿化目的，其整形修剪就应当不一样，否则就会适得其反。例如同为桧柏，把它配置在草坪中来孤植观赏与将其配置为绿篱，当然就会有不同的整形修剪方式；同样是大叶黄杨，配置为绿篱就应当按照绿篱的要求进行整形修剪；而配置为球状丛植的，则每株应当整形修剪成球状。

（3）依照树木生长地点具体条件　环境条件与树木的生长发育关系十分密切，因此虽然树种相同、绿化的目的相同，但是由于环境条件的不同，所以整形修剪也有所不同。在土壤肥沃处，一般情况下的树木生长成高大的自然树形，而在土壤贫瘠、土质又差的地方，树木的生长则会比较矮小，因此修剪时当降低其分枝点的高度，及早地形成树冠。但是在多风的地方，就应当通过整形修剪使树冠稀疏，并且树干高度也应当降低，以减少风灾的危害。

8.2.3　整形修剪的时期

园林植物种类有很多，习性与功能也各不相同。因为修剪的目的与性质的不同，虽然各有它相适宜的修剪季节，但总体来看，一年中的任何时候都可以对树木进行修剪，在生产实践中可以灵活掌握，但最佳时期的确定应当满足两个条件。一是不能影响园林植物的正常生长，减少营养徒耗，并要防止伤口感染。例如抹芽、除蘖宜早不宜迟；而核桃、葡萄等宜在春季伤流期前修剪完毕等。二是不影响开花结果，不能破坏原有冠形，不能降低它的观赏价值。例如观花观果类植物，应当选择在花芽分化前和花期后修剪；对于观枝类植物，为了延长它的观赏期，应当在早春芽萌动前进行修剪等。总之，修剪整形一般都是选择在植物的休眠期或是缓慢生长期来进行的，一般是以冬季和夏季修剪整形为主。

（1）休眠期修剪（冬季修剪）　落叶树从落叶开始到春季萌发前的这段时间，树木生长停滞，树体内营养物质大都回流到根部贮藏，所以修剪后养分的损失最少，并且修剪的伤口不易被细菌感染而导致腐烂，对树木生长影响较小，大部分树木的修剪工作都选在这个时期内进行。而热带、亚热带地区原产的乔、灌观花植物，无明显的休眠期，但是从 11 月下旬到第二年 3 月初的这段时间内，它们的生长速度也有明显的缓慢，有些树木也会处于半休眠状态，因此这时也是进行修剪的适宜时期。

冬季修剪的具体时间应当结合当地的寒冷程度和最低气温来决定，有早晚之分。如在冬季严寒的地方，修剪后伤口容易受冻害，则适宜选在早春来进行修剪；对于一些需要保护越冬的花灌木，应当在秋季落叶后立即进行重剪，然后埋土或是卷干。而在温暖的南方地区，在进行冬季修剪时期，自落叶后至翌春萌芽前都可进行，因为伤口虽不能很快愈合，但也不至于受到冻害。对于有伤流现象的树种，务必在春季伤流期前进行修剪。冬季修剪对树冠构成、枝梢生长、花果枝的形成等有着重要作用，一般都会采用截、疏、放等方法。

（2）生长期修剪（夏季修剪）　这个时期的花木枝叶茂盛，会影响树体内部通风和采光，所以需要进行修剪。一般情况下会采用抹芽、除蘖、环剥、扭梢、摘心、曲枝、疏剪等修剪方法。

常绿树无明显的休眠期，在春夏季可以随时的修剪生长过长或是过旺的枝条，使剪口下的叶芽萌发。常绿针叶树选择在 6～7 月进行短截修剪，还可以获得嫩枝，以供扦插繁殖。

对于一年内多次抽梢开花的植物，开花后要及时修去花梗，以便使其抽发新枝，开花不断，延长观赏期，例如紫薇、月季等观花植物；而草本花卉为使其株形饱满，抽花枝多，要反复地摘心；观叶、观姿类的树木，如若发现扰乱树形的枝条就要立即剪除；棕榈等，则应当及时将破碎的枯老叶片剪去；绿篱的夏季修剪，既要保持整齐美观，同时又要兼顾截取插穗。

8.2.4 整形修剪的方法

8.2.4.1 疏剪

疏剪就是将枝条自基部分生处剪去，如图 8-1～图 8-3 所示。疏剪，首先是剪去病虫枝、内膛密生枝、干枯枝、并生枝、伤残枝、交叉枝、衰弱的下垂枝等几种类型。特别是对于多年生的大树，会出现一些枯枝的要及时地将枯枝疏除，以免这些枯枝掉落而砸伤人员。疏剪不仅可以调节枝条分布均匀，适当加大空间，还可以改善树冠内的通风透光，有利于花芽分化。

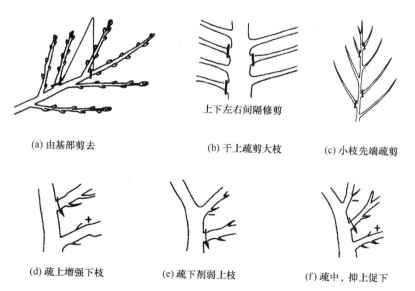

(a) 由基部剪去   (b) 干上疏剪大枝   (c) 小枝先端疏剪

(d) 疏上增强下枝   (e) 疏下削弱上枝   (f) 疏中，抑上促下

图 8-1　疏剪（一）

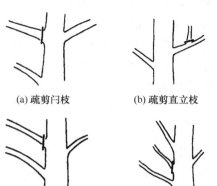

(a) 疏剪闪枝　　　　(b) 疏剪直立枝　　　　(c) 疏剪轮生枝

(d) 疏剪平行枝　　　　(e) 疏剪中间枝　　　　(f) 疏剪倒逆枝

图 8-2　疏剪（二）

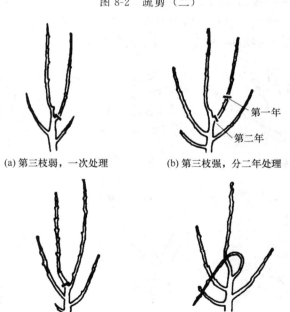

(a) 第三枝弱，一次处理　　　　(b) 第三枝强，分二年处理

(c) 第三枝弱，换头　　　　(d) 将竞争枝或原头弯枝处理

图 8-3　疏剪（三）

疏剪以强度来分类，可以分为：

① 轻疏，疏去全树枝条的 10% 左右；

② 中疏，疏去全树枝条的 10%～20%；

③ 重疏，疏去全树枝条的 20% 以上。

疏剪的强度应当以树种、生长势、树龄等因素而定。萌芽力、成枝力都强的树种，可以多疏，例如悬铃木。而对于萌芽力强、成枝力弱或是萌芽力、成枝力都弱的树种则应当少疏。对于油松等松类树种，以及具有主枝轮生特性的树木，每年发枝数量都很少，除为了抬高分枝点以外，应当不疏或者是少疏。

通常，通过疏剪只能是使树冠的枝条越来越少，因此，对幼树适宜轻疏，以促进树冠迅速扩大，并且对于花灌木则有利于提早形成花芽。成年树在已经进入生长与开花的盛期，为了调节营养生长与生殖生长的关系，促进年年有花有果，可以适当地中疏。而衰老的树木，发枝力弱，则应当尽量不疏剪。

8.2.4.2 短截

短截就是从一年生枝条上选留一合适的侧芽，并将芽上面的枝端部分剪去，使枝条的长度缩短，以刺激侧芽萌发的剪枝方法。短截还能够刺激剪口以下的芽萌发，以抽生新梢，增加枝量，使其多长叶、多抽枝、多开花。短截因为减去枝条的长短不同，可以分为以下几种。

（1）轻短截 大约要剪去枝条全长的 1/5～1/4，即轻剪枝条的顶梢部分，可以刺激其下部多数半饱满的芽萌发，这样就分散了枝条的养分，以促进产生较多的中短枝，易于形成花芽。轻短截主要适用于花果类树木强壮枝条的修剪。

（2）中短截 大约要剪去枝条全长的 1/3～1/2，即剪到枝条的中部或中上部饱满芽处为止，以刺激多发枝形成营养枝。中短截主要适用于各种树木培养骨干枝和延长枝，以及一些弱枝的复壮上。

（3）重短截 大约要剪去枝条全长的 2/3～3/4，即剪到枝条的下部半饱满芽处为止，由于剪去枝条的大部分，因此刺激作用比较大。重短截主要适用于老树、衰弱树以及老弱枝的更新复壮。

（4）极重短截 在春梢的基部只留2～4个瘪芽，其余的都要剪去，以能够萌发2～4个短枝或是中枝。对紫薇的修剪常应用此法。

（5）缩剪 又叫作回缩修剪，就是将多年生的枝组剪去一部分。树木多年生长，往往会基部光秃，为了使顶端优势的位置往下移，促成多年生枝的基部更新复壮，经常采用缩剪的方法来进行修剪，如图8-4、图8-5所示。

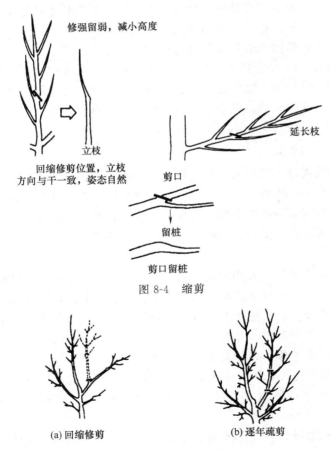

图 8-4 缩剪

图 8-5 多年生竞争枝的处理

8.2.4.3 创伤

用各种方法对强壮的枝条进行创伤，同时削弱受伤枝条的生长势，以达到缓和树势的作用，这种方法叫创伤。创伤主要分为以下几类。

（1）刻伤 往往是在春季萌芽前，用刀在芽的上方横刻一刀深达木质部，此方法称为刻伤。这样可以阻止养分向上的输送，可以使位于伤口下方的芽能够有充足的养分，这样有利于这些芽的萌发和抽生新梢。这种方法对于伤口下的第一个芽刺激最为明显。

刻伤在观赏树木中应用较为广泛，使用此法可以用于纠正偏冠、缺枝等现象，想让哪个芽萌发生长，就对其上部进行刻伤，以刺激萌发抽枝。

（2）环状剥皮 对于营养生长旺盛的枝条，为了抑制其营养生长，促其开花，往往会在生长期，用刀在枝干或是枝条的基部适当部位，剥去适当宽度的环状树皮，这种做法就叫环状剥皮。环状剥皮要深达木质部，剥去的宽度应当以一个月内伤口能够愈合为准度，通常为枝粗的1/10左右为适宜。但环状剥皮不宜过多，否则会影响到树木正常生长。

（3）折梢和扭梢 在生长的季节内，将新梢折伤而不折断就是折梢；将生长过旺的枝条，在中上部位扭曲下垂就是扭梢。折梢和扭梢其实就是伤其木质部而不使树皮断开，其作用是阻止养分、水分向生长点的输送，削弱枝条的生长势，有利于形成短花枝，以促进多开花。

8.2.4.4 改变

改变就是改变枝条的生长方向，以缓和或是增强其生长势的方法，如向下拉枝条、抬高枝条或是圈枝等，其作用主要是改变枝条生长的方向与角度，使顶端优势转位，或者削弱或者加强其生长势。抬高枝条，有利于加强生长；拉低枝条或是将枝条圈起来，则利于削弱生长。削弱之后可以形成较多的短枝，这样有利于花芽的形成，形成短花枝。

8.2.4.5 摘心与剪梢

摘心是在生长期中摘去枝条顶端的生长点，而剪梢是指剪截已

  木质化的新梢。摘心、剪梢可以促生二次枝，加速扩大树冠，也可以起到调节生长势，促进花芽分化的作用，如图 8-6 所示。

(a) 摘心前　　　(b) 摘心后

图 8-6　摘心

8.2.5　整形修剪的方式

8.2.5.1　自然式整形修剪

在自然界中，各种树木都有一定的树形，或者应该这样说，自然树形就能够充分体现自然美，如图 8-7 所示。以自然生长形成的树冠形状为基础，以该树种的分枝习性作为前提，对树冠的形状只是做辅助性的调整，使之能够更好地形成其自然的树形，这种方式称为自然式整形修剪。这种整形修剪的前提是要维护其自然树形，对于一切不利于其自然树形的枝条要加以限制。

图 8-7　自然式修剪

在进行整形修剪时，要依照不同的树形灵活掌握。对于因各种原因产生的扰乱自然树形的竞争枝、过密枝、徒长枝、并生枝、内膛枝以及病虫枝、枯枝等，均应当及时地加以控制或是剪除，不需要做其他大的修剪，以维护自然树形的匀称生长。

而对于主干、中心干明显，干性强的树种，修剪时应当注意保护顶芽，应当使其不断延伸生长。

对于绝大多数的园林树木，都可以采用自然式来进行整形修

剪，以维护其自然树形的生长，发挥其自然树形的美。例如油松、雪松、榉树等。

8.2.5.2 人工式整形修剪

人工式整形修剪又叫规则式整形修剪，这种修剪是完全改变了树木的自然树形，可以依园林中观赏的需要，来将树冠整形修剪成各种特定的形态，整形的几何形体如正方形、球形等（如大叶黄杨等）或是不规则的形体如鸟、兽等动物的形体，以及亭、门等（如桧柏等），形成绿色雕塑。西方规则式的园林中，应用人工式整形修剪比较多而突出，如图 8-8 所示。我国园林以自然式为主，通常采取的是自然式整形修剪而不采用规则式整形修剪。

图 8-8　规则式整形修剪

8.2.5.3　自然和人工混合式

在自然式树形的基础上略加人工塑造，以符合树木生长的要求，同时又能满足人们的观赏需要，对于一些树种采取控制、限制中心主干的整形方式，例如杯状形、开心形等。这就被称为自然和人工混合式整形修剪。

（1）杯状形　此树形是仅有一段约 2.5～4m 的树干，而树冠中无中心主干，自树干的顶部分生出 3 个分布均匀的主枝，这 3 个主枝又各自分生 2 个侧枝，共计 6 个侧枝；这 6 个侧枝又各自分生出 2 个副侧枝，这样整个树冠圆周就共有 12 个分布均匀的副侧枝，形成树冠极其开张的"三股六杈十二枝"的树形，如图 8-9 所示。这种树形不仅分枝整齐、美观，而且冠内不允许有直立枝、内向枝，一经出现就必须剪除（通常在当年秋季落叶后进行剪除）。此种树形在城市行道树中以悬铃木较为常见，亦适合臭椿、栾树等树种，以解决其上空与架空电线的矛盾。但是若进行这种杯状形修剪，则需要年年修剪，而且修剪量比较大。

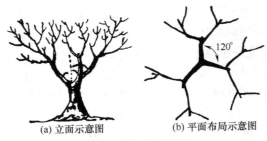

(a) 立面示意图   (b) 平面布局示意图

图 8-9   杯状形树形

（2）自然开心形　这种树形是由杯状形改进而成的。此树形也是仅有一段更短的树干约 0.5～1.5m 不等，树冠中并无中心主干，自树干上分生出的 3～5 个分布均匀的主枝延伸生长，树冠中心开展，对于内向生长的大枝要控制，在必要时可以利用背后枝开张树冠，如图 8-10 所示。园林中的碧桃、石榴、榆叶梅、梅花、桃樱花、合欢等观花果的树种大多采用此树形。

（3）尖塔形或圆锥形　这种树形近似于大多数主轴分枝式树木的自然形态，如图 8-11 所示。有明显的中心主干，且主干都是由

图 8-10   开心形

图 8-11   尖塔形

顶芽逐年向上生长而成，主干自下而上发生大多数为主枝，下部较长，逐渐向上部会依次缩短，树形外观呈尖塔或是圆锥形。

（4）圆柱形或圆筒形 这种树木体形几乎上下是一样粗，很像圆柱或是圆筒，如图 8-12 所示。与尖塔形的主要区别就是主枝长度从下向上虽有差别，但是与尖塔形相比相差甚微。

（5）合轴主干形 树木主干的顶芽自枯或是分化成花芽，而由邻近侧芽代替延长生长，以后又继续按照这种方式生长，所形成曲折的中心干（合轴分枝方式），例如悬铃木、核桃、苹果、梨树、杏、梅、紫叶李等树种均为此类，都可以培育成合轴主干形的树形，如图 8-13 所示。这种树

图 8-12 圆柱形

形应当特别强调前期中心干和各主枝的延长枝剪口芽的方向，以利于均衡的发展。

（6）圆球形（如图 8-14 所示） 高干圆球形有一高大的树干，并且树冠呈圆球形。无主干或是只具有一段极短的主干。圆球形灌丛分生多数主枝，再分生侧枝；各级主枝、侧枝均相互错落排开，叶幕较厚，所以形成圆球形灌丛，在园林中广泛应用，例如大叶黄杨、黄杨、小叶女贞、小蜡、金叶女贞以及海桐等树种均为此类。

图 8-13 合轴主干形

图 8-14 圆球形

（7）灌丛形 如图 8-15 所示，这种树形的主干不明显，每丛自基部开始就会分生多个主枝，以形成灌丛形，每年可以对其修剪去衰老主枝，以利于更新，例如紫荆、贴梗海棠、迎春、连翘以及榆叶梅等树种均为此类。

（8）自然圆头形 这种树形是指在一明显的主干上，形成的圆球形树冠，如图 8-16 所示，主要用于常绿阔叶树形的修剪。在幼苗长至一定高度时会对其进行短截，在剪口下选留 4～5 个比较强壮的枝作为主枝来进行培养，使其各相距有一定的距离，且各占一方向，避免交叉重叠生长。每年再短截这些长枝，以继续扩大树冠，在适当距离上要选留侧枝，以便充分利用空间。

图 8-15　灌丛形

图 8-16　自然圆头形

（9）疏散分层形 这种树形中心主干是逐段合成的，主枝分层，第一层为 3 枝，第二层为 2 枝，第三层为 1 枝，如图 8-17 所示。此种树形主枝数目比较少，每层排列较稀疏，光线通透较好，主要用于落叶花果树的整形修剪。

（10）伞形 这种树木有一明显主干，所有侧枝都下弯倒垂，逐年会由上方芽继续向外延伸扩大树冠，从而形成伞形，如图 8-18所示。此树形主要是用于入口对植，池边或是路角点缀取景。

图 8-17 疏散分层形

图 8-18 伞形

8.2.6 各类园林植物的整形修剪技术

8.2.6.1 行道树和绿阴树的整形修剪

（1）行道树 行道树是指沿道路或是公路旁栽植的乔木，它是城市绿化的骨架，有沟通各类分散绿地、组织交通的作用，并能反映一个城市的风貌和特色。在造型上，行道树要求有一个通直的主干，主干高度一般为 3～4m，分枝点枝下高度为 2.8m 以上，以不妨碍交通和行人行走为基准。行道树的基本主干和供选择作主枝的枝条在苗圃阶段就已经培养形成。其整形修剪如图 8-19 所示。树

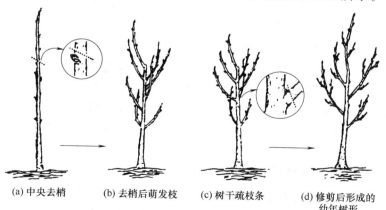

(a) 中央去梢　　(b) 去梢后萌发枝　　(c) 树干疏枝条　　(d) 修剪后形成的
　　　　　　　　　　　　　　　　　　　　　　　　　　幼年树形

图 8-19 行道树整形修剪

形在定植 5~6 年内形成，成形后也不需要大量修剪，但却需经常进行常规修剪（如疏除病虫枝、交叉枝、衰弱枝、冗长枝等）。

线路修剪是行道树上方有管线经过，通过修剪树枝给管线让路的修剪方式。它分为截顶修剪、侧方修剪、下方修剪和穿过式修剪四种，如图 8-20 所示。

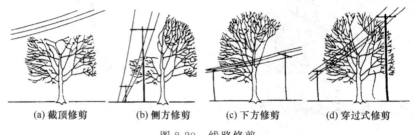

(a) 截顶修剪　　　(b) 侧方修剪　　　(c) 下方修剪　　　(d) 穿过式修剪

图 8-20　线路修剪

① 截顶修剪。截顶修剪是指在树木正上方有管线经过时截除上部树冠的一种修剪。

② 侧方修剪。侧方修剪是指在大树与线路发生干扰时去掉其侧枝的一种修剪。

③ 下方修剪。下方修剪是指在线路直接通过树冠中下侧，与主枝或是大侧枝发生矛盾时，截除主枝或是大侧枝的一种修剪。

④ 穿过式修剪。穿过式修剪是指在树冠中造成一个让管线穿过的通道的一种修剪。

（2）绿阴树　绿阴树要求是有庞大的树冠，挺秀的树形，健壮的树干。它在修剪时一定要注意：培养一段高矮适中，挺拔粗壮的树干，在树木定植后应及早将树干上 1.0~1.5m 以下枝条全部剪除，以后逐年疏除树冠下部的侧枝；尽可能地培养大的树冠，一般情况下树冠与树高比例以 2/3 以上为佳，以不小于 1/2 为宜；而对观花乔木作绿阴树，多采用自然式树形。

8.2.6.2　灌木类的整形修剪

按树种的生长发育习性，灌木类的整形修剪可分为以下几类。

（1）先开花后发叶的种类　此类可在春季开花后进行修剪老枝

并保持其理想树形。用重剪进行枝条的更新，用轻剪来维持树形。而对于具有拱形枝的树种，可以将老枝重剪，以促使其萌发强壮的新枝，充分发挥其树姿特点，例如连翘、迎春等属于此类。

（2）花开在当年新梢的种类　这类灌木是在当年新梢上开花，修剪应当选在休眠期。一般可重剪以使新梢强健，并促进其开花。对于一年多次开花的灌木，除了休眠期重剪老枝外，应当在花后短截新梢，以改善下次开花的数量和质量。

（3）观赏枝叶的种类　这类灌木最鲜艳的部位主要在嫩枝和新叶上，每年冬季或是早春应当进行重剪，以促使其萌发更健壮的枝叶。应当删剪失去观赏价值的老枝，譬如红端木的四年生以上枝条，就不应当再保留。

（4）常绿阔叶类　这类灌木的生长比较慢，枝叶匀称并且紧密，新梢的生长都源于顶芽，形成圆顶式的树形，所以修剪量要尽量小。轻剪适宜选择在早春生长以前，较重修剪则适宜选择在花开之后。速生的常绿阔叶灌木，可以像落叶灌木那样进行重剪。观形类则以短截为主，促进侧芽萌发，并形成丰满的树形，适当地疏枝，以保持其内膛枝充实。观果的浆果类灌木，修剪可以推迟到早春萌芽前再进行，以尽量发挥它的观果的观赏价值。

（5）灌木更新　灌木的更新可以分为逐年疏干和一次平茬两种方式。逐年疏干即每年从地径以上去掉1～2根老干。以促生新干，直到新干已达到树形要求时，可将老干全部疏除。一次平茬大多应用于萌发力强的树种，一次删除灌木丛所有主枝（干），在促使其下部休眠芽萌发后，可以选留3～5个主干。

8.2.6.3　藤木类的整形修剪

在一般园林绿地中通常采用以下几种修剪方法。

（1）棚架式　卷须类和缠绕类的藤本植物常用这种方式来进行修剪。在整形时，先在近地面处进行重剪，促使其发生数枝强壮主蔓，将其引到棚架上，使侧蔓在架上均匀分布，从而形成阴棚。

例如葡萄等果树需要每年短截，选留一定数量的结果母株和预备枝；而紫藤等就不必年年修剪，只要隔数年剪除一次老弱病枯枝即可。

（2）凉廊式　常用于卷须类和缠绕类的藤本植物，偶尔也会采用吸附类植物。由于凉廊侧面有隔架，所以不要将主蔓过早引到廊顶，以免空虚。

（3）篱垣式　卷须类和缠绕类的藤本植物多用这种修剪方式。将侧蔓水平诱引后，对于侧枝每年进行短截。葡萄就常采用这种方式。侧蔓可以为一层，亦可为多层，即将第一层侧蔓水平诱引后，主蔓会继续向上，从而形成第二层水平侧蔓，然后第三层，直到达到篱垣设计高度为止。

（4）附壁式　多用于墙体等垂直绿化，为了避免下部空虚，在修剪时应当运用轻重结合，并进行调整。

（5）直立式　对于一些茎蔓粗壮的藤本，如紫藤等亦可整形成直立式，用于路边或是草地中。多用短截，轻重相结合。

8.2.6.4　绿篱的整形修剪

（1）整形方式　常见绿篱的整形方式有以下三种。

① 自然式绿篱。这种类型的绿篱通常不会进行专门的整形，只作一般的修剪，会剔除老、病、枯枝等。

② 半自然式绿篱。这类绿篱不会进行特殊整形，只是在修剪中剔除老、病、枯枝，使绿篱保持在一定高度，在一定高度上截去顶梢，从而使下部枝叶茂密。

③ 整形式绿篱。这类绿篱是通过修剪，将篱体整成各种几何形状或是装饰形体。需要保持绿篱应有的高度以及平整而匀称的外形，并经常会将突出轮廓线的新梢整平剪齐，对两面的侧枝也要进行适当的修剪。

（2）断面形式　当绿篱成形后，可以按照需要剪成各种各样的形状，例如几何形、建筑图案、动物形体等。修剪后的绿篱断面主要有以下几种，如图 8-21 所示。

① 梯形。梯形绿篱上窄下宽，修剪时应当先剪它的两侧，使侧面形成一个斜平面，在两侧剪完后，再修剪其顶部，这样便会使整个断面成为一个梯形。

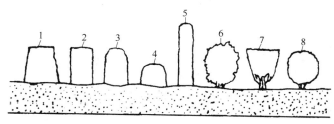

图 8-21 绿篱篱体断面形状

1—梯形；2—方形；3,4—圆顶形；5—柱形；6—自然式；7—杯形；8—球形

② 方形。方形上下一样宽，比较整齐。但是容易遭雪压而导致变形，下部枝条也易枯死。

③ 圆顶形。圆顶形适合在降雪量大的地区使用，便于积雪向下的滑落，以防止篱体压弯变形。

④ 柱形。柱形需选用基部侧枝萌发力强的树种，要求其中央主枝能够通直向上生长，并且不扭曲，通常情况下多用作背景屏障或防护围墙。

⑤ 杯形。杯形美观且别致，但由于上大下小，所以下部侧枝常由于得不到充足阳光而枯死，从而造成基部的裸露，不能抵抗雪压。

⑥ 球形。球形适用于枝叶稠密、生长速度比较缓慢的常绿阔叶灌木，要单行栽植，以一株为单位构成球形。

（3）更新复壮　由于绿篱的栽植密度都很大，所以不论如何修剪养护，随着树龄的增大，最终将无法将其控制在应有的高度和宽度之内，从而失于规整篱体状态。所以，必须进行绿篱的更新复壮。

用作绿篱的植物，它的萌发和再生能力要很强，在衰老变形的时期，可以采用台刈或是平茬的方法来进行更新，不留主干或是仅保留一段很矮的主干，将地上部分全部锯掉。一般常绿树可以在第一年5月下旬到6月底进行，落叶树在秋末冬初为好。锯后一二年内会形成绿篱的雏形，两年后就能恢复成原有的规则式篱体。

对于一些茎蔓粗壮的植物，例如紫藤可修剪成直立灌木式或是小乔木式的树形。这种形式用于公园道路旁或是草坪上，可以收到很好的效果。

8.2.6.5 树桩盆景的整形修剪

树桩盆景在制作完成后，在养护中必须要年年修剪，以保持其设计要求。

（1）阔叶树的修剪 阔叶树萌发力强，应当随时采取摘心的方法，把它剪平剪齐，以保持层次，例如雀梅、榆树、六月雪、黄杨等每年至少进行修剪 3～5 次。

（2）一般针叶树的修剪 对于黑松、马尾松、锦松等比较粗放的树种，主要是通过短截和抹芽的方法来控制枝条的加长生长以及防止枝条的过密。由于顶芽萌发的新梢生长很快，常会破坏树形，所以要在每年 4 月间抹掉主芽，并利用附近萌发的副芽长出 2～5 个较短的新梢，使树头能够平齐紧密，对长枝则可以进行短截，使剪口附近发生几个新芽，以保持树冠层次的圆浑。

（3）五针松的修剪 五针松的造型主要是保持枝叶的层次，不能出现重叠现象。在早春要先疏去密枝和突出枝，并对保留的枝条进行短截，同时要按照枝条的长短摘掉顶芽的 1/2。

（4）柏树的修剪 真柏和洒金柏每年都有一些下部枝条会枯死，所以应当先剪掉，同时要用手摘除冒出树冠的嫩梢。爬地柏和桧柏应当在每年伏天进行修剪一次，疏剪过密的枝条，将过长的枝条剪到基部侧芽处，来促使其萌芽，以防内部中空。

（5）花果类树桩的修剪 首先要掌握其开花以及结果习性。由于贴梗海棠、火棘等，多短果枝，所以对营养枝要进行重剪，以促使基部的侧芽形成短果枝。由于石榴在一个结果枝上除了顶芽开花结果外，还有数朵腋芽可以开花，因此要认清哪枝是结果枝，不能将其短截。由于梅花、迎春等花芽腋生，并且布满枝条，因此在花前对任何枝条都不要短截，花后可以重剪，使其基部腋芽萌发出更多的健壮侧枝，以增加来年的开花量。

（6）其他树种的修剪 像红枫、金线松、瓜子黄杨等树景，必须保持枝条的紧密，以防止徒长和冒出长枝。对于新梢要及早地进行摘心和短截，留基部 1~2 个腋芽，促使其发生侧枝，对于侧枝继续摘心，若枝条过于稠密，就要进行疏剪。

8.2.6.6 草本植物的整形修剪

（1）整形 为了满足栽植要求，平衡营养生长与开花结果的矛盾或是调整植株结构，需要控制枝条的数量以及生长方式，这种对枝条的整理和去舍即为整枝。露地栽培植物的整形有下面几种方式。

① 单干式。单干式是只留主干或主茎，不留侧枝，通常用于只有主干或是主茎的观花和观叶类植物，以及用于培养标本菊的菊花、大丽花等，对于标本菊还需摘除所有的侧花蕾，使养分集中于顶蕾，这样才能充分地展现其特性。

② 多干式。多干式是留数支主枝，如盆菊一般会留 3~9 个主枝，其他侧枝则全部除去。

③ 丛式。生长期间应当进行多次摘心，促使其发生多数枝条，全株成低矮的丛生状，开出数朵或是数十朵花。

④ 悬崖式。常用于小菊的悬崖式整形。

⑤ 攀缘式。多用于蔓性植物，使植物在一定形状的支架上进行生长活动。

⑥ 匍匐式。利用植物枝条的自然匍匐地面的特性，使其覆盖整个地面。

（2）修剪

① 整枝。剪除多余枝和残枝以及病虫枯枝。对蔓性植物则称之为整蔓，例如观赏瓜类植物仅留主蔓以及副蔓各一支，需要摘除其余所有侧蔓。

② 摘心。摘除枝梢顶端，促使其分生枝条，在早期进行摘心可使株形低矮紧凑。有时摘心是为了促使枝条能够生长充实，而并不是为了增加枝条数量。有的瓜类植物在子蔓或是孙蔓上开花结果，因此必须在早期进行一次或多次摘心，促使早生子蔓、孙蔓，以利于开花结果。

③ 除芽。剥去过多的腋芽，来减少侧枝的发生，使所留枝条

能够生长充实。

④ 曲枝。曲枝是抑强扶弱的一种措施。

⑤ 去蕾。通常指摘除侧花蕾，保留主花蕾，使得顶花蕾开花硕大而鲜艳。在球根花卉的栽培中，为了获得优良的种球，常会摘去花蕾，用来减少养分的消耗，对于花蕾硕大的观花观果植物，常常需要疏除一部分花蕾、幼果，以使所留的花蕾、幼果能够充分发育，这种做法称为疏花疏果。

⑥ 压蔓。多用于蔓性植物，使植株向固定方向生长以及防止风害，有些植物可以促使发生不定根，增强其吸收水分养分的能力。

园林树木生长常遇危害及预防

8.3.1 园林树木生长常遇危害

（1）低温危害

① 冻害。冻害是指气温在0℃以下，因树木组织内部结冰所引起的伤害，主要表现为溃疡、冻裂、冬日晒伤、霜害等现象。

② 冻旱。冻旱是指因土壤冻结而发生的生理干旱，在冬季寒冷地区的常绿树遭受冻旱的可能性较大，例如海桐、桂花、大叶女贞、石楠等。

③ 寒害。寒害是指0℃以上的低温对树木的伤害，这种情况多发生于高温的热带或是亚热带地区。

④ 抽条。抽条是指树木在越冬以后，枝条脱水、皱缩、干枯的现象，它是由冻伤、冻旱、霜害、旱害以及冬日晒伤等综合因素所引起的。

（2）高温危害

① 直接伤害。又称为日灼。由于夏季的高温，水分不足，蒸腾作用的减弱，会致使树体温度难以调节，从而造成枝干的皮层或是其他器官表面的局部温度过高，这种情况会导致树干皮层组织或是器官的局部组织坏死，枝干日灼部位干裂，叶片会出现叶焦、嫩

叶和嫩梢烧焦变褐的现象。

② 间接伤害。又称为饥饿和失水干化。例如干热风的袭击和干旱期的延长，引起蒸腾失水过多，根系吸水的减少，从而造成叶片萎蔫，气孔关闭，光合速率进一步降低，严重时会导致叶片或是新梢枯死或是全株死亡。

（3）雷击危害　在夏季时，一些高大的园林树木会因雷击而造成伤害，主要表现为树皮被烧伤或是剥落，树干的木质部破碎或是烧毁，有些树的内部组织可能会被严重灼伤而无外部症状，部分或全部根系致死。

一般高大的树木、在空旷地的孤植树以及在湿润土壤或是沿水体附近生长的树木最容易遭到雷击。譬如银杏、皂荚、白蜡、榆、槭、栎、松、杨、云杉、鹅掌楸等均较容易遭到雷击。

（4）地面铺装危害

① 有碍水气交换。铺装阻碍了土壤与空气的水气交换，使得根区的水分与氧气供应大大减少，使根系生理代谢减弱，同时也干扰了土壤微生物的活动。

② 改变了下垫层的性质。铺装显著地加大了地表以及近地层的温度变幅，使树木易遭受极端高温与低温的伤害。

③ 干基环割。铺装过于靠近树干基部或是裸露地面保留太少的情况下，随着树木主干直径的不断增加，干基会越来越靠近铺装材料，使干基或是根颈韧皮部和形成层遭受挤压或环割，因此会造成树木长势衰弱、叶小发黄、枝条枯死或是萌条增多。

8.3.2　园林树木灾害预防措施

（1）冻害预防　具体措施可以参考本书第 8.3.1 节的相关内容。

（2）热害预防

① 阴棚保护。对于春季新植大树，为了防止树体过度的失水、促进缓苗，在夏季应当用遮阳网搭建阴棚。

② 喷水。在夏季高温期时，中午要定期用喷雾器喷水来降温。

③ 树干缚草。

④ 在伤口涂保护剂或涂料，以减少水分的散失。

⑤ 喷洒抗蒸腾剂。在生长季节施工之后，为了保持树体水分的平衡，可以喷洒抗蒸腾剂，能够抑制蒸腾作用，以提高成活率。

（3）雷击预防　对于易遭雷击位置的大树和高大的古树名木，应当安装避雷针，以此来预防雷击伤害。

（4）风灾预防。

① 修剪整形。定期地对树木进行修剪整形，控制树冠体量，不宜过高过大，以减少风的阻力。

② 支撑加固。在易受风害的地方，可以在树木的背风面用竹竿、钢管、水泥柱等物支撑，并用铁丝、绳索扎缚固定。

（5）雪灾预防

① 合理修剪。对于主枝较长、叶片较大的常绿树，每年都要进行短剪，以提高树木的承载能力。

② 清除积雪。在出现连续降雪的时候，应当定期清除树干上的积雪。

（6）树干伤口预防　对于枝干上因病、虫、冻、日灼或是修剪等造成的伤口，首先应当用锋利的刀刮净削平伤口四周，使皮层边缘呈弧形，然后用药剂（以 2%～5%硫酸铜液、0.1%的升汞溶液相混合）进行消毒。而对于修剪造成的伤口，应当将伤口削平然后涂以保护剂，要求保护剂要容易涂抹，黏着性好，受热不熔化，不透雨水，不腐蚀树体组织，同时又有防腐消毒的作用，例如铅油、接蜡等均可。如果采用激素涂剂则对伤口的愈合更有利，用含有0.01%～0.1%的萘乙酸膏涂在伤口表面，可以促进伤口的愈合。

8.4　古树名木的养护管理

8.4.1　古树名木的衰败原因

古树按照其生长来说，已经进入衰老更新期，世界上的任何事物都有其生长、发育、衰老、死亡的客观规律，古树也不例外，但是古树的衰老，还与其他因素有关。

经过调查可以得知，古树生长环境条件的恶化是古树衰老的主要原因。其主要表现如下。

（1）土壤理化性质恶化

① 土壤密实度过高。由于种种原因，会造成古树生长的土壤密实度过高，因而土壤会板结、透气性降低，这对于古树根系的生长十分不利。

② 土壤盐分含量过高。由于古树周围文体、商业活动的急剧增加，倾倒污水、设置厕所等原因，会使土壤盐分含量过高，是某些地域导致古树衰老、死亡的原因。

（2）土壤营养不足　通过化验得知，古树生长的土壤中往往微量元素都严重短缺，土壤营养不足是古树生长衰弱的重要原因之一。

（3）人为的损害

① 古树周围不合理的铺装。有些地域，在古树周围用水泥花砖来进行铺装，甚至用现浇混凝土来铺装，而且仅留很小的树池，这就大大影响了地下与地上部分的气体交换，也大大影响了雨水的渗透，致使古树生长的提前衰弱，甚至是致死。

② 人为的机械损伤。由于各种原因，人为的机械损伤例如刻划钉钉、攀折树枝、缠绕绳索，借用树干做支撑，在古树的附近挖坑取土、动用明火、排放烟尘、倾倒污水、堆放物料，修建构筑物或建筑，擅自移植等行为，都能够造成古树的损伤、生长衰弱，甚至加速古树的死亡。

8.4.2　古树名木养护管理的基本原则

① 恢复和保持古树原有的生境条件。因为古树在同一个地方已经生活了几百年甚至是几千年，说明对当地的生态环境非常适应，所以不能够随便地改变原有的生活环境。

② 养护措施必须符合树种的生物学特性，每一树种都有其自

身的生长发育规律及生态特性，养护管理应当顺其自然，满足了其生理生态要求，将古树生长的各项环境指标控制在允许范围内。

具体要求是：土壤的密度不得超过 $1.3g/cm^3$，土壤有效孔隙度也不得低于 10%，土壤含水量要控制在 5%～20% 之间，以15%～17% 最为适宜，固相、液相、气相比控制为 5∶3∶1，夏季土温控制在 15～29℃ 之间，有机质则要不低于 1.5%，土壤含盐量不超过 0.1%。如对土壤含水量的要求，古松柏通常以 14%～15%为宜；银杏、槐树通则常以 17%～19% 为宜。

③ 养护措施必须有利于提高树木的生活力，有利于增加树体的抗逆性。这类措施包括松土、施肥、灌水、排水、支撑、防病虫等。

8.4.3 古树名木养护、复壮的技术措施

8.4.3.1 古树名木养护管理措施

（1）保持、优化其生态环境 不要随意搬迁古树名木，不应当在其周围进行修建房屋、挖土、倾倒污水垃圾等工作，应当尽量保持其正常的生态环境。有条件的要优化其生态环境，例如拆除其周围的建筑以及构筑物等。例如在上海某地，为了保护一棵 150 岁银杏树，拆除附近 20 多平方米的水泥路，并建了树坛；为了挽救 3棵 700 年的古银杏，拆除周边 $400m^2$ 内的建筑物，并建立了小型古树园，使古树彻底告别周围建筑的逼迫，而能够旺盛生长。

（2）加强肥水管理

① 加强肥水管理。要针对古树名木这一特殊的绿地群体，采取必要的措施，使其能够正常生长。施肥采取"薄肥勤施"的原则；在地势低洼或是地下水位过高，应当注意排水；在土壤干旱时，应当注意补充水分，但又不能过多。

② 补充微量元素。通过化验古树生长所使用的土壤，对于缺少的微量元素，应当加以补充；而对于过量的剩余的微量元素则应当加以控制。

（3）及时防治病虫害 古树名木有不少的病虫害，应当及时防

治，否则会加速古树名木的衰老、死亡。

（4）外科手术治伤、补洞　衰老的古树加上病虫害的侵袭、人为的损害，多数的树体已经形成了大大小小的疤痕和树洞，这极大地影响了树木的正常生长，而这些树木是历史的文化遗产，不能像对待普通树木那样进行伐除补栽。对此，通常采用外科手术治伤、补洞的方式来处理。

① 表皮损伤。对于表皮损伤的，一般情况下的树皮损伤面积横向直径在 10cm 以上的伤口应当进行治疗。如果损伤的树皮没有完全掉下来，损坏部分里面还是保持湿润的，则应立即治疗处理。其方法是，首先应对树体上的伤疤进行消毒清洗，宜用 30 倍硫酸铜溶液进行喷涂，30min 后再喷涂一次，晾干后用高分子化合物聚硫密封剂涂抹并封闭伤口［气温(23±2)℃时效果最好］。再粘贴已消毒处理的原树皮，并且用不生锈的按钉（铝质或是不锈钢）将损伤的树皮固定于树干的木质部，还有可能使树皮愈合长好。

② 开放法处理树洞。树洞不深的应当用锋利的刀刮净且削平洞壁，使皮层的边缘呈现圆弧形，然后用药液（2%～5%硫酸铜液或是 0.1%升汞溶液或是石硫合剂原液）进行消毒。树洞较大的，给人以奇特之感，欲留做观赏时应当将洞内腐烂木质部彻底地清除干净，刮去洞口边缘的死组织，直至露出新的组织为止，而后进行彻底消毒，并涂以防护剂，以防止再次腐烂。为了防洞内积水，在洞内最下端钻孔直达洞底且插入排水管，如图 8-22 所示，这样利于排水。应当经常检查防护层和排水情况，防护剂应每隔半年就要重新涂抹一次。

图 8-22　树洞最下端插入排水管以利排水示意

③ 填充补洞。树洞的修补包括清理、消毒和填充三步。首先，把树洞内积存的杂物要全部清除，并要刮除洞壁上的腐烂层，将树洞外沿修成尖阔椭圆形，以利于快速生长愈合，再采用 30 倍的硫酸铜溶液喷涂消毒两遍，间隔时间为 30min。如果洞壁上有虫孔，

可以向虫孔内注射 50 倍 40％的氧化乐果等杀虫剂来进行杀虫。

关于树洞需不需要填充，当前存在一些不同的看法。在树洞和填充物之间不可能完全地结合，在这样的环境中，会更有利于病菌和害虫的孳生，因此，有人主张不填充。但是如果不填充的话，新生树皮会向树洞内生长，这样洞口两端的树皮就很难生长到一起。若填充树洞则有两种方法。一种是当树洞较小且边缘完好时，可采用假填充方法进行修补，即只封闭洞口而里面并不填充。具体是在树洞口稍内侧先固定钢丝网，然后在钢丝网上涂 10cm 左右厚的108 水泥砂浆（砂∶水泥∶108 胶∶水＝4∶2∶0.5∶1.25），外层再用聚硫密封剂进行密封。树洞大且树洞边缘受损时，则适宜采用实心填充。具体做法是：首先要刮除腐烂木质部，然后进行有效、严格的消毒，用聚氨酯灌入树洞内，再用聚硫密封剂进行密封。树洞填充后最好粘贴树皮以进行修饰，基本可以假乱真。

（5）支撑　有倾倒或是折断倾向的树干或枝条，应当及时地用他物支撑。支柱与树干连接处应当有软垫及托碗。

（6）堆土、筑台　在低洼地为了利于防涝，可以适当堆土、筑台。

（7）修剪　在必要时，通过修剪更新复壮，但应当基本保持原有树形。

（8）围护、隔离、减少伤害　为了防止人们有意无意地伤害古树，采用围栏等办法，将古树名木围护、隔离起来，可以起到较好的效果。在古树名木周围不得堆放物料、挖坑取土、兴建永久或是临时性建筑，不得埋设管道、动用明火或是排放烟气等。高度在8m 以上的古树名木应当根据树体所在具体位置安装避雷装置，以免遭受到雷击伤害。

8.4.3.2　古树名木复壮措施

遏制古树衰退，要从进一步改善古树立地环境入手，以实现古树良好的水、肥、气、热协调，改善和促进古树根系的生理功能，从而达到古树缓减衰老和延年益寿的目的。

（1）地面铺草皮或梯形砖　地面铺草皮或是梯形砖或铺草坪格

植草，或者在古树周围铺设透水通气铺装材料膨化岩石砖等，其目的主要是改善地面的通透性能和渗透性能，或是在土壤板结处喷洒土壤免耕剂，使土壤能够疏松，以利于古树名木的正常生长。

（2）埋设透气管道　在树冠的冠幅内外，适当位置竖直地安放透气管，每株在4根左右，管径10～15cm、深达80～100cm，此管的管壁有孔，管内填直径2～4cm的砂砾，管外缠棕，外填腐熟的有机质，例如麻酱渣、腐叶土以及树枝粉碎物和微量元素，管口盖有孔的盖。此管道平时利于透气，而在干旱时，又利于迅速灌水，能够达到树木根系分布的深层土中。

亦可采用德国的技术，用一种塑料制作有通气作用的羊毛灯芯管，竖直地埋入地下，在上面盖上透气盖板，以利于透气，如图8-23所示。

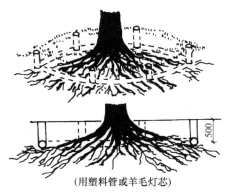

（用塑料管或羊毛灯芯）

图 8-23　使树木根区通气透水的装置

（3）设置复壮沟、渗井　在必要时可在古树树冠冠幅以外设置复状沟。一般情况下复壮沟宽和深均为80～100cm，长度因地形而定。复壮沟内填入优质栽培基质、各种树条等。栽培基质由腐熟的园林树木的自然落叶，加入适量氮、磷、钾、铁、锰等元素配制而成，在施后3～5年内土壤有效孔隙度保持在12%～15%以上。同时填入各种树木枝条，例如截成20～30cm长的紫穗槐、杨树等枝条，埋于沟内，使之形成较大的空隙，这样便于古树根系穿伸生长。

复壮沟从地表往下分层为表层素土厚度为 10cm；第二层栽培基质厚度为 20cm；第三层树木枝条厚度为 10cm；第四层仍为栽培基质厚度为 20cm；第五层仍为树木枝条厚度为 10cm；第六层为陶粒或是粗砂厚度为 10cm。同时还可在复壮沟中设置竖埋透气管道（方法同上）。在必要时，还可在复状沟中央或是一侧设置渗井。一般渗井的直径约为 1.2m，而深则一般比复状沟要深 30～50cm，四周是用砖干砌而成，井口与地面平并加盖盖好。为使其牢固也可适当的分层用水泥进行勾缝。必要时渗井底部需设渗透管，深约为 80～100cm。当土壤中有较多的水分时，可以直接渗透到渗井中，当雨季大水时，如不能尽快渗水，可以及时用水泵将多余的水抽出，以保证古树根系分布层不至于被水淹没。

（4）增加营养液 营养液是以特殊方法制成的浓缩液，它的独特作用是在于活化植物细胞，并可以直接提供营养，提高光合作用的效率以及植物机体免疫力，从而提高移植苗木的成活率，提高古树名木、衰弱树木的生长势。下面简单介绍营养液的使用方法。

① 打孔灌根。用钢钎在以树基为圆心，半径为 50～100cm（树木吸收根最旺盛的区域）的圆周内外打孔 12～20 个，深度要根据实际情况调节，灌入稀释后的营养液。视土壤吸收速度可以重复 2～3 次，然后用土进行封口。优点是原液的用量较少，有利于根部吸收，经济实用。

② 根部漫灌。在上述的范围内，在开沟后直接灌入稀释后的营养液。优点是省时省工，便于操作。

③ 叶面及树干喷雾。将稀释后的营养液直接喷洒到植物的表面上，在喷后可以将落到地面的稀释液经中耕入土，充分利用。优点是使用方便，对于不适合多次灌根的树种可以灌根、喷雾两种方法交替使用，并且效果显著。

④ 注入树干。利用专门的树干注入设备进行。先用木钻在树干距地面 1m 左右处斜向下钻出一个深度为 5cm 的孔，将专用设备插入孔中，然后进行注射。一般可以连续注射 12～15h。其优点是

作用直接，见效快。根据树种、树势、树干粗细的不同，使用量也有差异。在实践中发现树干直径 15cm 的白皮松的一次吸收量为 100mL 左右为宜。

（5）引进害虫天敌　为遏制古树衰退，还要利用自然因子和天敌昆虫等生态因子，有效地控制有害生物的危害和外来生物对古树的入侵，以促进古树的健康生长。

（6）在古树周围栽植同类幼树　在古树周围栽植同化力强的同类幼树，可以起到活化土壤、促进古树生长的同类群体互补作用。而古松、古柏树与壳斗科植物以及菌根类植物三者之间互有促进作用和共生作用。因此，可在古松、古柏树的附近栽植壳斗科植物以及菌根类植物，以起到促进作用。而阔叶树、速生树和灌木、杂草等对针叶古树的生长有抑制作用，因此在针叶古树 3m 范围内不得种植这几种树木，并要进行清理。

8.4.4　常见古树名木的养护管理

8.4.4.1　金钱松

金钱松是我国特有的珍贵用材树种，它是国家的重点保护树种，观赏价值极高，是世界著名庭园树"五木"之一。金钱松养护管理要点如下。

（1）定期施肥　金钱松喜欢温暖湿润的气候与深厚、肥沃、排水良好的酸性土或是中性山地，不耐干旱瘠薄，同时也不适应积水的低洼地。因此在养护的过程中，应当注意为它创造优良的环境条件，并每年定期施肥，隔年换土。

（2）防病虫害　金钱松的主要病虫害有立枯病、松梢螟、黑翅土白蚁、铜绿丽金龟等。防治方法如下。

①　灯光诱杀成虫，幼虫期喷洒敌百虫或敌敌畏等药剂。

②　寻找土白蚁路、蚁线以及蚁巢主道，用杀虫剂、烟雾剂毒杀。

8.4.4.2　银杏

银杏是我国特产的单种科树种，属于中生代孑遗植物，在国际上被誉为"活化石"，是国家重点保护的植物之一。许多名胜古迹都有数百年以至是千年以上的银杏树。目前在世界上许多国家都有引种栽培，在西欧一些国家，一些叶用银杏生产和管理技术已经远胜于我国。银杏的养护管理要点主要如下。

（1）施肥灌溉　银杏喜温凉湿润，土质肥沃，土层深厚，且排水良好的沙质土壤，所以要根据实际情况，每年增施2～3次复合肥，在施肥后要适当灌溉，伏旱最好能够喷灌，以保证正常生长。

（2）修枝整形　枝条分布均匀，银杏枝条的韧性强，修枝主要以拉技为主，即把重叠的枝条拉成均匀的水平状，不宜强剪强修。

（3）病虫害防治　银杏的病虫害很少，比较常见的是银杏超小卷蛾、银杏叶斑病、银杏大蚕蛾、种蝇等几种。具体防治方法如下。

① 清除病落叶，烧毁。在发病初期，喷洒波尔多液或是多菌灵等药剂来控制叶斑病。

② 在种蝇幼虫期，对于苗木灌浇敌百虫等药剂，成虫期喷洒敌百虫或是杀螟松等药剂。

③ 害虫幼虫或是若虫期喷洒敌百虫或溴氰菊酯等药剂。

8.4.4.3　香樟

香樟（又名樟树）是我国著名的珍贵乡土树种之一，在我国有着2000多年的栽培历史。其养护管理要点主要如下。

（1）冬季防寒　因为香樟喜温暖湿润气候，所以在气候寒冷地区，应当注意防寒保暖工作，以免出现冻害现象。

（2）防治虫害　香樟的主要虫害有樟天牛、梨园介壳虫等虫害。

① 樟天牛的防治方法

a. 人工捕杀成虫。刮除老树皮及树干涂白，去除树皮内的幼虫，以防止成虫产卵。

b. 药剂杀幼虫。在幼虫未钻入木质部前，用钢丝探入，以钩杀幼虫，也可以采用小棉团蘸敌敌畏乳油100倍液堵塞虫孔，这样也能够毒杀幼虫。

② 梨园介壳虫的防治方法

a. 结合修剪剪除虫枝。

b. 保护和利用天敌。

c. 在初孵若虫期，喷洒 80％敌敌畏乳油 1000～1500 倍液，或是 40％氧化乐果乳油 1500 倍液，或是 50％杀螟松乳油 800～1000 倍液等，冬季可以采用 3°Bé（相对密度约为 1.02）石硫合剂来进行杀虫。

8.4.4.4　广玉兰

广玉兰（又名为荷花玉兰）树冠端正雄伟，枝叶繁茂，花朵硕大，为常绿阔叶树种所罕见的，是适合于暖温带、亚热带栽培的珍贵观赏树种。其养护管理要点主要如下。

（1）整形修剪　在不破坏冠形的情况下，应当适当的疏枝修叶，在定标后应及时架立支柱。回缩修剪过于水平或是下垂的主枝，以维持枝间平稳关系；使每轮主枝相互错落，避免上下重叠生长，以充分利用空间。随时剪除根部萌蘖条，疏剪冠内的过密枝、病虫枝。

（2）病虫害的防治　广玉兰主要病虫害有广玉兰斑点病、褐软蚧、煤污病、考氏白盾蚧等。虫害的防治方法如下。

① 清除病落叶，并烧毁。在发病期喷洒波尔多液或是甲基托布津等药剂。

② 介壳虫若虫期喷洒敌敌畏、氧化乐果等。

8.4.4.5　大叶榉

大叶榉是我国珍贵硬阔叶用材树种之一，被列为国家二级珍贵树种。其养护管理要点主要如下。

（1）修枝　大叶榉是合轴分枝，发枝力强，梢部弯曲，顶芽通常不萌发，在每年春季由梢部侧芽萌发 3～5 个竞争枝，直干性也不强，幼龄时主干较柔软，常下垂，容易被风吹倾斜，在自然生长的情况下，大叶榉多会形成庞大的树冠，不易生出端直主干。每年要进行修枝，可以培育通直主干。同时，还要适当剪除强壮侧枝，这样连续几年，等到主干达预期高度时再留养树冠。

（2）纵伤 大叶榉的树皮光滑，没有纵裂，紧包着树干，在茎的表皮层下面，韧皮部外面有若干层连续与部分间隔的石细胞，形成一圈有 4～5 层或是 7～8 层的厚壁细胞层，紧密连接成球，这就阻碍了形成层的分生作用。通过纵伤，打破了厚壁的细胞环，同时削弱了对内部压力，进而给树干的增粗生长解除障碍。

（3）及时间伐 大叶榉冠幅大，中等喜光，应当防止植株过密，影响生长。所以应当给其创造生长空间，使之能够更好地生长。

8.4.4.6 鹅掌楸

鹅掌楸（又名为马褂木）在新生代有十余种，但到第四纪冰期时大部分都绝灭了，现在残存的仅有两种，为世界珍贵树种之一。其养护管理要点主要如下。

（1）修剪整形 鹅掌楸萌枝力强，极耐修剪。在我国栽培的鹅掌楸大多数是不做任何修剪的自然形，若是在每年冬季进行整形修剪，既能使其生长强健，又能造型，提高了观赏的价值。

（2）适当的施用氮肥 鹅掌楸喜欢土壤深厚、肥沃、湿润的地段，并且氮肥对它极为重要，缺氮则会生长迟缓，因此每年在生长期需要增施适量氮肥。

（3）防治虫害 鹅掌楸虫害较少，常见的有樗蚕、马褂木卷蛾、疖蝙蛾等。防治方法如下。

① 幼虫期，可以喷洒敌百虫或是敌敌畏等药剂。

② 用注射器将杀螟松、敌敌畏或敌百虫等药剂注射入疖蝙蛾虫道内毒杀幼虫。

8.5 竹林的养护管理

8.5.1 华北地区竹林的养护管理

（1）竹林的水分管理 华北地区应当在 2 月下旬开始浇春水，

竹鞭就已开始萌动，这时不但要进行灌水，还要进行叶面的喷水，此做法称之为催笋水。竹笋的粗壮生长都在这个时期。4～5月竹笋出土期，同样不能够缺水。5～6月是北京地区最干燥的季节，此时又是竹笋开始拔节的关键期，竹子当年的高生长全在这个期间，所以浇足拔节水，能保证竹杆有一定高度。

7～8月份雨季时应视土壤湿度给予补水。在9～10月份则是竹林孕笋期，应当保证土壤湿度。在11～12月，为了提高竹林的越冬能力，冻水要浇足、浇透。冻水对于竹子在北京能否安全越冬起着至关重要的作用。当冬季过于干旱时可以适当喷水。

（2）竹林的养分管理　　竹林应当以施有机肥为主，土壤的有机质含量是竹林生长的关键。每年秋季应当将烂草、落叶在竹林中铺设10～20cm厚，可以用以改良土壤结构。3～4月是竹笋的发育期，5～6月是拔节期，而7～9月是行鞭育笋期。在这三个旺盛生长期应当每月施1次化肥，肥料应以氮、磷、钾的比例为5：2：4的复合肥为主，根据土壤养分状况来确定施肥量。竹林应当于每年秋季结合施入有机肥适量的培土。

（3）竹林的间伐以及老竹清理　　竹林过密应当进行适当间伐或是间移，剪密留稀、剪小留大，使留竹分布均匀。竹林的间伐修剪应在晚秋或是冬季进行，淡竹、刚竹等小径竹种南方间伐以"存三去四不留七"的经验来确定采伐年龄。北方则按照生长势保留4、5年生以下立竹，去除6、7年生以上、尤其是10年生以上老竹的原则来进行。使竹林立竹年龄组成为1～2度竹占40%左右，3～4度竹占45%以上，5度竹占15%左右。

过密过旺的竹林应当于11月进行适当的钩梢，防范压雪以及早春冰凌的危害。未钩梢的密竹林，应当于降雪后及时的抖掉竹冠积雪，也应当及时清除枯死竹干和枝条，砍除老竹、病竹和倒伏竹。

（4）竹林的更新复壮措施　　竹林每经过3～5年，就应深翻、断鞭，将4年生以上的老鞭及每年砍伐后的竹蔸挖出。在竹林计划延伸的位置，深翻土地，并压入青草或是填有机质含量高的土杂肥，引导竹鞭发育。间伐竹蔸的土坑要及时用土杂肥回填，为新鞭的引入创造条件。

（5）隔离维护，保持景观　隔离维护主要有两项工作。

① 隔离地下部分。散生竹地下竹鞭具有很强的地下横走能力，会向外蔓延扩展，穿插到周边草坪、色块、灌木丛中从而破坏了景观，所以一定要用隔离物进行防护。

② 发现竹鞭穿插，马上予以切断挖除，并要采取相应的补救措施。竹鞭隔离墙可用立砖、铝板等材料，深度应为 30～40cm。地上部分加设阻拦设施，以阻止游人的进入。对拥入行人道中的竹群设横杆阻拦，或是进行伐移。

（6）竹林的防寒　新植的竹子，成活 2～3 年地上地下部分尚未发育充分成熟，在冬春北方干风季节应采用风障来进行防寒。结合覆盖杂草、树叶、地膜等减少冻土层深度，保护竹鞭的越冬。浇灌冻水也是防寒的必要措施之一。

8.5.2　岭南地区竹林的养护管理

（1）松土施肥　每年在春季笋期后要中耕松土 1 次，使之疏松透气，以利于竹鞭的延伸和生长。还要适当地施加含有机质的堆肥、腐叶土等增加土壤肥力，竹林的落叶不要当垃圾清走，以使落叶能够归根，以增加土壤的有机质。施肥以腐熟的有机肥为主，化肥一般要少用。施肥方法最好是结合松土，将肥料翻入到土内。

岭南竹林 1 年适宜施肥 2～3 次，第一次施肥应当为笋期后的 4～5 月，竹林准备进入生长高峰。第二次则为 8～9 月份，补充夏季生长的肥力消耗。第三次是在 11～12 月份，可称之为"孕笋肥"。施肥主要是采用有机肥为主，将厩肥、堆肥或是河泥等有机肥料直接铺撒在竹林的地表。

（2）保护新笋　在岭南地区每年的 12 月份左右，新笋就会陆续长出。为了保护新笋不受践踏破坏，在 11 月就要检查竹林的围护情况，修整栏杆或是设置临时围栏和劝导、提示游人不要践踏的标志。

（3）间伐复壮 竹林的新笋如果萌发快、数量多，就会造成竹林密度过大，影响生长，并会使竹丛老化，严重者会使竹子开花枯死。因此应该及时地进行间伐和复壮的工作。间伐应当根据"留远挖近，留强挖弱，留稀挖密"，保留四五年生的竹，砍除六七年生以上的竹，特别是在十年以上的老竹。疏除离母竹较近的部分弱竹、病枯竹和密度过大的竹，使竹丛呈现均匀分布。间伐在笋期后的5～6月或是在晚秋进行；不但要将地上的老竹砍去，更要将老竹、病竹连蔸一起挖去，疏除地下部分的根盘缠绕和过于密集的情况；在间伐后，应当及时用肥沃的富含有机质的土壤进行培土，以保证竹鞭及根系的正常生长。

8.5.3 江南地区竹林的养护管理

（1）设置护栏，防止践踏 在园林景观区内的竹林每年都会萌发新笋，使竹林能够得到更新，因此，不能让人畜进入林内践踏，会导致土壤板结和踩断竹笋。竹林的外缘必须要设置有一定景观效果的各种铁质、木质、竹质、塑质的围栏。

（2）科学施肥，改良土壤 每年在笋期后要中耕松土1次，并加入一些腐叶土、泥炭土等腐殖质，使之疏松透气，以利于鞭根的生长。每年还要适当施加堆肥、河泥、腐叶土等以增加土壤的肥力。观赏竹施肥应当以有机肥为主，结合速效肥。新造竹林、竹鞭伸长不远，施肥以围绕竹株开沟放入为好；无论是有机肥、化肥均可以使用，但应当掌握浓度不宜太大。随着立竹量的增加，施肥量可以逐年增加。

第一次施肥在早春2～3月份之间。此时，随着春季气温的逐渐上升，竹笋生长加快，并开始陆续出土。施肥主要采用速效肥为主，称为"长笋肥"。可施复合肥45～75g/m²。

第二次为笋期后的5～6月份之间。由于经过笋期的发笋、长竹，竹林内部积累的养分已大量消耗，地下鞭根系统也正准备进入生长高峰。施肥应当以化肥结合有机肥进行，称为"长鞭肥"。可以结合竹林地松土时埋施腐殖质肥 $1\sim1.5kg/m^2$，并追施复合肥 $30\sim45g/m^2$。

第三次施肥，毛竹为 $9\sim10$ 月份之间，中小型竹为 $10\sim11$ 月份之间，称为"催芽肥"。因此时竹林经前期的新鞭生长，林地里已密布了大量的新鞭、新根，对于吸收和积累养分极为有利，若能及时补充肥料，则对促进笋芽分化及冬季安全越冬非常有利。宜施速效肥为好，一般可以施复合肥 $150g/m^2$。此时施肥必须要把肥料埋入土中，不要撒在地面上。化肥适宜开浅沟施入，并覆土以防止挥发。此时不宜对林地土壤进行深翻松土，以免鞭根、笋芽受到损伤。因此不宜施体积大的厩肥、堆肥等有机肥。

第四次施肥是竹林处于缓慢生长的 12 月份，称之为"孕笋肥"。此时，由于外界环境温度下降，鞭段上的笋芽已开始停止分化。施肥主要是采用有机肥为主，将厩肥、堆肥或河泥等有机肥料直接铺撒在竹林地表。铺撒在地表的有机肥可待翌年的 6 月份竹林进行深翻松土时，深埋地下。施肥量可以控制在 $4.5kg/m^2$。

（3）排水浇灌，合理留笋　因为竹子喜湿润、怕积水。在栽植后的第一年水分管理最为重要。母竹经挖、运、栽植，根系受到损伤，吸收水分能力会减弱，极易由于失水而枯死和因排水不良而鞭根腐烂。因此，若久旱不雨、土壤干燥时，必须及时浇水；而当久雨不晴、林地积水时，又必须及时排水。新栽的竹林，天晴时每天早晚要对叶面喷水 $1\sim2$ 次；当发现竹叶出现暂时性的萎蔫时，更要增加保湿遮阳等措施。在干旱天气，至少 $3\sim5$ 天就要浇一次透水，并要保持土壤湿润。

竹林浇水灌溉的重点时段是在 $3\sim5$ 月竹笋生长期和 $7\sim9$ 月竹鞭生长与笋芽分化期。$3\sim5$ 月竹笋生长需水量较大，所以在竹笋出土前应当浇水灌溉，在出土后要保持土壤的湿润。$7\sim9$ 月竹鞭生长旺盛，笋芽开始分化，如果缺水，就会影响竹子行鞭以及笋芽分化形成，影响来年新竹的数量。

在每年笋期，需要做好护笋工作。在园林景观中，只有母竹和幼竹混生之后，才能够形成自然清雅的竹林景观，因此竹笋是形成竹林景观的基本保证。然而，由于竹笋幼嫩而富含营养，比较易遭受虫、畜和人为危害，因此，在出笋期的防护工作是尤为重要。留笋养竹，要根据竹林的密度和观赏造景的需要来进行，要做到疏密有度、大小合理。当竹林密度过大时，也应当及时删除多余竹笋。

（4）深翻土地，诱鞭生长　新造竹林，竹子稀疏，阳光充足，杂草就容易滋生。因而在竹林郁闭之前，每年要松土除草 2～3 次。当竹子成林以后，杂草的生长得到了控制，松土的目的主要是在于改善土壤的物理性状，提高土壤的透气性，更新鞭根系统。一般情况下竹林可以选择在 6 月（发笋成竹较迟的竹林，可以适当推迟）深翻松土，深度应在 25～30cm。在松土的过程中，要及时地挖除老鞭和竹蔸，释放林地空间，同时要压入青草或是填有机质含量高的土杂肥，以促使竹鞭的繁衍生长。

（5）适时间伐，清理整形　新竹萌发快、数量多，会造成竹林的密度过大，影响竹园的正常生长，景观效果也将会变差，因此应当及时地进行间伐。间伐应当根据"留远挖近，留强挖弱，留稀挖密"，保留四五年生的竹，砍除六七年生的竹。除了有特别意义或是具特殊观赏效果的竹子，十年以上的老竹原则上不再保留。疏除离母竹较近的部分弱竹、病枯竹和密度过大的竹，使林内竹株布局形状呈现均匀的散状分布。间伐可以结合笋期后的 5～6 月竹林松土施肥时或是在晚秋或冬季竹林休眠期进行，用山锄将老竹、病竹连蔸一起挖去，或者于冬季竹林休眠时统一砍伐并挖去老竹蔸，使竹林保持健康生长状态和合理的密度，便于通风透光，也减少病虫害发生。在竹林间伐后，在留下的坑中应及时填满土壤，要做到随挖随填。填土也可防止坑中下雨积水而导致烂鞭的现象。

观赏竹林必须保持青翠整洁，对于蜘蛛网、枯竹病枝以及瘦弱歪斜不雅观的竹子要经常进行清理。根据需要，对竹丛及枝叶进行修剪、整形，以满足观赏的需要。

（6）隔离维护，保持景观　散生竹地下竹鞭具有很强的穿透力，如不进行隔离就会向外蔓延扩展，不仅原造型设计的竹丛形态会走样，而且也会穿插到周边草坪、道路以及其他植物地带中，破坏景观。特别是在周边分块栽植其他竹子的场合，容易发生不同竹子的穿插混生的现象，这样就会破坏景观效果。所以一定要对隔离物定时进行维护，一旦发现竹鞭穿插，马上予以切断挖除，并采取相应补救措施。

 ## 8.6 草坪的养护管理

8.6.1 草坪的修剪

8.6.1.1 修剪的作用

① 修剪的草坪会显得均一、平整而更加美观，提高了草坪的观赏性。草坪若不进行修剪，就容易生长参差不齐，会降低其观赏价值。

② 在一定的条件下，修剪能够维持草坪草在一定的高度下生长，增加分蘖，促进横向匍匐茎和根茎的发育，以增加草坪密度。

③ 修剪可以抑制草坪草的生殖生长，并提高草坪的观赏性和运动功能。

④ 修剪可以使草坪草叶片变窄，并提高草坪草的质地，使草坪变得更加美观。

⑤ 修剪能够有效地抑制杂草的入侵，并减少杂草种源。

⑥ 正确的修剪还可以增加草坪抵抗病虫害的能力。修剪有利于改善草坪的通风状况，同时降低草坪冠层温度和湿度，从而减少病虫害发生的机会。

8.6.1.2 修剪的高度

一般情况下，每次修剪只能修剪草高的 1/3，因草种的不同，"中间层分生组织"高度的不同，要求修剪的适宜高度也不同，见表 8-1。

表 8-1　主要草坪草的参考修剪高度（个别品种除外）

草 种	修剪高度/cm	草 种	修剪高度/cm
巴哈雀稗	5.0～10.2	地毯草	2.5～5.0
普通狗牙根	2.1～3.8	假俭草	2.5～5.0
杂交狗牙根	0.6～2.5	钝叶草	5.1～7.6
结缕草	1.3～5.0	多年生黑麦草	3.8～7.6①
匍匐翦股颖	0.3～1.3	高羊茅	3.8～7.6①
细弱翦股颖	1.3～2.5	沙生冰草	3.8～6.4
细羊茅	3.8～7.6	野牛草	1.8～7.5
草地早熟禾	3.8～7.6①	格兰马草	5.0～6.4

① 某些品种可以忍受更低的修剪高度。

8.6.1.3　修剪时机及次数

因草种的不同、环境条件的不同、生长季节的不同、长势的不同，一般情况下并没有修剪次数的量化指标。冷季型草的修剪频率要高些，暖季型草则相对要少些。高尔夫球场、运动场草坪修剪有其特殊的要求。

（1）暖季型草坪修剪　暖季型草坪，以北京地区为例，"五一"前后的返青，进入 6 月下旬以后如果生长旺盛，就会影响到景观，可以进行第一次修剪。到了 7、8 月份生长旺盛期要视草高和生长定修剪频率。在立秋过后生长就进入了缓慢期，为了"十一"的景观效果，8 月底 9 月初可以再进行一次修剪，结合水肥管理以延长其绿色期。10 月中下旬在草叶枯黄前要再修剪一次，以减少枯叶带来的火患。用于护坡、环保的暖季型草坪在生长季可以不进行修剪，但是在秋季枯黄前则必须为防火修剪一次。在南方暖季型草生长势旺的粗草类的修剪次数要多于细草类。

（2）冷季型草坪修剪　冷季型草坪在 3 月上、中旬返青开始旺盛的生长，4 月中旬结合返青后草坪长势不均情况和"五一"节日景观要进行一次修剪。在 5 月上旬开始进入早熟禾抽穗期，应当掌握时机控制抽穗扬花，进行适时的修剪。在进入夏季 6 月下旬时进行一次修剪，为越夏做好准备。盛夏休眠期视长势掌握修剪的时机，因高温、高湿气候，加上修剪造成伤口容易染病，所以要减少修剪次数。当立秋过后，冷季型草又开始旺盛生长，直至冬季休眠前，可以酌情控制高度，掌握修剪的频率。

8.6.2 草坪的施肥

8.6.2.1 施肥时机

冷季型草坪应在 3～4 月和 9～10 月冷凉季节，生长旺盛时施肥。夏季是冷季型草的休眠期，施肥后根系不吸收，反而容易造成富养环境，致使真菌繁衍引发病害。暖季型草坪应在 6～8 月高温季节施肥，暖季型草坪生长旺盛阶段也是其需要养分最多的时期。

进入养护期的草坪可以根据生长旺盛期草坪的营养色泽，及时追肥以保持其翠绿色。

8.6.2.2 施肥量

草坪施肥是草坪养护管理的重要环节之一。通过科学施肥，不但能为草坪草生长提供所需的营养物质，还可以增强草坪草的抗逆性，并延长绿色期，维持草坪应有的功能。

对于草坪质量的要求决定肥料的施用量和施用次数。对于草坪质量要求越高，则其所需求的养分供应也越高。例如运动场草坪、高尔夫球场果岭、发球台和球道草坪以及作为观赏用草坪对质量要求都较高，其施肥水平也比一般绿地及护坡草坪要高得多。表 8-2 和表 8-3 分别列出了暖季型草坪草和冷季型草坪草在作为不同用途时对氮素的需求状况以供参考。

表 8-2 不同暖季型草坪草对氮素的需求状况

暖季草坪草	每个生长月的需氮量/(kg/hm^2)		
	一般绿地草坪	运动场草坪	需氮情况
美洲雀稗	0.0～9.8	4.9～24.4	低
狗牙根	—	—	—
普通狗牙根	9.8～19.5	19.5～34.2	低～中

续表

暖季草坪草		每个生长月的需氮量/(kg/hm²)		
		一般绿地草坪	运动场草坪	需氮情况
杂交狗牙根		19.5～29.3	29.3～73.2	中～高
格兰马草		0.0～14.6	9.8～19.5	很低
野牛草		0.0～14.6	9.8～19.5	很低
假俭草		0.0～14.6	14.6～19.5	很低
铺地狼尾草		9.8～14.6	14.6～29.3	低～中
海滨雀稗		9.8～19.5	19.5～39.0	低～中
钝叶草		14.6～24.2	19.5～29.3	低～中
结缕草	普通品种	4.9～14.6	14.6～24.4	低～中
	改良品种	9.8～14.6	14.6～29.3	低～中

表 8-3　不同冷季型草坪草对氮素的需求状况

暖季草坪草		每个生长月的需氮量/(kg/hm²)		
		一般绿地草坪	运动场草坪	需氮情况
碱茅		0.0～9.8	9.8～19.5	很低
一年生早熟禾		14.6～24.4	19.5～39.0	低～中
加拿大早熟禾		0.0～9.8	9.8～19.5	很低
细弱翦股颖		14.6～24.4	19.5～39.0	低～中
匍匐翦股颖		14.6～29.3	14.6～48.8	低～中
邱氏羊茅		9.8～19.5	14.6～24.4	低
匍匐紫羊茅		9.8～19.5	14.6～24.4	低
硬羊茅		9.8～19.5	14.6～24.4	低
草地早熟禾	普通品种	4.9～14.6	9.8～29.3	低～中
	改良品种	14.6～19.5	19.5～39.0	中
多年生黑麦草		9.8～19.5	19.5～34.2	低～中
粗茎早熟禾		9.8～19.5	19.5～34.2	低～中
高羊茅		9.8～19.5	19.5～34.2	低～中
冰草		4.9～9.8	9.8～24.4	低

8.6.2.3 施肥方式

（1）撒施 草坪的施肥方式不同于其他园林植物施肥在株行间，是直接施到根区，草坪施肥只能用撒施。而撒施的技术关键是单位面积要适量，并要撒施均匀，否则局部施肥量过大，一是会刺激猛烈生长造成坪面景观的不一致，二是会造成肥害灼伤草坪、形成斑秃。撒肥时常用撒播机，有滴式和旋转式（离心式）两种类型，各有所长应当选择使用。

（2）随水施 有条件的可以通过喷灌系统随水进行施肥。还可以用喷雾器等工具进行叶面喷肥，但注意喷洒浓度为 0.1%～0.5%，不可以过浓。

（3）随土施 结合草坪的复壮、梳草、打孔，给草坪覆沙、覆肥土时加入腐熟打碎均匀的有机肥或是化肥。

8.6.3 草坪的浇水

对于草坪，在生长量大的季节应当适当地多浇水，特别是在夏季蒸发量大的时期，更要经常的浇灌草坪，并且要浇足浇透，深度至少要达到 15cm 的土层。如果浇水过少，就仅能湿润表土，会使根系向地表生长，从而降低耐旱的能力。但是对于冷季型草坪来说，夏季有短暂的休眠，应当注意控制水量。夏季一般适合在傍晚时对草坪进行浇水。

8.6.4 病虫害防治及杂草清除

（1）病虫害防治 草坪的病虫害种类有很多，应当按照"预防为主、综合治理"的方针来进行防治，分别要弄清草坪中的害虫和病害是哪些，以分别治理（详贝本书中第 9 章的内容）。

（2）杂草清除 草坪的草种要纯正，除了拟定的两种或是三种混合草种之外，其他非目的性的植物均视为杂草，必须要清除干净，因为这时杂草不仅会争夺养分、水分，抑制目的草种的生长，还会影响草坪的观赏效果。清除杂草在早春就应当开始，要分多次进行，在杂草结籽之前务必除尽。清除杂草，可以选择手工操作，也可以选用机械中耕除草和使用除草剂来进行化学除草。

另外，也可以采用生态法来控制杂草的生长：适当的低剪，以降低杂草种子的数量；在杂草未清除之前，不施肥，以破坏杂草扩展的条件；暖季型草在秋季交播黑麦草不仅可以延长其绿色期，还可以控制冬季的杂草，以防止杂草乘虚而入。

8.6.5 草坪更新复壮

（1）草坪复壮 草坪建植养护多年后会出现老化的现象，表现为生长势的下降，管理难度的加大，景观效果的降低。原因主要是草坪禾草在自身生长过程使根部形成较厚的枯草层，俗称为草垫层，它是由被更新的老根、根状茎、匍匐茎等木质化残骸所组成。薄的枯草层是有益的，分解的有机质可以给植物提供养分，为根提供了水、气、温度条件，还能够防止杂草萌生。一旦厚度超过了1.3cm就会影响草坪的正常生长。厚的草垫本身的保水保肥能力就差，会使根系和土壤隔离，致使草坪根系分布过浅而影响到根对水肥的吸收，从而导致草坪草的生长质量下降。外部原因是人为的践踏会使土层板结，导致土壤的透气性差。所以定时进行草坪的复壮是十分必要的。草坪复壮与更新的主要措施有打孔、疏草和覆土（沙）。冷季型草最好在夏末秋初进行，暖季型草则在春末夏初进行。复壮就像动手术，对草坪有较大的破坏作用，为了使草坪很快恢复生机，应当加强水肥管理。

① 打孔。当草坪土壤出现板结的情况、土壤的通透性下降时，应该进行土壤的打孔作业。打孔作业是指通过打孔机来完成，打孔的直径约为 6～18mm，深度约为 5～8cm，其间距约为 8～10cm。经过打孔，可使草坪留下一个个小洞，这样就能有效地改善土壤的通气状况，促进草坪草根系的生长和对营养的吸收。打孔的草坪应当湿润，这样有利于打孔机工作，打孔后应立即覆肥土并灌水。

② 疏草。疏草又叫作垂直切割，一般情况下是通过疏草机来完成的。疏草的程度可以根据草坪草的密度和枯草层的厚度来确定。通过疏草的操作，不仅可以把大部分的枯草和过密的草坪草疏

走，还可以通过疏草机的刀具作用，划破草坪的表土层，一定程度上改善土壤的保水和透气性能。垂直修剪应当在土壤和枯草层相对干燥时进行，可以减少破坏性和便于操作。

③ 覆土。在打孔和梳草作业的基础上进行覆土能够有效改善土壤的透气透水性，并有效地增加土壤肥力。覆盖的基质通常要求具有良好的通透性和保水性，含有丰富的有机质和肥分，覆土厚度约 1cm。覆土作业一般是在秋末和春末或是疏草后进行。覆土，主要是覆沙，是专用草坪（果岭）管理中的一项主要内容，它是单独进行的。

（2）草坪修补　　草坪修补也称为局部更新。由于自然条件的伤害（水涝）及人为的损坏，病虫的伤害等和使草坪失去了完整性景观，给草坪的日常管理带来了很大困难。所以必须对难以复壮的部分进行整理修补。

在华北地区冷季型草修补的最简单办法就是用铲草皮机（小型）将破损范围清除，并清理坪床，重新铺植健壮的草皮卷。而夏季病害严重的冷季型草坪，在进入 9 月后，把受损的草坪全部清除，进行彻底的土壤消毒后，铺植健壮草坪卷，以恢复景观。虽然用草皮卷更新草坪成本高，但见效快。

南方的草坪很多是暖季型草，如果发现有成片斑秃或是质量变差的地块，应当针对具体情况来制订修补计划。大多数的暖季型草坪草依靠根茎或是匍匐茎进行无性繁殖的能力很强，例如狗牙根在适宜的温度、湿度和土壤条件下，日平均生长速度为 0.9cm/d，高的时候可达 1.4cm/d。因此暖季型草坪如在国庆或是春节后、受损面积较大时，应当采用草坪块移栽法修补，修补移植后应当立即灌水，以利于其迅速恢复生长和覆盖地面。春季或是"五一"期间，草坪开始进入生长期，发现难以恢复的斑秃，同样要用草块补植。暖季型草坪，在时间允许的情况下可在 5～6 月份用种子进行补播。而对于过分板结的地段，应当彻底清理和改良床土后补播草种或是补铺草块进行修复。南方应用的冷季型高羊茅草坪的修补更新，应当在早春或入秋利用播种来完成。

花坛的养护管理

（1）浇水　每天浇水时间一般应当安排在上午 10 时前或是下午 4 时以后。如果一天只浇一次，则应当安排傍晚前后为宜，忌在中午气温正高、阳光直射的时间进行浇水。

每次浇水量要适度，若浇水量过大，土壤经常过湿，就会造成花根的腐烂。

浇水时应当控制流量，不可太急，以免冲刷土壤。

（2）施肥　草花所需要的肥料主要是依靠整地时所施入的基肥。在定植生长的过程中，也可以根据需要，进行几次追肥。在追肥时，千万注意不要污染到花、叶，施肥后应当及时浇水。不可以使用未经充分腐熟的有机肥料，以免产生烧根的现象。

（3）修剪与除杂　修剪可以控制花苗的植株高度，促使茎部分蘖，以保证花丛茂密、健壮以及保持花坛整洁、美观。一般的草花花坛，在开花时期每周剪除残花 2～3 次。模纹花坛，更应当经常修剪，保持图案明显、整齐。对于花坛中的球根类花卉，开花后应当及时剪去花梗、消除枯枝残叶，这样就可促使子球发育良好。

花坛内的杂草与花苗争肥、争水，既妨碍花苗的生长，又影响到观瞻，所以在发现杂草时就要及时清除。另外，为了保持土壤的疏松，有利于花苗生长，还应当经常松土。杂草及残花、败叶也要及时地清除。

（4）立支柱　生长高大以及花朵较大的植株，为了防止倒伏、折断，应当设立支柱。将花茎轻轻绑在支柱上，支柱的材料可选用细竹竿。对于有些花朵多而大的植株，除了立支柱外，还可选用铅丝编成的花盘将花朵托住。支柱和花盘都不可影响花坛的观瞻，最好要涂以绿色。

（5）防治病虫害　在花苗生长过程中，要注意及时防治地上和地下的病虫害，由于草花植株比较娇嫩，所施用的农药要掌握适当的浓度，以避免产生药害。

（6）补植与更换花苗 花坛内如果有缺苗的现象，应及时补植，以保持花坛内的花苗完美无缺。补植花苗的品种、规格都应当和花坛内的花苗一致。由于草花生长期短，为了保持花坛经常性的观赏效果，需要做好经常更换花苗的工作。

垂直绿化的养护管理

8.8.1 浇水

① 水是攀缘植物生长的关键，在春季干旱天气时，会直接影响到植株的成活。

② 新植与近期移植的各类攀缘植物，应当连续浇水，直至植株不灌水也能正常生长为止。

③ 要掌握好 3～7 月份时植物生长关键时期的浇水量。做好冬初冻水的浇灌，以有利于防寒越冬。

④ 由于攀缘植物的根系浅、占地面积少，因此在土壤保水力差或是天气干旱季节应当适当的增加浇水次数与浇水量。

8.8.2 牵引

① 牵引的目的是为了使攀缘植物的枝条沿依附物不断伸长生长。特别要注意的是在栽植初期的牵引。新植苗木在发芽后应当做好植株生长的引导工作，使其向指定的方向生长。

图 8-24 牵引

② 对于攀缘植物的牵引应当设专人负责。从植株栽后至植株本身能独立沿依附物攀缘为止。应当依攀缘植物种类的不同、时期的不同，而使用不同的方法。例如，捆绑设置铁丝网（攀缘网）等。

植物的牵引及捆绑如图 8-24、图 8-25 所示。

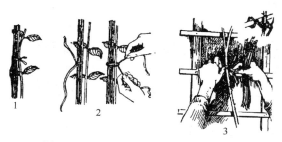

图 8-25　木质藤本及蔓性草本捆绑法
1—不正确；2,3—正确

8.8.3　施肥

① 施肥的目的是供给攀缘植物养分，改良土壤，以增强植株的生长势。

② 施肥的时间：施基肥，应当于秋季植株落叶后或是春季发芽前进行；施用追肥，应在春季萌芽后至当年秋季进行，特别是在 6～8 月雨水勤或是浇水足时，更应及时地补充肥力。

③ 施用基肥的肥料应当使用有机肥，施用的量适宜为每延米 0.5～1.0kg。

④ 追肥可以分为根部追肥和叶面追肥两种方式。

根部施肥可以分为密施和沟施两种方式。每两周进行一次，每次施混合肥时每延长米 100g，施化肥则为每延长米 50g。

在叶面施肥时，对以观叶为主的攀缘植物可以喷质量分数为 5％的氮肥尿素，而对以观花为主的攀缘植物喷质量分数则为 1％ 的磷酸二氢钾。叶面喷肥适宜每半月一次，一般情况下每年喷 4～5次。

⑤ 使用有机肥时必须要经过腐熟，使用化肥必须要粉碎、施匀；施用有机肥不应当浅于 40cm，而化肥不应当浅于 10cm；施肥后应当及时地浇水。叶面喷肥宜在早晨或是傍晚进行，也可以结合喷药一并喷施。

8.8.4　病虫害防治

①　攀缘植物的主要病虫害有蚜虫、螨类、天蛾、叶蝉、虎夜蛾、斑衣蜡蝉、白粉病等几类。在防守上应当贯彻"预防为主，综合防治"的方针。

②　在栽植时应该选择无病虫害的健壮苗，切勿栽植过密，保持植株通风透光，防止或是减少病虫发生。

③　在栽植后应当加强攀缘植物的肥水管理，促使植株生长健壮，以增强抗病虫的能力。

④　要及时清理病虫落叶、杂草等，消灭病源虫源，防止病虫扩散、蔓延。

⑤　加强病虫情况检查，当发现主要病虫害时应及时防治。在防治方法上要因地、因树、因虫而制宜，采用人工防治、物理机械防治、生物防治、化学防治等各种有效的方法。在进行化学防治时，要根据不同的病虫对症下药。喷布药剂应当均匀周到，应选用对天敌较安全，对环境污染轻的农药，既能控制主要病虫的危害，又保护了环境。

8.8.5　修剪与间移

①　对于攀缘植物修剪的目的是为防止枝条脱离依附物，便于植株的通风透光，防止病虫害以及形成整齐的造型。

②　修剪可以在植株秋季落叶后和春季发芽前进行。剪掉其多余枝条，减轻植株下垂的质量；为了使其整齐美观也可以在任何季节随时修剪，但主要是用于观花的种类，要在落花之后进行。

③　攀缘植物间移的目的是使植株正常生长，减少修剪量，充分发挥植株的作用。间移应当在休眠期进行。

8.8.6　中耕除草

①　中耕除草的目的是保持绿地整洁，破坏病虫发生条件，并保持土壤水分。

② 除草应当在整个杂草生长季节内进行，以早除为宜。

③ 除草要对绿地中的杂草彻底除净，并要及时处理。

④ 中耕除草时不得伤及攀缘植物根系。

屋顶绿化的养护管理

8.9.1　花园式屋顶绿化养护管理

（1）浇水　花园式屋顶绿化灌溉间隔一般控制在 $10\sim15d$。简单式屋顶绿化一般基质比较薄，应当根据植物的种类和季节的不同，适当增加灌溉次数。

（2）施肥　应当采取控制水肥的方法或是生长抑制技术，以防止植物生长过旺使建筑荷载和维护成本加大。在植物生长较差时，可以在植物生长期内按照 $30\sim50g/m^2$ 的比例，每年施 $1\sim2$ 次长效的 N、P、K 复合肥（N：P：K＝15：9：15）。

（3）修剪　根据植物的生长特性进行要定期整形修剪和除草，并要及时清理落叶。

（4）病虫害防治　应当采取对环境无污染或是污染较小的防治措施，例如人工及物理防治、生物防治、环保型农药防治等措施。

（5）防风防寒　在寒冷的地区，应当根据植物抗风性和耐寒性的不同，来采取搭风障、支防寒罩或包裹树干等措施进行防风防寒处理，使用材料应当具备耐火、坚固、美观等特点。

① 加固支撑、牵引植物材料，确保安全。在北方地区冬季干旱多风，瞬间的风力有时可以达到 $7\sim8$ 级，故而要确保屋顶绿化植物材料、基础层材料及绿化设施材料的牢固性。屋顶上的常绿乔木、落叶小乔木及体量较大的花灌木应当采取支撑、牵引等方式来进行固定。在固定植物时，支撑、牵引方向应当同植物生长地的常遇风向保持一致。牵引、支撑时适宜根据植物体量及自身重量选择适当的固定材料。对于枝条生长较密的植物，冬季还应适当修剪，使其通风透光，提高抗风的能力。

② 搭设御寒风障。对于新植苗木或是不耐寒的植物材料，应当适当采取防寒措施。五针松、大叶黄杨、小叶黄杨等不耐风的新植苗木适宜采取包裹树冠、搭设风障等措施以确保其安全越冬。在背风、向阳、小气候环境好的地点可以不搭设或是灵活掌握。所使用的包裹材料要具备良好的透气性。

8.9.2　简单式屋顶绿化养护管理

（1）浇水

① 简单式屋顶绿化一般基质比较薄，应当根据植物种类和季节的不同，适当增加灌溉次数。有条件的屋顶可以设置微喷、滴灌等设施来进行喷灌，水源压力以要大于 $2.5kg/cm^2$。

② 冬季要适当补水，必须保证土壤的含水量能满足植物存活的需要。若冬季屋面土壤过于干旱，则容易造成土壤基质疏松、植物严重缺水、植株下部幼芽逐渐干瘪，最终造成植株死亡的状况。故在冬季降水量减少的情况下，可于 11 月底结合北方园林植物浇"冻水"时为其浇水。这样就可以有效防风固尘、保持土壤以及空气湿度，使小芽能够生长饱满。

③ 维护人员要经常对屋顶绿化进行巡视，检修屋顶绿化各种设施，尤其应当注意到灌溉系统是否及时回水，以防止水管冻裂。

（2）施肥　要根据植物的长势，可以在生长期内按照所用基质及植物生长情况进行适当施肥，每年施 1～2 次长效的 N、P、K 复合肥。

（3）修剪、除草　要根据植物的生长特性进行定期维护和除杂草，并控制年生长量；春季返青时期时需将枯叶适当清除，以加速植被返青。

（4）覆盖　屋顶佛甲草绿化容易出现鸟类毁苗现象，危害最大的鸟类有喜鹊、乌鸦和家鸽等，它们常常会将佛甲草连根刨起。冬季可以适当采用绿色无纺布覆盖的方式，以预防鸟类对屋顶绿化的损害。在冬季时，为了保证来年返青质量及防止"黄土露天"、"二次扬尘"等情况的发生，可以选择使用绿色无纺布对新铺草坪地被进行覆盖。覆盖后的草坪可以有效地保护土壤、防止老苗及基础材料被风刮走，也有利于来年屋顶绿化草坪地被的提前返青。

8.9.3 屋顶绿化灌溉装置

除了用软管连接和喷灌外，屋顶绿化还适合于在植物生长期间自动保证供水，这样就可以使养护变得简单一些。

（1）回水灌溉 这种灌溉方式是在排水层制作一个永久的回水装置，如图 8-26 所示。这个回水是通过安装一个增高的排水管接

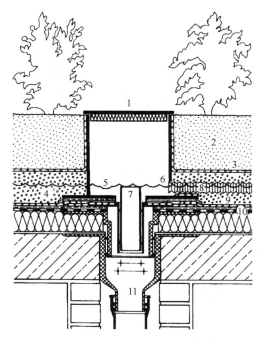

图 8-26 在回水灌溉时经过检查井和排水口溢水的剖面图

1—最佳检查井；2—最佳植被层；3—最佳过滤垫；4—最佳排水层；

5—最大的雨水贮水池；6—水位；7—最佳回水装备；

8—通过水管侧面横向喷灌；9—最佳根防护板；

10—最佳分离和保护层；11—屋顶排水口

头来实现，在屋顶的排水口之上与下水道系统或者比较好的是和蓄水池连接。雨水在这种情况下能到达排水层，并在排水层聚积，这样植物就可以利用雨水了。排水层必须是粗颗粒的，这样就没有来自聚积水的毛管水到达种植层。

为了检查排水管的接头，在窨井上部放上盖，从旁边向排水层打孔。

为了保证降水分配到检查井和溢水口，应尽可能地设有坡度，在排水层布置星形的水管与检查井的侧面连接，如图 8-27 所示。

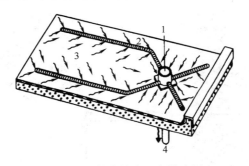

图 8-27　排水管布置在排水层
1—最佳检查井；2—最佳水管侧面；
3—在植物平面里边的排水；4—到蓄水池的竖管

当蓄水池中的雨水在干旱期下降时，那么大量的根存在着干死的危险，或者在强降雨之后，大量的根被淹没而处于缺氧状态时，这样保持波动尽可能小，均匀的回水位就非常的重要。

在干旱时，可以通过来自饮用水管或者来自蓄水池的水进行自动供应，如图 8-28 所示。

为此，可以采用喷灌的自动装置，它布置在拆开的检查井里，同样要经过水管侧面与排水层相联系，回水位经过排水管或是软管，可以借助于波动范围小的浮球阀来调节。

在调节浮球阀和排水管接头的时候要注意，最大水位总是要低于排水管接头的高度，否则通过自动供水，就会持续不断地排水，那样就会消耗很多水。而在冬天时自动供水水管内的水必须要排空。

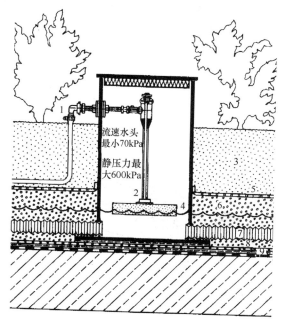

图 8-28 自动供水可以在回水灌溉时通过小调节浮球阀来调节

1—12.5mm 的压力软管连接；2—浮标；3—植被层；4—水位；

5—最佳过滤垫；6—最佳排水层；7—通过水管侧面横向灌溉；

8—最佳根防护板；9—最佳分离和保护层

（2）滴灌 在正常情况下，有规律的补充灌溉是没有必要的，只有在极端的天气条件下通过灌溉以进行维持供水。

在干旱地区和在构造厚度非常小时，可以采用滴灌的方法来进行灌溉。为了减少水的损失，滴水软管应当安装在排水层由塑料毛垫制成的保护层上或是单层构造里，在打开输水管道后，管在整个长度上应紧接毛垫层放出水，然后在毛垫上进行继续传导，当水在排水口流出时，输水管就可以关掉了。这种滴灌对于倾斜厉害的屋顶也很有意义，可以在屋顶上安装橡皮管。

此外还可以进行自动滴灌，为此准备工作需要一个水分传感器，可以把基层超过吸力的土壤温度考虑进去，超过吸力，喷灌控制就被激活，或者打开和关上水管的磁阀，或者是把蓄水池的泵打开或关上，如图 8-29 所示。

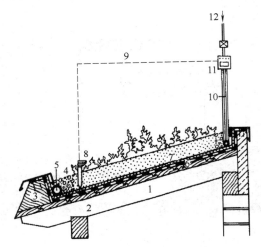

图 8-29 单层构造绿化时以自动控制进行滴灌

1—横梁；2—镶木板；3—封闭断面；4—砂砾覆盖层；5—通到蓄水池的排水管；
6—屋面防水层；7—纤维网；8—水分传感器；9—连接电缆；10—滴水软管；
11—控制喷灌的计算机；12—从蓄水池出来的输水管道

而对于纯矿质的粗颗粒基质，不适合进行滴灌的方式，因为基层中的空隙，水分传感器不能形成负压。

8.10 城市桥体绿化的养护管理

桥体绿化后的养护与管理得当与否，不仅关系到在交通功能上能否全面发挥，而且也关系到桥体绿化在美学功能上全方位体现。由于桥体绿化大多位于比较特殊的环境条件下，尽管采用的是一些抗性较强的藤本植物，也比较适合桥体环境，但仍然给绿化后的养护与管理工作带来了一定难度。立交桥的桥面绿化与墙面绿化相似，管理也基本相同，但值得注意的是由于植物生长的环境较差，同时也关系到交通的安全问题，所以要加强桥体绿化后的养护与管理。

（1）灌溉、施肥　高架路、立交桥具有特殊的小气候环境，主要体现在夏季路面高温和高速行车中所形成的强大风力对植物的影响上，使得高架路绿化的植物蒸发量大幅增加，自然的降水量根本无法满足绿化植物生长的需要，所以只能依靠人工灌水补足。灌水量也因树种、土质、季节以及树木的定植年份和生长状况等的不同而有所不同。一般情况下，当土壤的含水量小于田间最大持水量的70％以下时就需要灌水。

在桥体绿化植物进行栽植时，只要施足基肥、正确运用栽植技术、浇足定根水，就可确保较高成活率和幼树正常生长。在桥体的绿化中，植物生长的土壤都比较薄，土壤养分也有限，当营养缺乏时，会影响植物的正常生长；另外中央分隔带的树种大多是多年生长在同一地点的，经过长期的生长后肯定会造成土壤中的营养元素的缺乏。所以要使桥体绿化的植物维持正常的生长，就必须进行定期定量的施肥，否则植物就会因环境比较恶劣，缺乏养分而不能正常生长，甚至是死亡。

（2）修剪　修剪与整形是在桥体绿化植物的养护与管理中较为重要并且技术性很强的养护措施。在高架路、立交桥上的藤本植物的攀附式绿化，由于植物的生长迅速，藤本植物枝条不免会有些下垂，会遮挡司机、行人的视线，这样不利于交通安全，所以就要约束植物生长的范围，不断进行枝蔓修剪。而对于中央隔离带的植物，通过修剪整形，不仅可以起到美化树形、协调树体的比例的作用，而且可以改善树体间的通风透光条件，从而增强树木抗性，充分发挥绿化植物的防眩、诱导视线以及美化公路环境的功能。因此，在中央分隔带树木也必须进行细致的修剪，以达到整齐、美观的效果。

（3）病虫害防治　在桥体绿化中，虽然选择的大多数藤本植物或是坡面绿化植物的抗性比较强，但是在植物生长的过程中，也随时会遭到各种病虫害的侵袭，会引起树木的枝叶出现畸形、生长受阻甚至干枯死亡的现象，从而影响整个绿化的效果。为了使植物能够正常地生长发育，必须对绿化植物的病虫害进行及时的防治。植物的病虫害防治自始至终应当贯彻"预防为主、综合防治"的原则，因为只有这样才能成本低又见效快。

（4）安全检查 桥体绿化要经常检查植物的生长状况、是否发生了病虫害，还要经常检查绿化植物固定是否安全牢固，是否遮挡司机的视线，以保证交通安全和行人安全，同时还维护了绿化的整体效果。

9 园林绿化植物病虫害防治

 园林绿化植物主要病害种类

9.1.1 病毒性病害

（1）症状　主要表现在叶片上，发病部位会出现褪绿，并逐渐呈黄、绿相间的斑驳，严重时叶片畸形（扭曲、线叶），植株长势变弱，例如菊花花叶病。

（2）发病规律　由病毒汁液或是蚜虫等昆虫传毒，在干燥的天气条件下病害易发生。

（3）防治措施

① 要加强检疫，建立一个无病毒的育苗基地，采用无病繁殖材料或是无病苗。

② 要及时防治传毒昆虫，具体的防治措施可参考蚜虫的防治。

③ 要及时清除病株。

9.1.2 真菌性病害

（1）植物炭疽病类病害

① 症状。炭疽病是植物中最常见的一类病害。其主要危害寄主的叶片和新梢，也可以在花、果、茎、叶柄上发生。该病有急性型和慢性型两种。急性型的典型症状是初期会呈暗绿色，好似开水烫伤状，后期会呈褐色至黑褐色，然后病部会腐烂。慢性型的典型症状则是病斑呈灰白色，其上生有呈轮纹状排列的黑色小颗粒。

② 发病规律。病原在寄主病部、病残体或是土壤中越冬，通过风雨和昆虫进行传播，在高温多雨季节发病。在通风透光性差、植株长势弱、排水不良、偏施氮肥等条件下容易发病。不同的品种，其抗（耐）病性也有差异。

③ 防治措施

a. 选用抗病的优良品种。

b. 要加强栽培管理，培育出健壮的植株，提高抗病能力。不能偏施氮肥。注意搞好排灌系统。

c. 要及时修剪，剪除病叶和病枝，并保持良好的通风透光性。

d. 在发病初期施药防治。常用药剂有：50%炭疽福美可湿性粉剂500倍液、25%炭特灵可湿性粉剂600倍液、60%炭疽灵可湿性粉剂600倍液、70%甲基托布津可湿性粉剂1000倍液、50%多菌灵可湿性粉剂600～800倍液等。

（2）植物叶斑病类病害

① 症状。叶斑病是植物病害中最为庞杂的一个类群，凡是叶部产生斑点的病害均可以称为叶斑病。其主要症状就是在植物的叶片上产生大小不等、形状和颜色多样的斑点或是斑块。有些在病斑上还会出黑色小点，例如鱼尾葵叶斑病、杜鹃叶斑病、美人蕉叶斑病、君子兰叶斑病、苏铁白斑病、月季黑斑病等都属于此类。

② 发病规律。该病的病原在病残体或是土中越冬，会随风雨传播，多数会在高温条件下发病。在多雨、多雾、露水重、连作、过度密植、通风透光不良、植株长势弱等条件下也均易发病。

③ 防治措施

a. 及时清除病叶、病残体，集中烧毁，以减少病原。

b. 加强栽植管理，以增强植株长势，提高抗病力；进行轮作

（温室内可以换土）；改进浇水方法，有条件者可以采用滴灌，要尽量避免对植株直接喷浇；并需要保持通风透光。

c. 还可采用药剂防治，特别是发病初期要及时用药。药剂可以选用50%多菌灵可湿性粉剂600～800倍液、65%代森锌可湿性粉剂600～800倍液、70%代森锰锌可湿性粉剂600倍液、50%克菌丹可湿性粉剂500～600倍液、70%甲基托布津可湿性粉剂1000倍液等。每隔10～15d喷1次，连续喷3～5次，注意药剂要进行交替使用。

（3）植物锈病类病害

① 症状。可发生于多种植物上，主要危害寄主叶片。典型的症状是病部变褐并会出现黄色至红褐色锈粉状物质（为夏孢子堆）或是黑色粉状物（为冬孢子堆）。美人蕉锈病、月季锈病、葡萄锈病等均属于此类。

② 发病规律。引起锈病的病原均被称为锈菌。病原在病部越冬，可以通过风雨传播，在每年夏季发病较重。在温暖、多雨、多雾的气候条件下容易发病，若偏施氮肥则会加深发病程度。

③ 防治措施

a. 及时清除病枝叶以及病残体，减少病原。

b. 合理施肥，控施氮肥，增施磷肥、钾肥。

c. 合理修剪，要保持通风透光，降低湿度。

d. 还可采用药剂防治。在休眠期时喷200～300倍石硫合剂；在发病初期时可以选用25%粉锈宁1500～2000倍液、75%氧化萎锈灵3000倍液、97%敌锈钠250～300倍液、70%代森锰锌可湿性粉剂600倍液等。

（4）植物白粉病类病害

① 症状。此病为世界性的病害，通常多发生于寄主生长中后期，寄主的叶、花、枝条、嫩梢、果实均可受害。其典型症状是在初期出现白色粉状物，后期则呈灰色粉状物。寄主受害部位往往会褪绿，发育畸形，严重时会枯死，甚至是整株的死亡。月季白粉病、蔷薇白粉病、瓜叶菊白粉病、九里香白粉病等属于此类病害。

② 发病规律。病原在病部或是病残体上越冬，可以通过风雨

传播，但多数在 4~6 月、9~10 月发病较重。温暖潮湿季节发病比较迅速，过度密植、通风透光性不良的条件下也易发病。

③ 防治措施

a. 结合修剪，做好清园的工作。

b. 加强栽培管理，增施磷、钾肥，控氮，并保持通风透光。

c. 还可采用药剂防治。可参考锈病类的用药。

（5）植物叶枯病类病害

① 症状。多是从叶尖、叶缘开始发病，病斑是呈现红褐色至灰褐色，多个病斑连成片，可占叶面积的 1/3 左右，病健交界处有比病斑色深的纹带，而后期病部干枯，散生黑色小颗粒。桂花叶枯病、翠菊叶枯病等属于此类病害。

② 发病规律。病原在病组织上越冬，可以通过风雨传播，在夏、秋季节发病较重。高温高湿、通风透光性差、长势弱的条件下也易发病。

③ 防治措施

a. 彻底清园，将病残体清理干净，以减少病原。

b. 要加强栽培管理，合理施肥，注意增施磷、钾肥。搞好排灌系统，以降低湿度。浇水应尽量避免喷浇。及时修剪，并保持田间的通风透光。

c. 还可采用药剂防治。在发病初期时开始用药，药剂可以选用 70% 甲基托布津可湿性粉剂 1000 倍液、50% 多菌灵可湿性粉剂 600~800 倍液、65% 代森锰锌可湿性粉剂 500 倍液、1% 等量式波尔多液等。

（6）植物煤烟病类病害

① 症状。又称为煤污病、烟煤病，在花木上发生较为普遍。其症状是常在叶面、枝梢上先形成黑色的小霉斑，然后连成片，使整个叶面、枝梢上布满黑色霉层，会影响植物的外观和光合作用。柑橘煤烟病、紫薇煤烟病属于此类病害。

② 发病规律。病原在病部或是病残体上越冬，能通过风雨和昆虫传播，在高温多湿、通风透光性差的条件下也易发病。当蚜

虫、介壳虫、蝉、白蛾蜡蝉等能分泌蜜露的害虫数量多时，能加重此病的发病程度。

③ 防治措施

a. 植株间的密度要合理，不能过密，要合理修剪，并保持良好的通风透光性。

b. 要及时防治能分泌蜜露的害虫，具体方法参照蚜虫、介壳虫的防治。

c. 还可采用药剂防治。在发病期要结合防治害虫同时可选用以下药剂：10％百菌清乳油 200～250 倍液、50％多菌灵可湿性粉剂 600～800 倍液、65％代森铵可湿性粉剂 600～800 倍液、50％克菌丹可湿性粉剂 500～600 倍液等。

（7）植物霜霉病类病害

① 症状。此病主要是危害叶片，典型症状是在病叶正面出现不规则淡黄至淡褐斑，叶背具有白色、灰色或是紫色的霜霉层，例如菊花霜霉病等。

② 发病规律。病原在病残体上越冬，在春、秋季节发病较重。一般情况下在凉爽、多雨、多雾、多露的条件下易发病。

③ 防治措施

a. 及时清除病残体。

b. 注意通风透光，搞好排水设施。

c. 还可采用药剂防治。在发病初期可选用 25％甲霜灵 500 倍液、64％杀毒矾可湿性粉剂 500 倍液等。

9.1.3　细菌性病害

（1）植物细菌性软腐病病害

① 症状。多发生在茎、叶柄。病部在初期时产生水渍状斑，很快组织会软腐，植株萎蔫，后期病部会发黑、黏滑，并伴有恶臭味，植株很快死亡。例如仙客来细菌性软腐病。

② 发病规律。病原在病残体或是土中越冬，主要靠流水、昆虫或是接触传播，在高温高湿、伤口多的情况下容易发病。

③ 防治措施

a. 选用无病土或是对土壤进行消毒。

b. 选用无病苗，移栽时应当尽量减少伤口。

c. 加强排水管理，增施磷、钾肥，控施氮肥，并保持通风透光。浇水应以滴灌为主，尽量减少淋浇。

④ 在发病初期喷施 $300\mu L/L$ 农用链霉素液或土霉素液、77% 可杀得可湿性粉剂 $600\sim800$ 倍液。

（2）植物青枯病类病害

① 症状。由于受到细菌的侵染，根、茎中维管束受到损伤，在植株发病后，地上部分表现出叶片突然失水下垂，但在早晚露水重或是雾重时植株又呈正常状态。根部变褐腐烂，并伴有臭味。最后整株会枯死，但植株颜色仍会保持绿色。例如大丽花青枯病、菊花青枯病等。

② 发病规律。病原在病残体或是土中越冬，由雨水、水滴传播。高温高湿环境下容易发病，故在夏季此病较为常见。

③ 防治措施

a. 选用、培育无病菌。

b. 进行轮作，换土或是土壤消毒。

c. 加强栽培管理，增施磷、钾肥，尽量避免伤口，注意保持通风，控制湿度。

d. 还可采用药剂防治。发病初期可以选用 25% 青枯灵 $400\sim600$ 倍液、土霉素或是链霉素 $300\mu L/L$ 液。

e. 拔除病株，并用青枯灵、硫黄粉或是硝醇粉进行土壤消毒。

9.1.4　线虫病病害

（1）症状　会在寄主根上形成大小不等、表面粗糙的瘤状物，线虫则生于瘤内。植株受害后会枯死。

（2）发病规律　雌虫产卵于根瘤内或是土中，幼虫主要在浅土中活动，进入根部后，其分泌物能够刺激根部产生瘤状物。主要是通过种苗、肥料、流水和农具等传播。

（3）防治措施

① 加强检疫。

② 轮作、选用无病土栽种。

③ 土壤消毒，可选用 10％益舒宝颗粒剂、10％克线磷颗粒剂或 3％呋喃丹颗粒剂等，每亩施用量 3～5kg。

9.2 园林绿化植物主要虫害种类

9.2.1 叶部虫害

（1）叶甲类虫害

① 害虫形态特征。叶甲又名为金花虫，属鞘翅目，叶甲科。小至中型，体卵圆至长形，体色因种类而异。触角呈丝状，复眼圆形。体表通常具金属光泽，幼虫为寡足型。

② 发生特点。以成虫、幼虫形态咬食叶片，会造成叶片穿孔或残缺，在严重时叶片会被吃光。多以成虫形态越冬，越冬场所因种而异。成虫具有假死性，有些种类具趋光性。常见种类有恶性叶甲、龟叶甲、榆绿叶甲、榆黄叶甲、黄守瓜、黑守瓜等几种。

③ 防治措施

a. 人工捕杀。可在成虫、幼虫数量较少时将其捕杀。

b. 利用天敌，例如瓢虫、螳螂、鸟类等。

c. 诱杀。利用其趋光性，用灯光进行诱杀。

d. 还可采用药剂防治。在生盛期可以选用 90％敌百虫晶体 800 倍液、40％氧化乐果乳油 1000 倍液、80％敌敌畏乳油 1000 倍液等。

（2）袋蛾类害虫

① 形态特征。又称为蓑蛾，属鳞翅目，蓑蛾科。虫体中型，成虫雌雄异型，雄虫有翅，触角呈羽毛状，而雌虫无翅无足，栖于袋囊内。幼虫肥胖，胸足发达，常负囊活动。

② 发生特点。以雌成虫和幼虫的形态食叶危害植物，致使叶

片仅剩表皮或是穿孔。袋蛾类危害对象较多，可达几百种，例如茶、山茶、柑橘类、榆、梅、桂花、樱花等，在一年中以夏、秋季节危害最为严重。雄成虫具有趋光性。常见种类有大袋蛾、小袋蛾、白茧袋蛾、茶袋蛾等几种。

③ 防治措施

a. 人工捕杀，摘除虫囊。

b. 灯光诱杀，夜间利用灯光诱杀雄成虫。

c. 药剂防治可以选用 Bt 菌剂或青虫菌制剂（100 亿/g）1000倍液、50％敌敌畏乳油 1000 倍液、50％杀螟松乳油 1000 倍液等。

（3）刺蛾类虫害

① 害虫形态特征。属鳞翅目，刺蛾科。幼虫俗称刺毛虫、痒辣子。成虫体粗壮，体被鳞毛，翅色一般为黄褐色或鲜绿色，翅面有红色或是暗色线纹。幼虫短肥，颜色鲜艳，头小，可缩入体内，体表有瘤，上生枝刺和毒毛。常见的有褐刺蛾、绿刺蛾、黄刺蛾、扁刺蛾等几种。

② 发生特点。刺蛾类分布广，食性杂，危害对象较多，可危害桃、李、梅、桑、茶等多种林木。以幼虫形态咬食叶片危害植物。一般情况下一年发生 2 代，以老熟幼虫结茧越冬，4～10 月均有危害。初孵幼虫有群集性，成虫有趋光性。化蛹于坚实的茧内。

③ 防治措施

a. 人工除茧。结合冬季的修剪，清除树枝上的越冬茧，或是结合树盘浅翻，清除树盘内土中的茧。

b. 灯光诱杀。利用成虫的趋光性，利用灯光诱杀成虫。

c. 药剂防治。可以选用青虫菌制剂 1000 倍液、50％杀螟松乳油 1000 倍液、90％敌百虫晶体 800 倍液、20％速灭杀丁乳油 3000倍液等。

（4）尺蛾类虫害

① 害虫形态特征。属鳞翅目，尺蛾科，为小至大型的蛾类。幼虫称为"尺蠖"。成虫体细长，翅大而薄，鳞片稀少，前后翅有波浪状花纹相连。幼虫虫体细长，仅在第 6 腹节和第 10 腹节各具

1 对腹足。常见种类有油桐尺蠖、柑橘尺蠖、青尺蠖、绿尺蠖、绿额翠尺蠖、大叶黄杨尺蠖等几种。

② 发生特点。一年中发生多代，多以蛹的形态在土中越冬。以幼虫形态咬食叶片危害植物。成虫静止时，翅平展。而幼虫静止时，常将虫体伸直似枯枝状，或是在枝条叉口处搭成桥状。幼虫老熟后在疏松的土中化蛹，入土深度一般为 1～3cm。成虫具趋光性。

③ 防治措施。

a. 人工捕杀。捕捉幼虫或是挖掘蛹将其杀死，刮除卵块。

b. 灯光诱杀。利用成虫的趋光利性用灯光诱杀成虫。

c. 还可采用药剂防治。低龄幼虫可用 90%敌百虫晶体 800 倍液、25%杀虫双水剂 500～800 倍液、25%敌杀死乳油 2000～3000 倍液、10%兴棉宝乳油 2000～4000 倍液等。而对于老熟幼虫，因其抗药性很强，不易杀死，可在老熟幼虫入土化蛹时，在树冠的周围表土撒施 3%甲基异硫磷颗粒剂或 5%锌硫磷颗粒剂，每公顷用量 60～75kg，以杀死刚出土羽化的成虫。

（5）天蛾类虫害

① 害虫形态特征。属鳞翅目，天蛾科，为大型蛾类，体粗壮，触角呈丝状，末端呈钩状，口器发达，翅狭长，前翅后缘常呈弧状凹陷。幼虫粗大，体表粗糙，体侧常具有往后向方的斜纹，在第 8 腹节背面具 1 根尾角。常见种类有蓝目天蛾、豆天蛾、甘薯天蛾、芝麻天蛾、芋双线天蛾等几种。

② 发生特点。以幼虫形态咬食寄主叶片危害植物，造成叶片残缺不全。每年可发生多代，以蛹的形态在土中越冬。成虫飞行迅速，具强烈的趋光性。

③ 防治措施。可参考尺蛾的防治措施。

（6）毒蛾类虫害

① 害虫形态特征。属鳞翅目，毒蛾科。为中型蛾类。成虫体粗壮，体被厚密鳞毛，色暗。幼虫具毛瘤，毛瘤上长有毛簇，毛簇分布不均匀，长短不一致，毛有毒。常见的种类有双线盗毒蛾、舞毒蛾、乌桕毒蛾、柳毒蛾等几种。

② 发生特点。以幼虫形态咬食幼嫩叶片，危害对象多。在一年中发生多代，以幼虫或蛹的形态越冬。成虫昼伏夜出，具趋光性。低龄幼虫具群集性。

③ 防治措施。可参考尺蛾的防治措施。

（7）灯蛾类虫害

① 害虫形态特征。属鳞翅目，灯蛾科，为中型蛾类。成虫体粗壮，体色鲜艳，腹部多为红色或黄色，上生一些黑点，翅多为灰、黄、白色，翅上常具斑点。幼虫体表具毛瘤，毛瘤上具浓密的长毛，毛分布较为均匀，长短较一致。

② 发生特点。以幼虫形态咬食叶片危害植物。每年发生多代，以蛹的形态越冬。成虫具趋光性，幼虫具假死性。

③ 防治措施。可参考尺蛾的防治措施。

（8）凤蝶类虫害

① 害虫形态特征。属鳞翅目，凤蝶科，为大型蝶类。体色鲜艳，翅面有美丽花纹，后翅外缘呈波浪状，有些种类的后翅还具有尾突。幼虫前胸前缘背面具翻缩腺，亦称之为"臭丫腺"，受到惊动时伸出，并散发香味或是臭味。常见种类有柑橘凤蝶、玉带凤蝶、茴香凤蝶、樟凤蝶、黄花凤蝶等几种。

② 发生特点。每年可发生多代，越冬形式因种而异。主要是以幼虫咬食芸香科、樟科及伞形花科等植物的嫩叶、嫩梢。一般于夏、秋季节为发生盛期。成虫常产卵于幼嫩叶片的叶背、叶尖或是嫩梢上。幼虫一般在早晨、傍晚和阴天取食。

③ 防治措施

a. 人工捕杀。及时修剪、清园搜杀蛹；在各次新梢抽发期捕杀卵及幼虫；在虫盛发期可用捕虫网捕杀成虫。

b. 药剂防治。在新梢期，幼虫处于低龄期用药。药剂可选用 90%敌百虫晶体 800～1000 倍液、80%敌敌畏乳油 1000 倍液、2.5%溴氰菊酯乳油 2000～3000 倍液、青虫菌（100 亿/g）1000 倍液等。

c. 可在田间收集发黑、变软的死虫，捣烂后加水拌匀（加水量约虫量的 50 倍）后用纱布过滤，取过滤液喷雾。

（9）粉蝶类虫害

① 害虫形态特征。属鳞翅目，粉蝶科。为中型蝶类。体色多为黑色，翅常为白色、黄色或是橙色，翅面常有黑色斑点。后翅为卵形，幼虫体表粗糙，具小突起和刚毛，黄绿色至深绿色，常见的有东方粉蝶。

② 发生特点。每年发生多代，以蛹的形态越冬，南方部分地区不越冬。以幼虫咬食寄主叶片危害植物，主要危害十字花科植物。成虫对芥子油有强烈的趋性。

③ 防治措施。可参考凤蝶类的防治措施。

（10）弄蝶类虫害

① 害虫形态特征。属鳞翅目，弄蝶科，虫体小至大型蝶类。成虫体粗壮，头大，体色多为暗色，体被厚密的鳞毛，触角末端呈钩状，前翅翅面常具黄白色斑。幼虫的头为黑褐色，胸腹部为乳白色，在第1、第2胸节缢缩呈颈状，体表具稀疏的毛。常见种类有香蕉弄蝶、稻弄蝶等。

② 发生特点。每年发生多代。以幼虫形态卷叶咬食危害植物，常从叶缘开始，将叶片卷成虫苞，并边卷叶边取食。幼虫老熟后在虫苞中化蛹。成虫多在早晨、傍晚及阴天活动，飞行迅速。

③ 防治措施

a. 摘虫苞。将虫苞摘除，杀死其中的幼虫及蛹。

b. 药剂防治。可参考凤蝶类的防治措施。

9.2.2 枝干虫害

（1）天牛类虫害

① 害虫形态特征。属鞘翅目，天牛科，虫体中至大型。成虫长形，颜色多样，触角呈鞭状，常超过体长，复眼肾形，围绕触角基部。幼虫呈筒状，属无足型，背、腹面具革质凸起，用于行动，常见的有星天牛、桑天牛、桃红颈天牛等几种。

② 发生特点。种类多，分布广，危害对象多。以幼虫形态钻

蛀植物的茎干、枝条，成虫啃食树皮，危害叶片。幼虫常在韧皮部和木质部取食并形成蛀道。每1～3年发生1代。多以幼虫形式在蛀道内越冬。幼虫老熟后在蛀道内化蛹。

③ 防治措施

a. 人工捕杀成虫，刮除虫卵。

b. 钩杀幼虫。发现有新鲜虫粪和木屑的蛀洞后，用钢丝伸入蛀道将幼虫钩杀。

c. 毒杀。用棉花球或是烂布条沾80％敌敌畏乳油或40％乐果乳油5～10倍液，塞进蛀洞，或用注射器将药液注入蛀洞，然后用泥封住洞口，这样可毒杀幼虫、蛹和未出洞的成虫。

d. 加强栽培管理，保持树势旺盛，树干光滑，以减少成虫的产卵机会。冬季要及时清园，树干涂白，密封蛀洞。

（2）小蠹类虫害

① 害虫形态特征。属鞘翅目，小蠹科。小型昆虫。体椭圆形，体长约3mm，色暗，头小，前胸背板发达，触角锤状。常见的有柏肤小蠹，纵坑切梢小蠹等几种。

② 发生特点。发生世代因种而异。以成虫形态蛀食形成层和木质部，形成细长弯曲的坑道，雌虫在坑道内交尾并产卵其中。在一年中以夏季危害最为严重。

③ 防治措施

a. 及时修剪，间伐，并及时清理虫害枝干，以减少虫源。

b. 加强栽培，增强树势。

c. 刮掉部分树皮，把浸药棉布绑在树干上（药液可用40％乐果乳油）。

9.2.3 吸汁类虫害

（1）蚜虫类虫害

① 害虫形态特征。属同翅目，蚜科，为小型昆虫，体长约2mm，体色多样，触角呈丝状。可分为有翅型和无翅型。在第6腹节两侧背具1对腹管，腹末具尾片。常见种类有桃蚜、棉蚜、橘

蚜、菜蚜、菊姬长管蚜、蕉蚜、夹竹桃蚜等几种。

② 发生特点。以成虫、若虫刺吸寄主的叶、芽、梢、花危害植物，造成被害部位卷曲、皱缩、畸形，还能诱发煤烟病和传播病毒病。在一年中可发生多代，可行孤雌生殖和胎生。在干旱气候、枝叶过于茂密、通风透光性差的条件下易发生。成虫对黄颜色有趋性。

③ 防治措施

a. 虫口密度小时可以用清水或洗衣粉水冲洗。

b. 利用天敌，例如草蛉、食蚜蝇、瓢虫等。

c. 用黄色板诱杀，在黄色板上面涂上一层黏胶，或是在黏胶上加一些杀虫剂，利用其对黄颜色的趋性诱杀。

d. 大量发生时用药剂防治，常用的药剂有 50％辟蚜雾可湿性粉 5000 倍液、40％氧化乐果乳油 1000 倍液、80％敌敌畏乳油 1000 倍液、2.5％溴氰菊酯乳油 2000～3000 倍液等。

（2）叶蝉类虫害

① 害虫形态特征。属同翅目，叶蝉科。为小型昆虫，体长多在 3～12mm，体色因种而异。头宽，触角呈刚毛状，体表被一层蜡质层，后足胫节有一排刺。常见的有大青叶蝉、小青叶蝉、桃一点斑叶蝉、黑尾叶蝉等几种。

② 发生特点。以成虫、若虫形态刺吸寄主枝、叶的汁液危害植物。在一年中可发生多代，以成虫的形态越冬，在夏、秋季节发生较为严重。成虫具强烈的趋光性，能横行。

③ 防治措施。可参考蚜虫类的防治措施。

（3）蚧类虫害

① 害虫形态特征。蚧又称为介壳虫，属同翅目，蚧总科，为小型昆虫。蚧类多以雌虫和若虫固定不动刺吸植物的叶、枝条、果实等的汁液危害植物。危害对象多，还能诱发煤烟病，造成植物的外观和生长受到严重的影响，降低产量和观赏价值。蚧类种类繁多，但外部形态差异大。虫体表面常覆盖介壳、各种粉绵状等蜡质分泌物。常见种类有吹绵蚧、矢尖蚧、红蜡蚧、褐圆蚧、草履蚧、

褐软蚧等几种。

② 防治措施

a. 加强检疫。

b. 剪除虫害枝，并集中烧毁。

c. 药剂防治在蚧类大量发生时使用，可以选用 40％氧化乐果乳油 1000 倍液、40％速扑杀乳油 800～1000 倍液、48％乐斯本乳油 1000 倍液等；冬季清园时可以用 3～50°Bé 的石硫合剂或机油乳剂 30～80 倍液。

d. 温棚可以用 80％敌敌畏乳油进行熏蒸。家庭养花可以用塑料袋罩住，用棉球蘸几滴敌敌畏乳油放入罩内熏蒸。

（4）木虱类虫害（榕卵痣木虱）

① 害虫所属科目。属同翅目，木虱科，为小型昆虫。能飞善跳，但飞翔距离有限；成虫、若虫常分泌蜡质盖于身体上，木虱类多危害木本植物。常见的有柑橘木虱、梧桐木虱、梨木虱和榕卵痣木虱几种。

② 害虫形态特征。成虫体粗壮，体长约 3mm，体淡绿色至褐色，上有白色纹，雌成虫较雄虫略大，产卵管发达。若虫淡黄色至淡绿色，体扁，近圆形。

③ 发生特点。在一年中约 1～2 代，以若虫或卵的形态在叶芽中越冬，南方有些地区越冬现象不明显。主要危害细叶榕，若虫在嫩芽上产生危害，产生大量絮状蜡质，致使嫩芽干枯、死亡。成虫在嫩叶、嫩梢上产生危害。

④ 防治措施

a. 及时修剪，将虫害枝梢剪除，减少虫源。

b. 药剂防治。可参考蚧类防治措施的用药。

（5）螨类虫害

① 害虫所属科目。螨类不是昆虫，在分类上属蛛形纲，蜱螨目，但螨类的危害特点与刺吸性害虫有相似之处。最常见的是柑橘红蜘蛛和柑橘锈蜘蛛两种。

② 害虫形态特征。成螨中，雌螨体椭圆形，雄螨楔形，雌螨

暗红色，而雄螨鲜红色，足 4 对。卵扁球形，红色，上有 1 垂直卵柄，顶端有放射性的丝，固定于叶面。幼螨为浅红色，足 3 对。若螨与成螨相似，略小。

③ 发生特点。以成螨、幼螨和若螨的形态刺吸寄主的叶片、嫩梢和果实危害植物，造成受害处呈现小白点，失绿，无光泽，严重时整叶灰白。每年发生 10 多代，春、秋两季为发生高峰期。

④ 防治措施

a. 在危害发生较轻时，可以用清水或洗衣粉水冲洗。

b. 利用瓢虫等天敌。

c. 药剂防治。可选用如下药剂：40％氧化乐果乳油 1000～1500 倍液、40％三氯杀螨醇 1000～1500 倍液、20％速螨酮可湿性粉剂 3000 倍液、5％尼索朗乳油 1500～2000 倍液、50％溴螨酯乳油 1500～2000 倍液等。

9.2.4　地下虫害

（1）金龟子类虫害

① 害虫所属科目。属鞘翅目，金龟子总科。种类多，分布广，食性杂。其幼虫称为蛴螬，是苗圃、花圃、草坪、林果上常见的害虫，主要取食植物的根及近地面部分的茎。成虫可以咬食叶片、花、芽。常见有铜绿金龟、褐金龟、大黑鳃金龟等。

② 害虫形态特征。成虫虫体中至大型，颜色多样，触角呈鳃状，前足为开掘足，前翅鞘翅，多数种类腹部末节部分外露。

幼虫虫体灰白色，呈 "C" 形，体胖而多皱褶，寡足型，臀部肥大呈蓝紫色。

③ 发生特点。一至多年发生 1 个世代。在土中或者厩肥堆中越冬。幼虫常年在有机质丰富的土中或厩肥堆下生活，取食腐殖质或植物的根。成虫具假死性，有些种类具趋光性。

④ 防治措施

a. 人工捕杀。利用其假死性，将其振落到地面后再捕杀。

b. 诱杀。利用其趋光性，用灯光诱杀。

c. 生物防治。利用鸟类、天敌昆虫、微生物等进行防治。

d. 厩肥要充分腐熟后再施用，土壤于秋、冬季要适当深翻。

e. 药剂防治。可以选用 3％米乐尔颗粒剂、3％呋喃丹颗粒剂、5％锌硫磷颗粒剂等，每亩 3～4kg 进行土壤处理。40％速扑杀乳油、90％敌百虫晶体、50％锌硫磷乳油 800～1000 倍液树冠喷雾。

（2）蝼蛄类虫害

① 害虫所属科目。俗称"土狗"。属直翅目，蝼蛄科。食性杂，以成虫、若虫危害根部或是近地面幼茎。喜欢在表土层钻筑坑道，可以造成幼苗干枯死亡。常见有非洲蝼蛄、华北蝼蛄两种。

② 害虫形态特征。体黄褐色至黑褐色，触角呈丝状，前胸近圆筒形，前足为开掘足，前翅短，后翅长，折叠时呈尾须状，腹末有 1 对尾须。

③ 发生特点。发生世代数因种类和地区的不同而异，多为1～3 年完成 1 个世代。以成虫、若虫的形态在土中越冬，每年春、夏季节危害严重。成虫昼伏夜出，具有趋光性，对粪臭味和香甜味有趋性，喜欢在腐殖质丰富或是未腐熟厩肥下的土中筑土室产卵。

④ 防治措施

a. 厩肥或是堆肥要充分腐熟后再施用。

b. 诱杀。在晚上用灯光诱杀。在炒香的饵料（米糠或豆粕等）中拌入 50％锌硫磷乳油或 90％敌百虫晶体（比例约 100∶1），制成毒饵，撒施于苗床上或植株行间地面，每亩用量约 2kg。也可在苗圃、花圃周围挖些小土坑，坑内置少量新鲜马、牛粪或鲜草，再撒少量 2.5％敌百虫粉剂。

c. 药杀。每亩用 5％锌硫颗粒剂 2kg 或用 90％敌百虫晶体 0.1kg 混细土，于傍晚均匀撒在苗圃、花圃地面。

（3）蟋蟀类虫害

① 害虫所属科目。属直翅目，蟋蟀科。分布广，全国大部分地区均有分布。食性较杂，成虫、若虫均能危害多种花木的幼苗和根。常见的有大蟋蟀等。

②　害虫形态特征。体粗壮，黄褐色至黑褐色，触角呈丝状，长于体长，后足为跳跃足，有尾须 1 对，雌虫产管剑状卵。

③　发生特点。1 年发生 1 代，以若虫的形态在土中越冬。5～9 月是主要危害期。成虫具趋光性，昼伏夜出，雨天一般不外出活动，雨后初晴或是闷热的夜晚外出活动频繁。地势低洼阴湿、杂草丛生的苗圃，花圃及果园虫口密度大。

④　防治措施

a. 清除杂草，破坏其栖息的场所。

b. 诱杀。可利用其趋光性进行灯光诱杀。也可用炒香的米糠、豆粕等或用切碎的菜叶、甘薯叶、嫩草等按照大约 300 : 1 的比例拌入 90% 敌百虫晶体制成毒饵，每亩用 2kg 左右，于黄昏后撒在蟋蟀出没之处或洞口旁。

c. 洞口施药。找到蟋蟀栖息的洞，先挖开洞口的松土，再往洞内施入 80% 敌敌畏乳油、40% 氧乐果乳油等杀虫剂 100～200 倍液，或是用洗衣粉 100～200 倍液再加入少许煤油或柴油，灌入洞口，灌完后压实洞口。

（4）地老虎类虫害（以小地老虎为例）

①　害虫所属科目。属鳞翅目，夜蛾科，俗称为地蚕。分布广，食性杂，以幼虫危害幼苗。常在近地面处咬断幼苗并将幼苗拖入洞穴中食之，亦可咬食未出土幼苗和植物生长点。常见的有小地老虎、大地老虎、黄地老虎等几种。

②　害虫形态特征。成虫体长 16～24mm，体暗褐色。触角雌虫呈丝状，而雄虫呈羽毛状。肾状纹外侧有 1 个尖端向外的三角形黑斑，其外方有 2 个尖端向内的三角形黑斑，3 个黑斑的尖端相对是此虫的主要特征。

幼虫和老熟幼虫体长 37～50mm，黄褐色至黑褐色，背线明显，各节背面有 2 对毛片（呈黑色粒状），前面 1 对小于后面 1 对，臀板黄褐色，其上有 2 条深褐色纵带。

③　发生特点。在我国范围内每年发生 2～7 代，以幼虫或蛹的形态在土中越冬。全年以第 1 代幼虫（4 月下旬至 6 月中旬）危害

最为严重。成虫昼伏夜出,有强烈的趋光性,对酸甜味亦有强烈的趋性。幼虫具假死性、自残性和迁移性。该虫喜阴湿环境,田间植株茂密、杂草多、土壤湿度大则虫口密度大,危害重,高温对其发育不利。

④ 防治措施

a. 清除杂草,破坏成虫的栖息环境。

b. 人工捕杀幼虫,在清晨或是阴天,在断苗周围的土下挖除幼虫。

c. 诱杀。在成虫羽化期用黑光灯诱杀成虫或用糖醋毒液诱杀成虫。糖醋毒液的配制为糖 4～6 份、醋 3～5 份、白酒 1 份、水 10 份,另加少量敌百虫。在幼虫发生期用鲜嫩草拌入敌百虫或是用炒香的豆粕、棉籽饼、菜籽饼等加敌百虫撒于田间诱杀幼虫。

(5) 白蚁类虫害

① 害虫基本概念。主要分布于南方。主要危害于植物的茎干皮层和根系。造成植物长势衰弱,严重时枯死。危害植物的白蚁主要有家白蚁和黑翅土白蚁两种。

② 害虫形态特征。体柔软,乳白色至黑褐色。触角呈串珠状。具有翅型和无翅型两种类型。

③ 发生特点。白蚁是社会性昆虫,等级明显,分工严格,有王族和补充王族、兵蚁、工蚁。喜阴暗潮湿环境,多在树干内和地下筑巢。每年的春、夏季节为繁殖蚁(长翅型)婚飞季节。尤其是在大雨前后闷热的傍晚,成虫成群飞翔,若能找到适合的环境,成对的雌雄虫将筑新巢,成为新的群体。有翅型成虫具有强烈的趋光性。

④ 防治措施

a. 利用其天敌,如蝙蝠、青蛙、蟾蜍、螨类、微生物等来进行防治。

b. 诱杀。在常受害的地方挖坑,投放白蚁喜欢的诱料,例如松枝(叶)、木薯茎、蔗渣等,用洗米水淋湿后盖土。当诱到大量白蚁时,用开水或是药剂将其杀死。

c. 药剂防治。用白蚁药或是灭蚁灵等,当发现有白蚁危害时,将"蚁路"（即泥被）挑开一个小口，有白蚁出来时，将药粉喷洒在白蚁虫体上，使之中毒。因白蚁有个体之间用触角互相接触和吃食同伴死尸的习惯，因而蚁群很快会被歼灭。

d. 在种植苗木前，在苗木地（或是树穴）撒施石灰、草木灰或火烧土，这样有利于预防白蚁侵害苗木。

9.3 园林绿化植物主要病虫害症状

植物正常生长要有一定的环境，在植株生长过程中会如表 9-1 所示现出异常的症状，应具体地分析植株生长需要的环境和所处的环境状况。若是因为环境因素导致的，就要进行必要的树木整形和土壤管理；若是因为病虫害，就对其症进行防治。

表 9-1 植物叶片症状与发生原因分析

危害症状	主 要 原 因
全体叶片褪绿	光照过强;温度过高;土壤肥力过低
幼叶褪绿	生长期间没有光照;缺少铁、锰、铜、锌等元素;农药造成的花卉中毒
老叶褪绿	缺乏氮素或钾素肥料;较高的土壤盐渍度;土壤板结通气不良;浇水过多,土壤过湿
叶缘褪绿	缺乏镁和钾元素;较高的土壤盐渍度;下部叶子受冷气流影响;受螨伤害;农药造成的中毒
叶脉间褪绿	缺乏铁或锰元素;二氧化硫空气污染侵蚀;受螨吮食伤害;农药中毒
叶脉褪绿	某些除莠剂的伤害
圆的褪绿斑	真菌或细菌的感染;农药造成的中毒;肥料或污染物造成的中毒
不规则的褪绿斑	真菌或细菌的感染;病毒的感染;冷水的伤害;农药造成的中毒;肥料或污染物造成的中毒
点状的褪绿型及镶嵌性褪绿型	叶螨、植物跳虫、叶跳虫与蓟马吃食的伤害;病毒的感染;冷水伤害;农药中毒
显出水渍或具有油脂色的叶斑	受高温伤害的早期阶段,由低气温伤害或极冷的水滴在叶片上造成冷伤害的早期阶段;由细菌或真菌造成的一些叶病;农药或肥料使用不当造成中毒的早期
叶缘或叶尖坏死	缺钾素;硼过多;较高的土壤盐渍度;氟化物中毒;高温损伤;低温损伤;干燥损伤;过低的相对湿度;叶甲菌病;螨伤害;农药造成中毒;肥料造成中毒
叶片内的坏死斑或坏死区	冷水的危害;动物吮食伤害;真菌和细菌的叶斑病;空气污染损伤;农药造成中毒;肥料造成中毒

续表

危害症状	主要原因
叶缘和内部坏死区的结合	太阳的灼烤;低气温或极冷水造成的冷伤害;叶病和食叶虫造成的伤害;空气污染的伤害;农药造成的中毒;肥料造成的中毒
叶异常的大	叶子接受高量的营养;生长在中到低的光强下
叶异常的小	花卉营养不足;缺铜,首先出现在新叶上,并伴有褪绿;较高的土壤盐渍度;过高光强;低光照和低湿度;根粉蚧或线虫;根病;农药造成的中毒;螨造成的伤害
叶片极厚	病毒;高的光强;农药造成的中毒;螨造成的伤害
杯状叶片	营养失常;蚜虫伤害;螨伤害;病毒;空气污染;农药造成的中毒
新叶的异常紧密莲座丛型	由茶半跗线螨、白狭跗线螨等伤害
叶缘裂口	机械损伤;咀嚼昆虫造成的损伤;喷洒农药造成的中毒
叶中的半透明隧道	食叶昆虫吮食的伤害
叶中的孔洞	机械损伤;毛虫、蜗牛或蛞蝓造成的伤害;叶组织被叶病原体杀死后从叶中脱下的区域;喷洒农药造成中毒
窗玻璃效应(叶子受伤区留下的一薄细胞层)	幼虫吮食的损伤,一般是很小的幼虫
异常光泽的叶面	幼虫吮食的损伤,一般是很小的幼虫
植物的落叶	较高的土壤盐渍度;冷伤害;在灌溉间隙或繁殖喷雾间隙的过度干燥;较低的湿度;螨吮食伤害;寄生线虫、根腐病原体;空气污染,特别是高浓度的乙烯农药的中毒

 9.4 园林绿化植物病虫害的防治原理及防治技术

9.4.1 植物病虫害的防治原理

(1) 指导思想 植物病虫害防治的总指导思想是"预防为主,

综合防治"，这是我国当前的植保工作方针。

综合防治是指对有害生物进行科学管理的体系，近代植物病虫害防治学提出"有害生物综合治理"的理论。该理论的基本点是以生态学原理和经济学原则作为依据，充分发挥自然控制因素，要因地制宜地采用最优化的技术组配方案，要将有害生物的种群数量较长期地控制在经济损失允许水平之下，以获得最佳的经济效益和社会效益。

（2）基本观点　生态观点要全面考虑生态平衡，允许有害生物的长期存在，但不强调彻底消灭，要让大部分生物处于和谐共存的境界。

经济观点讲究实际收入，即使病虫害控制在经济损失允许水平之下。

协调观点讲究各种防治措施间的协调，各部门之间的协调，要采用最优化的技术组配方案。

安全观点讲究长远的生态和社会效益，要运用防治措施确保人、畜、作物和病虫天敌的安全，要符合环境保护的原则。

9.4.2　植物病虫害的防治技术

（1）植物检疫　植物检疫又称之为法规防治，是根据国家的法律或是法令，设立专门的机构，对国外输入或是国内输出及国内地区间调动的种子、苗木以及农林产品进行检查，禁止或是限制危险性病、虫、杂草等人为地传入或输出，或是对已传入或发生的危险性病、虫、杂草等采取有效措施消灭或是控制其蔓延。

植物检疫分对外检疫和对内检疫两种。对外检疫主要是负责国际间的植物检疫事宜。而对内检疫就主要负责国内植物的检疫事宜。

植物检疫对象的确定原则是：国内尚未发生或是虽有发生但分布不广的病、虫、杂草等有害生物；危险性大的、一旦传入则难于根除的病、虫、杂草等有害生物；通过人为传播的病、虫、杂草等有害生物；根据交往国家或是地区提供的名单。

（2）农业防治法　农业防治法亦称为园林技术措施，是根据病虫的生物学特性和主要生态因素，通过栽培管理，有目的地去创造不利于病虫生存的环境条件，以达到减少病虫危害的一种防治方法。具体措施包括选用抗（耐）病（虫）品种、选择适宜圃地、建立无病虫种苗基地、合理轮作、合理配制植物种类、科学肥水管理和合理修剪等几种措施。

（3）生物防治法　生物防治法是利用各种有益生物或是生物代谢物来防治病虫害的方法。常用的措施主要包括以虫治虫、以菌治虫、以病毒治虫、以激素治虫、以其他有益生物治虫等。

（4）物理机械防治法　物理机械防治法是利用各种物理因素和机械设备防治病虫害的方法。具体措施有捕杀、诱杀、阻杀、汰选、高温处理等几种。

（5）化学防治法　化学防治法是利用化学药剂防治病虫害的方法。此法优缺点很明显：优点是防效好，收效快，使用方法简单，受季节性的限制小，适宜大面积使用等；缺点是会引起人畜中毒、污染环境、造成药害、病虫会产生抗（耐）药性、杀伤天敌、破坏生态等。

9.5 常用农药及其施用技术

9.5.1　农药的正确使用

9.5.1.1　合理使用农药

在使用农药时，只有对症用药、适时用药、适量用药、交叉用药、合理混合用药，才能够提高药效、减少浪费、避免药害发生，以达到经济、安全、有效防治的目的。

（1）对症用药　每种药剂都有一定的防治范围和防治对象，在防治某种虫害或是病害时，只有对症下药、适时使用才是最有效，才能起到良好的防治效果。举例如下。

① 吡虫啉是一种高效内吸性广谱型杀虫剂，对于防治刺吸式

害虫、食叶害虫非常有效，但对于防治红蜘蛛、线虫却是无效；来福灵对于螨类害虫也无防治效果。

② 敌敌畏是防治蚜虫、蚧虫、钻蛀害虫、食叶害虫的有效药剂，但对于螨虫喷施敌敌畏不仅无效，反而有刺激螨类增殖作用。

③ 瑞毒霉素对于防治腐霉菌、霜霉菌、疫霉菌引起的病害有效，而对于防治其他真菌和细菌性病害无效。

④ 杀菌剂中的铜制剂对于霜霉病有效，但对白粉病无效。杀菌剂中的硫制剂对于白粉病有效，但对于防治霜霉病效果并不好。

（2）适时用药　用药时期是病虫害防治的关键，因为有些病虫危害后有一定的潜伏期，当时并不会表现出受害症状，但当表现出症状时再打药就没有了防治效果。因此，只有根据病虫害发生的规律，抓住预防和防治的关键时期适时的用药，才能收到良好的防治效果。举例如下。

① 在桃树花芽露红或是露白时，正值桃蚜越冬卵孵化为若虫，此时是全年预防蚜虫最有效的时期，一次用药（水量要大，淋洗式）往往可以控制全年危害。

② 在 4 月中、下旬是桃潜叶蛾第一代幼虫的孵化期。桃、杏落花后开始喷药，每月 1 次，连续 3~4 次，就可以杀死叶内幼虫，控制虫害。

③ 疙瘩桃是瘿螨危害所致，等到 5 月上旬出现虫果后再喷药，则为时已晚。落花后是喷药预防的关键时期，7d 后再喷一次就可以控制虫害。

④ 桃、杏树疮痂病又称为黑星病，是因果实受病菌侵染后，需经 60d 左右才会表现出症状，但等到发现病果后再喷药，就已无防治效果。故必须在 5~6 月时该病初侵染期喷药防治。

⑤ 3 月上旬越冬的球坚蚧若虫开始分散活动，此时就是防治球坚蚧的最佳施药时期。

⑥ 5 月下旬为桑盾蚧卵孵化期，就是喷药防治桑盾蚧的最佳时期。

（3）交叉用药　在防治某一种虫害或是病害时，不应当长时间使用同一种药剂，以免产生抗药性。为了防止害虫和病菌产生抗药性，在防治时可以进行交替使用不同类型的农药。

① 例如多菌灵、百菌清等杀菌剂，长期单一使用会使病菌产生抗药性，防治效果就会大大降低。但若将多菌灵和甲基托布津等杀菌剂进行交替使用，防治效果会比单一使用更好。

② 在防治草坪锈病、白粉病时，可以交替喷施粉锈宁。

（4）混合用药　是将两种或是两种以上药剂合理复配、混合使用，可以同时防治多种病、虫，并扩大防治对象、提高药效、减少施药次数、降低防治成本。举例如下。

① 多菌灵可以与杀虫剂、杀螨剂现配混合使用。

② 粉锈宁可以与多种杀虫剂、杀菌剂、除草剂混合使用。

③ 仙生是用于防治白粉病、锈病、叶斑病、霜霉病等的药剂，可以与杀虫剂、杀螨剂等非碱性农药混合使用。

④ 农抗120水剂（抗霉菌素120）可以与其他杀菌剂、杀虫剂混合使用。

（5）综合用药

① 高效吡虫啉、猛斗（啶虫脒），对防治蚜虫特别有效，也可以兼治食心虫、蚧壳虫、卷叶蛾。以上害虫同时发生时，喷施其中一种便可。

② 防治桃球坚蚧所使用的药剂有乐斯本乳油、锐煞，对蚜虫、食心虫、卷叶蛾也有兼治的作用。

9.5.1.2　不能混合使用的药剂

① 速克灵不宜与有机磷药剂进行混合使用。

② 石硫合剂不能与波尔多液进行混用。

③ 碱性药剂不能与酸性药剂进行混合使用。

④ 线虫必克不能与其他杀菌剂进行混用。

⑤ 多菌灵、炭疽福美、福美双、代森锰锌不能与铜制剂进行混用。

⑥ 菌毒清（灭菌灵、菌必清）不可以与其他农药进行混用。

9.5.1.3　正确的施药方法

① 在叶背潜伏、危害的害虫时，叶背应当为施药重点部位。

② 绿篱植物施药，因枝叶十分密集，喷药时不能仅在外围一喷而过，而应当将喷嘴伸入到株丛内逐株的喷施。

③ 虫孔插入毒签或是注入药液防治，必须要将蛀口木屑清理干净，从枝干最上部蛀孔注入，注药后用泥将蛀孔封堵，这样才能取得更好的防治效果。

④ 用于土壤埋施的农药铁灭克、呋喃丹颗粒剂等，是比较难以降解、缓释性药剂，使用时不得将其配制成药液直接灌根，必须要将其埋入土壤中使用。农药须埋施在根系吸引范围之内，在施药后要及时的灌水，灌水深度要至埋药部位才能起到一定的防治效果。

⑤ 在树干涂药熏蒸防治害虫时，涂药后必须用薄膜将涂药部位缠严，一周后再撤掉薄膜。

9.5.1.4　安全用药

由于施工人员对农药的性质和使用方法的不够了解，因而在使用过程中往往会给施工人员造成一定的伤害。为保证安全使用农药，应当注意以下几点。

（1）在果树、中草药上不得使用，并且要限制使用农药　在防治病虫害时，果树类必须要选用安全、低毒、无公害农药，以保证可食性食物的食用安全性。

① 不能使用和限制使用剧毒、高毒农药，例如克百威、涕灭威等。

② 严禁在果园里使用高毒农药例如速扑杀、氰戊菊酯、三氯杀螨醇等。

（2）果实收获前最晚施药时期　防治果树类病虫害，应当尽量提前在病菌初侵染期、害虫幼龄期或幼果期进行。在临近果实收获前宜停止用药，以减少残留农药。

① 克螨特在可食性植物采摘前 30d，必须停止使用。

② 果实收获前一周，应当停止使用辛硫磷。

③ 在苹果树果实收获前 45d 应当停止使用三氯杀螨醇乳油。采摘前 30d 应当停止使用对硫磷乳油。

④ 果实成熟前 15d，不得使用代森锰锌。

（3）幼果期不宜使用的农药　苹果树落花后 20d 之内，喷施百可能会造成"锈果"。

（4）喷施有毒农药的注意事项　喷施有毒农药的注意事项如下几点。

① 在喷施对眼睛有刺激作用的农药时，应配戴眼镜，以防溅入眼内而造成伤害。

② 在喷施药剂时，操作人员需佩戴口罩、胶皮手套，穿胶鞋。

③ 在喷药过程中，操作人员不得进行吸烟、喝水、进食、喝酒等行为。

④ 在喷洒药剂时，需要注意风向，工作人员应当站在上风头。连续工作时间不得超过 4~6h。

⑤ 在喷药后，工作人员应当立即脱去衣服、胶鞋，用肥皂将双手、面部和裸露皮肤洗净。衣服应在清水中冲洗干净，以保证操作人员的生命安全。若发生头痛、头昏、发烧、恶心、呕吐等症状，应当及时通知他人，并送医院治疗。

⑥ 药瓶不得随手丢弃，药液不得随处乱倒，严禁将药液倒入树穴、草坪、水溪、湖泊中。剩余农药应当交回库房，交由专人保管。使用后的空药瓶必须进行深埋处理。

⑦ 打药工具应当及时清洗，清洗液应当倒入污水井内。

9.5.2　产生药害的抢救措施

当农药使用不当、施药浓度过大或是使用对某些苗木较为敏感的农药时，就会出现不同的药害现象。其表现分为急性药害和慢性药害两种，轻者会造成叶片枯焦、早落；重者则会导致植物死亡。

（1）产生药害的表现症状

① 叶片边缘焦灼、卷曲，叶片出现叶斑、褪色、白化、畸形、

枯萎、落叶等。

② 花序、花蕾、花瓣会发生枯焦、落花、落蕾等。

③ 枝干的局部萎蔫、黑皮、坏死。当药害严重时，可以导致整株的枯死。

（2）减轻药害的急救措施　当发现错施农药或初表现出药害症状时，应立即采取抢救措施。

① 喷水冲洗

a. 对因喷洒内吸性农药造成药害的，应当立即喷水冲洗掉残留在受害植株叶片和枝条上的药液，降低植物表面和内部的药剂浓度，最大限度去减少对植物的危害。

b. 对于防治钻蛀性害虫时，因使用浓度过高而产生药害，应当立即用清水对注药孔进行反复清洗。

② 灌水。因土壤施药而引起的药害（例如呋喃丹颗粒剂、辛硫磷等药剂施用过量等），可以及时对土壤进行大水浸灌措施。在大水浸灌后应及时排水，连续进行 2～3 次，可以洗去土壤中残留的农药。

③ 喷洒药液

a. 当喷洒石硫合剂产生药害时，在喷水冲洗后，叶面可以喷洒 400～500 倍米醋液。

b. 因药害而造成叶片白化时，叶部喷洒 50％腐殖酸钠 3000 倍液，喷药后的 3～5d 叶片能逐渐转绿。

c. 因氧化乐果使用不当而发生药害时，应在喷水冲洗叶片后，喷洒 200 倍硼砂液 1～2 次。

d. 叶片喷洒波尔多液产生药害时，应立即喷洒 0.5％～1％的石灰水。

采取以上措施，可以在不同程度上减轻农药对植物造成的伤害。

④ 叶面追肥。对于发生药害的植物长势衰弱，为使其尽快萌发新叶，恢复生长势，可以在叶面追施 0.2％～0.3％的磷酸二氢钾溶液，每 5～7d 喷施一次，连续喷施 2～3 次，其对降低药害造成的损失会有显著的作用。

REFERENCE 参考文献

[1] 张君超. 园林工程养护管理 [M]. 北京：中国林业出版社，2008.

[2] 陈志明. 草坪建植与养护 [M]. 北京：中国农业出版社，2003.

[3] 吴志华. 园林工程施工与管理 [M]. 北京：中国农业出版社，2001.

[4] 郑进，孙丹萍. 园林植物病虫害防治 [M]. 北京：中国科学技术出版社，2003.

[5] 张祖荣. 园林树木栽植与养护技术 [M]. 北京：化学工业出版社，2009.

[6] 张东林. 园林苗圃育苗手册 [M]. 北京：中国农业出版社，2003.

[7] 王福银等. 园林绿化草坪建植与养护 [M]. 北京：中国农业出版社，2001.

[8] 徐峰. 花坛与花境 [M]. 北京：化学工业出版社，2008.

[9] 王良桂. 园林工程施工与管理 [M]. 南京：东南大学出版社，2009.

[10] 张东林. 园林绿化种植与养护工程问答实录 [M]. 北京：机械工业出版社，2008.